21世纪高职高专规划教材　电子信息基础系列

U0316341

模拟电子技术项目教程

金　薇　邵利群　主　编
吴振英　赵　展　副主编

清华大学出版社
北京

内 容 简 介

本书遵循"以全面素质为基础、以就业为导向、以能力为本位、以学生为主体"的职教改革思路,结合"模拟电子技术基础"课程的特点,以实用的模拟电子产品为载体,以工作过程为导向,以任务驱动为主要教学方法,通过典型、实用的操作项目以及大量的电路实验的形式,使知识内容更贴近岗位技能的需要。全书内容共分为 5 个操作项目,包括电子元器件的检测及常用仪器的使用、扩音机电路的制作与调试、人体红外探测报警器的制作与调试、信号发生器的制作与调试、直流稳压电源的制作与调试等教学单元。在每个项目中配有知识目标、技能目标、知识介绍、实训、思考与练习等,遵循由浅入深、循序渐进的教育规律,学生通过亲手制作一些实用电子产品,渐进式地理解和巩固知识点,逐步提高自身的电子技术实际应用能力。

本书可作为高职高专电类、机电类、计算机类等专业的基础课教材,也可供初学者和电子工程技术人员参考使用。

图书在版编目(CIP)数据

模拟电子技术项目教程/金薇,邵利群主编.—北京:清华大学出版社,2013.2(2019.2重印)
　(21世纪高职高专规模教材.电子信息基础系列)
　ISBN 978-7-302-31069-3

Ⅰ.①模…　Ⅱ.①金…②邵…　Ⅲ.①模拟电路—电子技术—高等职业教育—教材　Ⅳ.①TN710

中国版本图书馆 CIP 数据核字(2012)第 303512 号

责任编辑:刘士平
封面设计:傅瑞学
责任校对:袁　芳
责任印制:宋　林

出版发行:清华大学出版社
　　　网　　　址:http://www.tup.com.cn,http://www.wqbook.com
　　　地　　　址:北京清华大学学研大厦 A 座　　　　邮　　编:100084
　　　社　总　机:010-62770175　　　　　　　　　　　邮　　购:010-62786544
　　　投稿与读者服务:010-62776969,c-service@tup.tsinghua.edu.cn
　　　质量反馈:010-62772015,zhiliang@tup.tsinghua.edu.cn
　　　课件下载:http://www.tup.com.cn,010-62795764
印　装　者:三河市龙大印装有限公司
经　　　销:全国新华书店
开　　　本:185mm×260mm　　　印　张:15　　　字　　数:304 千字
版　　　次:2013 年 2 月第 1 版　　　　　　印　　次:2019 年 2 月第 7 次印刷
定　　　价:36.00 元

产品编号:045151-02

　　模拟电子技术是电子类专业的重要专业基础课，是培养生产一线高级技术应用型人才硬件能力的基本入门课程，十分强调工程实践应用，对人才培养有着至关重要的作用。通过本课程的学习，学生能够获得电子技术的基本知识、基本理论和基本技能，具备分析问题、解决问题以及应用现代电子技术的能力，为学习后续课程和从事电子技术方面的工作打下基础。

　　本书遵循"以全面素质为基础、以就业为导向、以能力为本位、以学生为主体"的职教改革思路，结合"模拟电子技术基础"课程的特点，通过"任务驱动式"教学模式来体现知识目标、能力目标以及教学方法、手段、模式的改革。从高职教育技能培养的角度出发，以基础知识为引导，突出介绍电子技术的新发展、新器件、新技术、新工艺，特别注重实践应用，以培养学生的电子技术应用能力和操作技能为目标，紧密结合国家电子技术职业技能认证大纲，采用项目导向、任务驱动、工学结合的学习方式，通过典型、实用的操作项目以及大量的电路实验的形式，使知识内容更贴近岗位技能的需要。使学生初步建立感观认识，然后对操作结果及出现的问题进行讨论、分析、研究，并得出结论。有利于学生在做中学，渐进式地加深理解和巩固知识点，逐步提高自身的电子技术实际应用能力。全书共分5个操作项目，包括电子元器件的检测及常用仪器的使用、扩音机电路的制作与调试、人体红外探测报警器的制作与调试、信号发生器的制作与调试、直流稳压电源的制作与调试等教学单元。在每个项目中配有知识目标、技能目标、知识介绍、实训、思考与练习等，遵循由浅入深、循序渐进的教育规律。学生通过亲手制作一些实用电子产品，逐步建立起学习信心和增强成就感。

　　本书由苏州工业职业技术学院电子与通信工程系金薇老师、邵利群老师担任主编，金薇老师负责全书的统稿工作并编写了项目2和附录，邵利群老师负责全书的审稿工作；由苏州工业职业技术学院电子与通信工程系吴振英老师、赵展老师担任副主编，吴振英老师编写了项目1和项目5，赵展老师编写了项目 3 和项目 4。 在本书的项目设计编写过程中,得到了苏州工业职业技术学院电子与通信工程系黄璟老师、西门子听力仪器(苏州)有限公司孙占高工程师、迪特集科技(深圳)有限公司杨亚斌工程师、苏州金龙客车有限公司俞鑫东工程师的大力支持,在此表示衷心的谢意。

由于编者水平有限,错误之处在所难免,恳请读者批评指正。

编　者

2013 年 1 月

目 录

电子元器件的检测及常用仪器的使用

项目概述

电子元器件的检测是电子类专业学生的一项基本功,若要准确、有效地检测元器件的相关参数,判断元器件的好坏,必须根据不同的元器件采用不同的方法,从而判断元器件正常与否。特别对初学者来说,掌握常用元器件的检测方法和经验很有必要。

本项目通过对电子元器件的检测及常用仪器的使用,达到以下教学目标。

知识目标

(1)了解半导体的基础知识,熟悉二极管器件的外形和电路符号,理解半导体二极管的单向导电性。

(2)会识别二极管并能对其进行检测。

(3)了解三极管的结构,掌握三极管的电流分配关系及放大原理,会识别三极管并能对其进行检测,掌握三极管的输入/输出特性,理解其含义,了解主要参数的定义。

(4)理解直流稳压电源、信号发生器、交流毫伏表和示波器的使用方法。

技能目标

(1)学会独立查阅半导体二极管、半导体三极管元器件的资料。

(2)掌握半导体二极管元器件的检测及选取方法。

(3)掌握半导体三极管元器件的检测及选取方法。

(4)会独立使用直流稳压电源、信号发生器、交流毫伏表和示波器。

1.1 电子元器件的识别与检测

【学习目标】

（1）了解半导体的基础知识，熟悉二极管器件的外形和电路符号，理解半导体二极管的单向导电性。

（2）掌握半导体二极管的检测及参数的选取方法。

（3）掌握半导体三极管的检测及参数的选取方法。

1.1.1 半导体的基础知识

对于自然界中的各种物质，按导电能力划分为导体、绝缘体和半导体。半导体是一种导电能力介于导体和绝缘体之间的物质。半导体器件具有体积小、寿命长、耗电少、工作可靠等优点，从而得到广泛应用，成为各种电子电路的重要组成部分。半导体具有热敏性、光敏性和掺杂性。利用光敏性可制成光电二极管和光电三极管及光敏电阻；利用热敏性可制成各种热敏电阻；利用掺杂性可制成各种不同性能、不同用途的半导体器件，如二极管、三极管、场效应管等。

1. 本征半导体

不含杂质且无晶格缺陷的半导体称为本征半导体。在电子器件中，用得最多的材料是硅和锗。硅和锗都是四价元素，最外层原子轨道上具有 4 个电子，称为价电子。每个原子的 4 个价电子不仅受自身原子核的束缚，还与周围相邻的 4 个原子发生联系。这些价电子一方面围绕自身的原子核运动，另一方面也时常出现在相邻原子所属的轨道上。这样，相邻的原子就被共有的价电子联系在一起，称为共价键结构。共价键结构的示意图如图 1-1 所示。

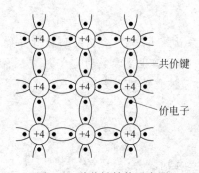

图 1-1 共价键结构示意图

在绝对零度下，本征半导体中没有可以自由移动的电荷（载流子），因此不导电。但在一定的温度和光照下，少数价电子获得足够的能量会摆脱共价键的束缚而成为可以移动的自由电子，这种现象称为本征激发。价电子摆脱共价键的束缚成为自由电子后，在原来共价键中留有一个空位，称为空穴。在本征半导体中自由电子和空穴总是成对出现，数目相同。

空穴带正电，容易吸引邻近共价键中的价电子去填补，使空位发生移动，可以看成空穴在运动，其运动方向与电子的运动方向相反。自由电子和空穴在运动中相遇时会重新结合而成对消失，这种现象叫作复合。温度一定时，自由电子和空穴的产生与复合达到动态平衡。温度升高时，本征半导体内部将产生更多的空穴一电子对，载流子浓度增大，本征半导体电阻率减小。无晶格缺陷的本征半导体的电阻率较大，实际应用不多。

2. 杂质半导体

在本征半导体中掺入微量的杂质元素,会使半导体的导电性能发生显著改变。根据掺入杂质元素的性质不同,杂质半导体分为 P 型半导体和 N 型半导体两大类。

(1) P 型半导体

P 型半导体是在本征半导体硅(或锗)中掺入微量的三价元素(如硼、铟等)而形成的。因杂质原子只有 3 个价电子,它与周围的硅原子组成共价键时,缺少 1 个电子,因此在晶体中便产生 1 个空穴,当相邻共价键上的电子受热激发获得能量时,就有可能填补这个空穴,使硼原子成为不能移动的负离子,而原来硅原子的共价键因缺少了 1 个电子,便形成了空穴,使得整个半导体仍呈中性。P 型半导体的示意图如图 1-2 所示。

在 P 型半导体中,原来的晶体仍会产生电子—空穴对。由于杂质的掺入,使得空穴数目远大于自由电子数目,成为多数载流子(简称多子),自由电子则为少数载流子(简称少子)。因而,P 型半导体以空穴导电为主。P 型半导体的导电特性为:掺入的杂质越多,多数载流子(空穴)的浓度越高,导电性能越强。

(2) N 型半导体

N 型半导体是在本征半导体硅中掺入微量的五价元素(如磷、砷、锑等)而形成的。杂质原子有 5 个价电子与周围硅原子结合成共价键时,将多出 1 个价电子,这个多余的价电子易成为自由电子,如图 1-3 所示。

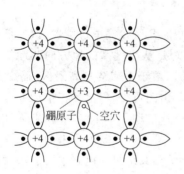

图 1-2　P 型半导体原子结构示意图

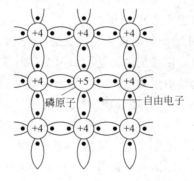

图 1-3　N 型半导体原子结构示意图

在 N 型半导体中,原来的晶体仍会产生电子—空穴对。由于杂质的掺入,使得自由电子数目远大于空穴数目,成为多数载流子,空穴则为少数载流子。因而,N 型半导体以自由电子导电为主。N 型半导体的导电特性为以自由电子导电为主,掺入的杂质越多,多数载流子(自由电子)的浓度越高,导电性能越强。

3. PN 结

(1) PN 结的形成

单纯的 P 型半导体或 N 型半导体内部虽然有空穴或自由电子,但整体是电中性的,不带电。在同一块半导体基片的两边分别形成 P 型和 N 型半导体,因为 P 区的多数载流子是空穴,N 区的多数载流子是电子,在两块半导体交界处,同类载流子的浓度差别极大,这种差别将使得 P 区浓度高的空穴向 N 区扩散,N 区浓度高的电子也会向 P 区扩散。

扩散运动的结果使 P 型半导体的原子在交界处得到电子，成为带负电的离子；N 型半导体的原子在交界处失去电子，成为带正电的离子，形成空间电荷区。空间电荷区随着电荷的积累将建立起一个内电场 E，该电场对半导体内多数载流子的扩散运动起阻碍作用，但对少数载流子的运动起促进作用。少数载流子在内电场作用下的运动称为漂移运动。当外部条件一定时，扩散运动和漂移运动最终达到动态平衡，扩散电流等于漂移电流，这时空间电荷区的宽度一定，内电场一定，形成了 PN 结。PN 结的形成过程如图 1-4 所示。

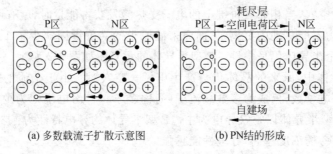

(a) 多数载流子扩散示意图　　　(b) PN结的形成

图 1-4　PN 结的形成

　　由于空间电荷区中的载流子极少，被消耗殆尽，所以空间电荷区又称耗尽区。另外，从 PN 结内电场阻止多数载流子继续扩散这个角度来说，空间电荷区也可称为阻挡层或势垒区。

　　（2）PN 结的单向导电性

　　① PN 结正向偏置——导通。给 PN 结加上电压，P 区接高电位端，N 区接低电位端（即正向连接或正向偏置），如图 1-5（a）所示。物质总是从浓度高的地方向浓度低的地方运动，这种由于浓度差而产生的运动称为扩散运动。由于 PN 结是高阻区，而 P 区与 N 区电阻很小，因而外加电压几乎全部落在 PN 结上。由图可见，外电场将推动 P 区多数载流子（空穴）向右扩散，与原空间电荷区的负离子中和，推动 N 区的多数载流子（电子）向左扩散，与原空间电荷区的正离子中和，使空间电荷区变薄，打破了原来的动态平衡。同时，电源不断地向 P 区补充正电荷，向 N 区补充负电荷，其结果使电路中形成较大的正向电流，由 P 区流向 N 区。这时，PN 结对外呈现较小的阻值，处于正向导通状态。

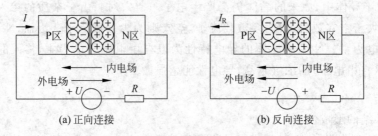

(a) 正向连接　　　　　　　　　　(b) 反向连接

图 1-5　PN 结的单向导电性

　　② PN 结反向偏置——截止。将 PN 结按图 1-5（b）所示方式连接（即 P 区接低电位端，N 区接高电位端）。由图 1-5（b）可见，此时外电场方向与内电场方向一致，它使 P 区

的多子(空穴)和 N 区的多子(电子)向离开 PN 结的方向移动,使空间电荷区变宽,PN 结变厚,多子的扩散运动受阻,少子的漂移运动加强,这时通过 PN 结的电流(称为反向电流)由少子的漂移电流决定。由于少子浓度很低,因而漂移电流很小,若忽略漂移电流,则可以认为 PN 结截止。

综上所述,PN 结正向偏置时,正向电流很大,此时 PN 结如同一个开关合上,呈现很小的电阻,称为导通状态;PN 结反向偏置时,反向电流很小,此时 PN 结如同一个开关打开,呈现很大的电阻,称为截止状态。这就是 PN 结的单向导电性。当 PN 结反向偏置时,结电阻很大;当反向电压加大到一定程度时,PN 结会因击穿而损坏。

1.1.2　晶体二极管

半导体二极管又称晶体二极管,简称二极管。

1. 半导体二极管的基本结构与类型

按 PN 结面积的大小,二极管分为点接触型和面接触型两大类。点接触型二极管的结构如图 1-6(a)所示。点接触型二极管是在锗或硅材料的单晶片上压触一根金属针后,再通过电流法形成的。这类管子的 PN 结面积和极间电容均很小,不能承受很高的反向电压和大电流,因而适用于制作高频检波和脉冲数字电路里的开关元件,以及作为小电流的整流管。

面接触型二极管或称面结型二极管的结构如图 1-6(b)所示。这种二极管的 PN 结面积大,可承受较大的电流,其极间电容大,适用于整流,但不宜用于高频电路中。图 1-6(c)所示为硅工艺平面型二极管的结构图,是集成电路中常见的一种形式。二极管的图形符号如图 1-6(d)所示。

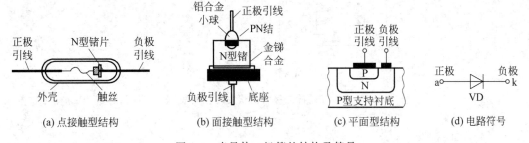

(a) 点接触型结构　　　(b) 面接触型结构　　　(c) 平面型结构　　　(d) 电路符号

图 1-6　半导体二极管的结构及符号

2. 半导体二极管的特性

根据制造材料的不同,二极管可分为硅、锗两大类。相应的伏安特性也分为两类。

(1) 测试电路

二极管伏安特性的测试电路如图 1-7 所示。

(2) 测试步骤

① 测正向特性曲线。按图 1-7(a)所示接线,由图可知,二极管的正极接电源的正极,二极管的负极接电源的负极,二极管处于正向偏置状态。调节 R_P 使二极管两端的正向电压从零开始逐渐增大,通过电压表(V)和电流表(mA)读出一组正向电压 U_F 和正向电

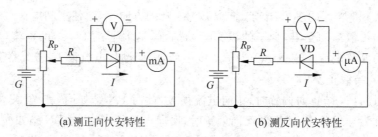

(a) 测正向伏安特性　　　　　　　　　(b) 测反向伏安特性

图 1-7　二极管伏安特性的测试电路

流 I_F 的对应数值,得出正向伏安特性数据。

② 测反向特性曲线。按图 1-7(b)所示接线,由图可知,二极管的正极接电源的负极,二极管的负极接电源的正极,二极管处于反向偏置状态。调节 R_P 使二极管的反向电压从零开始逐渐增大,通过电压表(V)和电流表(μA)读出一组反向电压 U_R 和反向电流 I_R 的对应数值,得出反向伏安特性数据。

③ 画出伏安特性曲线。以直角坐标系的横坐标表示二极管两端的电压,纵坐标表示流过二极管的电流,把测得电压和电流的对应数据以曲线形式描绘出来,即得被测二极管伏安特性曲线。图 1-8 所示为硅二极管的伏安特性曲线。

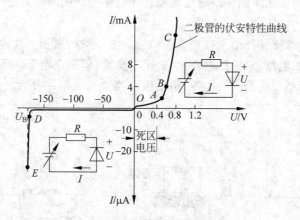

图 1-8　硅二极管的伏安特性曲线

（3）正向特性

① OA 段：称为"死区"。当外加正向电压时,随着电压逐渐增加,电流也逐渐增加。但在开始的一段,由于外加电压很低,外电场不能克服 PN 结的内电场,半导体中的多数载流子不能顺利通过阻挡层,所以这时的正向电流极小。该段所对应的电压称为死区电压。硅管的死区电压约为 0.5V,锗管的死区电压约为 0.1V。

② AC 段：称为正向导通区。当外加电压超过死区电压以后,外电场强于 PN 结的内电场,多数载流子大量通过阻挡层,使正向电流随电压很快增长二极管呈现很小的电阻,处于导通状态。硅管的正向导通压降约为 0.7V,锗管约为 0.3V。

（4）反向特性

① OD 段：称为反向截止区。当外加反向电压时,所加电压加强了内电场对多数载

流子的阻挡,二极管中几乎没有电流通过,但是这时的外电场能促使少数载流子漂移,所以少数载流子形成很小的反向电流。由于少数载流子数量有限,只要加不大的反向电压就可以使全部少数载流子越过 PN 结而形成反向饱和电流;继续升高反向电压时,反向电流几乎不再增大。这时,二极管呈现很高的电阻,呈截止状态。

② DE 段:称为反向击穿区。当反向电压增加到一定值时,反向电流急剧加大,这种现象称为反向击穿。发生击穿时所加的电压称为反向击穿电压,记做 U_B。这时,二极管失去单向导电性,如果二极管没有因电击穿而引起过热,则单向导电性不一定会被永久破坏,在撤除外加电压后,其性能仍可恢复。但是,若对反向击穿后的电流不加以限制,PN 结也会因过热而烧坏,这种情况称为热击穿。

(5)温度对二极管特性的影响

当温度升高时,特性曲线将会发生变化。由于温度升高,会使半导体激发出更多的载流子,在相同电压下,通过二极管的电流随温度的升高而增大,这时正向特性曲线随温度的升高而向左移,正向电压减小;反向特性曲线随温度的升高而向下移,反向电流增大。这是因为温度升高,本征激发加强,半导体中少数载流子的数目增多,在同一反向电压下,漂移电流增大的缘故,如图 1-9 所示。

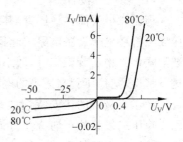

图 1-9　温度对二极管伏安特性的影响

3. 二极管的主要参数

二极管的参数是定量描述二极管性能的质量指标,只有正确理解这些参数的意义,才能合理、正确地使用二极管。

(1)最大整流电流 I_F

最大整流电流是指管子长期运行时,允许通过的最大正向平均电流。因为电流通过 PN 结时会引起管子发热,电流太大,发热量超过限度,PN 结将烧坏。例如,2AP1 型二极管的最大整流电流为 16mA。

(2)最高反向工作电压 U_RM

反向击穿电压是指反向击穿时的电压值。击穿时,反向电流剧增,使二极管的单向导电性被破坏,甚至会因过热而烧坏。一般手册上给出的最高反向工作电压约为击穿电压的一半,以确保管子安全工作。例如,2AP1 型二极管的最高反向工作电压规定为 20V,实际的反向击穿电压可大于 40V。

(3)反向饱和电流 I_R

在室温下,二极管未击穿时的反向电流值称为反向饱和电流。反向饱和电流越小,管子的单向导电性能就越好。由于温度升高,反向电流会急剧增加,因而在使用二极管时要注意环境温度的影响。例如,对于 2AP1 型锗二极管,在 25℃时反向电流为 250μA,当温度升高到 35℃时,反向电流将上升到 500μA;以此类推,在 75℃时,它的反向电流已达 8mA,不仅失去了单方向导电特性,还会使管子过热而损坏。又如,2CP10 型硅二极管在 25℃时反向电流仅为 5μA,当温度升高到 75℃时,反向电流也不超过 160μA,故硅二极管比锗二极管在高温下具有更好的稳定性。

（4）最高工作频率 f_M

最高工作频率 f_M 是指二极管正常工作时的上限频率。

二极管的参数是正确使用二极管的依据，一般半导体器件手册中都给出了不同型号管子的参数。在使用时，应特别注意不要超过最大整流电流和最高反向工作电压，否则管子容易损坏。

4. 其他二极管简介

特殊用途的二极管在电子设备中早已得到广泛的应用，这里简单介绍几种特殊用途的二极管。

（1）稳压二极管

稳压二极管简称稳压管，其结构与普通二极管相同，也是利用一个 PN 结制成的。稳压二极管在电子设备电路中起稳定电压的作用。稳压二极管有金属外壳、塑料外壳等封装形式。当稳压管工作时，微小的端电压变化会引起通过其中的电流较大的变化。利用这种特性，把稳压管与适当的电阻配合，能在电路中起到稳定电压的作用。

稳压二极管的伏安特性曲线如图 1-10（a）所示，稳压二极管的符号如图 1-10（b）所示。稳压二极管的正向特性与普通二极管相同，其主要区别是稳压二极管的反向特性曲线比普通二极管的更陡。稳压二极管的反向击穿电压为稳定工作电压，用 U_Z 表示。曲线越陡，电压越稳定。

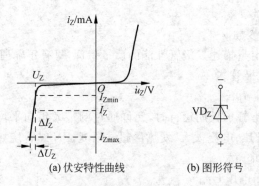

(a) 伏安特性曲线　　(b) 图形符号

图 1-10　稳压二极管的伏安特性曲线、图形符号

稳压二极管的主要参数有以下几种。

① 最大工作电流 I_{Zmax}。最大工作电流是指稳压二极管长时间工作时，允许通过的最大反向电流值。在使用稳压二极管时，其工作电流不能超过这个数值，否则，可能会把稳压管烧坏。为了确保安全，在电流中必须采取限流措施，使通过稳压管的电流不超过允许值。

② 稳定电压 U_Z。稳压二极管在起稳定作用的范围内，其两端的反向电压值称为稳定电压。不同型号的稳压二极管，其稳定电压是不同的。

③ 动态电阻 r_Z。对于稳压二极管，在直流电压的基础上再加一个增量电压，稳压二极管就会有一个增量电流。增量电压与增量电流的比值，就是稳压管的动态电阻。动态电阻反映了稳压二极管的稳压特性，其值越小，稳压管性能越好。

【例 1-1】　电路如图 1-11 所示,已知稳压管的稳定电压 $U_Z=6V$,$U_I=21V$,最小稳定电流 $I_{Zmin}=5mA$,最大稳定电流 $I_{Zmax}=20mA$,负载电阻 $R_L=600\Omega$。计算限流电阻 R 的取值范围。

解: 为保证稳压管正常工作,无论如何都要满足

$$I_{Zmin}<I_Z<I_{Zmax}$$

即

$$I_{Zmin}<\frac{U_I-U_Z}{R}-\frac{U_Z}{R_L}<I_{Zmax}$$

整理可得

$$R<\frac{U_I-U_Z}{I_{Zmin}+\dfrac{U_Z}{R_L}};\quad R>\frac{U_I-U_Z}{I_{Zmax}+\dfrac{U_Z}{R_L}}$$

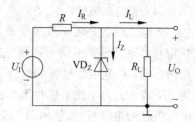

图 1-11　稳压二极管稳压电路

则

$$R_{max}=\frac{U_I-U_Z}{I_{Zmin}+\dfrac{U_Z}{R_L}};\quad R_{min}=\frac{U_I-U_Z}{I_{Zmax}+\dfrac{U_Z}{R_L}}$$

将已知数据代入,可得 $R_{min}=500\Omega$,$R_{max}=1000\Omega$。

（2）发光二极管

发光二极管的内部结构为一个 PN 结,具有单向导电性。当给发光二极管的 PN 结加上正向电压时,由于外加电压产生电场的方向与 PN 结内电场方向相反,使 PN 结势垒(内总电场)减弱,则载流子的扩散作用占了优势。于是 P 区的空穴很容易扩散到 N 区,N 区的电子也很容易扩散到 P 区,相互注入的电子和空穴相遇后产生复合。复合时产生的能量大部分以光的形式出现,使二极管发光。发光二极管采用砷化镓、磷化镓、镓铝砷等材料制成。不同材料制成的发光二极管,能发出不同颜色的光。有发绿色光的磷化镓发光二极管；有发红色光的磷砷化镓发光二极管；有双向变色发光二极管(加正向电压时发红色光,加反向电压时发绿色光)；还有三种颜色变色发光二极管等。由于发光二极管的特点,它在一些光电控制设备中用做光源,在许多电子设备中用做信号显示器。把它的管芯做成条状,用 7 条条状的发光管组成 7 段式半导体数码管,每个数码管可显示 0～9 十个数字。发光二极管的外形和符号如图 1-12 所示。

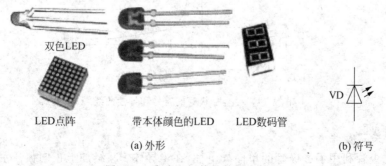

双色LED

LED点阵　　带本体颜色的LED　　LED数码管

(a) 外形

VD

(b) 符号

图 1-12　发光二极管的外形和符号

发光二极管的外形有圆形、方形、三角形、组合型等,封装形式有透明和散射的;有无色和着色的等。着色散射型用 D 表示;白色散射型用 W 表示;无色透明型用 C 表示;着色透明型用 T 表示。

（3）光电二极管

光电二极管是将光信号变成电信号的半导体器件。它利用一个 PN 结制成,但外形结构与普通二极管不同。普通二极管的 PN 结被封装在不透明的管壳内,以避免外部光照的影响;而光电二极管的管壳上开有一个透明的窗口,使外部光线能透过该窗口照射到 PN 结上。为了便于接收入射光照,PN 结面积尽量做得大些,电极面积尽量小些。光电二极管的电路符号、结构及伏安特性曲线如图 1-13 所示。

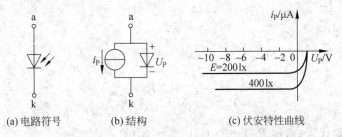

(a) 电路符号　　　(b) 结构　　　(c) 伏安特性曲线

图 1-13　光电二极管的电路符号、结构及伏安特性曲线

光电二极管工作于反偏状态,其反向电流随光照强度的增加而上升,以实现光电转换。光电二极管常用做传感器的光敏元件,可以将光信号转换为电信号。大面积的光电二极管可用做能源器件,即光电池。

（4）变容二极管

变容二极管是利用 PN 结空间电荷具有电容特性的原理制成的特殊二极管。变容二极管为反偏二极管,其结电容就是耗尽层的电容,因此可以近似地把耗尽层看为平行板电容,且导电板之间有介质。多数情况下,一般的二极管的结电容很小,不能有效利用。变容二极管的结构特殊,它具有相当大的内部电容量,并可像电容器一样运用于电子电路中。变容二极管的符号和特性曲线如图 1-14 所示。

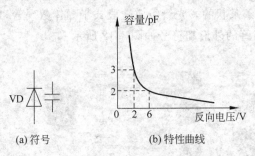

(a) 符号　　　(b) 特性曲线

图 1-14　变容二极管的符号和特性曲线

（5）开关二极管

开关二极管利用了二极管的单向导电性,在半导体 PN 结加上正向偏压后导通,电阻很小(几十欧到几百欧);加上反向偏压后截止,电阻很大(硅管在 100MΩ 以上)。开关二

极管的这一特性,使其在电路中起控制电流通过或关断的作用,成为理想的电子开关。开关二极管从截止(高阻状态)到导通(低阻状态)的时间叫做开通时间;从导通到截止的时间叫做反向恢复时间;两个时间之和称为开关时间。一般情况下,反向恢复时间大于开通时间,故在开关二极管的使用参数上只给出反向恢复时间。开关二极管的正向电阻很小,反向电阻很大,开关速度很快,硅开关二极管的反向恢复时间只有几纳秒,即使是锗开关二极管,也不过几百纳秒。

开关二极管分为普通开关二极管、高速开关二极管、超高速开关二极管、低功耗开关二极管、高反压开关二极管、硅电压开关二极管等多种。常用开关二极管可分为小功率和大功率管两种。小功率开关二极管主要用于电视机、收录机及其他电子设备的开关电路、检波电路及高频高速脉冲整流电路等。

5. 二极管的应用电路

(1) 整流电路

所谓整流,就是将交流电变成脉动直流电。

半波整流电路如图 1-15 所示,利用二极管的单向导电性可以将输入的交流电变换成直流电。项目 5 中将详细介绍整流电路。

(2) 钳位电路

钳位电路是指能把一个周期信号转变为单向的(只有正向或只有负向)或叠加在某一直流电平上,而不改变它的波形的电路。

简单的二极管钳位电路如图 1-16(a)所示。输入信号正半周时,VD 导通,C 快速充电至 V_m,所以 $u_o = 0$,输入信号负半周时,VD 截止,RC 时间常数足够大,C 基本不放电,所以 $u_o = -2V_m$。输入输出波形波形图如图 1-16(b)所示。

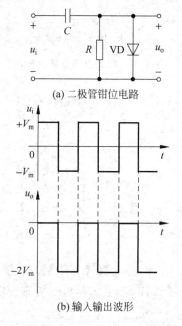

(a) 二极管钳位电路

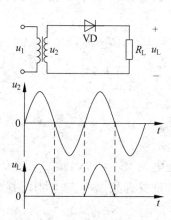

(b) 输入输出波形

图 1-15　半波整流电路及输入输出波形　　　图 1-16　二极管钳位电路及输入输出波形

（3）限幅电路

当输入信号电压在一定范围内变化时，输出电压随输入电压相应变化；而当输入电压超出该范围时，输出电压保持不变，这就是限幅电路。

限幅电路如图 1-17(a) 所示。当 $u_i > E$ 时，VD 导通，$u_o = E$，当 $u_i < E$ 时，VD 截止，$u_o = u_i$。输入输出波形图如图 1-17(b) 所示。

（4）元器件保护电路

在电子电路中常用二极管来保护其他元器件免受过高电压损害的电路。

比如图 1-18 所示电源接了感性负载，突然断电时电感上会产生反向电压，电源接了反向连接的二极管，电感上反向电压就和二极管电路构成电流通路，不会在电源上产生反向过电压而损坏电源。

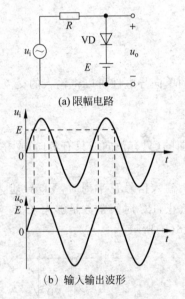

(a) 限幅电路

(b) 输入输出波形

图 1-17　限幅电路及输入输出波形

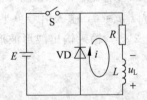

图 1-18　续流二极管保护电路

【**例 1-1**】　图 1-19 中，设 VD1、VD2 均为理想二极管，试判断各二极管的状态，并求出 $U_{AB} = ?$

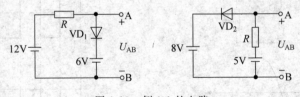

图 1-19　例 1-1 的电路

解：左图，将二极管 VD1 拿开，接二极管正极处电位 $V_+ = 12V$，接二极管负极处电位 $V_- = 6V$，$V_+ > V_-$，所以二极管 VD 导通，因为 VD 是理想二极管，导通时视为短路，所以 $U_{AB} = 6V$；

右图，将二极管 VD2 拿开，接二极管正极处电位 $V_+ = 5V$，接二极管负极处电位

$V_-=8\text{V}$，$V_+<V_-$，所以二极管 VD 截止，因为 VD 是理想二极管，截止时视为开路，所以 $U_{AB}=5\text{V}$。

6. 晶体二极管的选用

（1）二极管类型的选择

二极管的种类繁多，同一种类的二极管又有不同型号或不同系列。在电子电路中做检波用，就要选用检波二极管，并且要注意不同型号的管子的参数和特性差异。在电路中做整流用，就要选用整流二极管，并且要注意功率的大小、电路的工作频率和工作电压。在电路中做电子调谐用，可选用变容二极管和开关二极管。选用变容二极管要特别注意零偏压结电容和电容变化范围等参数，并且根据不同的频率覆盖范围，选用不同特性的变容二极管。在电子调谐电路中选用开关管时，只要最高反向工作电压高于电子调谐器的开关电压，最大平均整流电流大于工作电流就可以，而对反向恢复时间要求并不严格。稳压电源电路就要选用稳压管，并注意稳压值的选用。另外，在一些特殊电路中，还要选用发光二极管、光电二极管、磁敏二极管等。

（2）二极管参数的选择

在选好二极管类型的基础上，要选好二极管的各项主要技术参数，使这些电参数和特性符合电路要求，并且要注意不同用途的二极管对哪些参数要求更严格，这些都是选用二极管的依据。比如选用整流二极管时，要特别注意最大整流电流，2AP1 型二极管的最大整流电流为 16mA，2CP1A 型二极管为 500mA 等，使用时通过二极管的电流不能超过这个数值。并且对整流二极管来说，反向电流越小，说明二极管的单向导电性能越好。选用稳压管时，除了要注意稳定电压、最大工作电流等参数外，还要注意选用动态电阻较小的稳压管，因动态电阻越小，稳压管性能越好。在选用二极管的各项主要参数时，除了从有关的资料和《晶体管手册》查出相应的参数值满足电路要求之外，最好再用万用表及其他仪器复测一次，使选用的二极管参数符合要求，并留一定的余量。

（3）二极管外形的选择

二极管的外形、大小及封装形式多种多样，外形有圆形、方形、片状等；封装形式有全塑封装、金属外壳封装等。在选择时，可根据性能要求和使用条件选用符合条件的二极管。

7. 晶体二极管的识别

二极管的识别很简单，小功率二极管的 N 极（负极）在二极管外表大多采用一种色圈标出来，有些二极管也用二极管专用符号来表示 P 极（正极）或 N 极（负极）。发光二极管的正、负极可从管脚长短来识别，长脚为正，短脚为负。

8. 晶体二极管的测量

二极管检查中常见的不良项目主要有包装变形、破损；标识不清或无标识；尺寸与规格不符；二极管破损；管脚松、断、氧化；极性标识不明确、极性反；击穿短路、内部开路；发光管不发光、暗等。

利用二极管的单向导电特性，可以用万用电表测其正、反向电阻，来判断它的好坏。测试的方法是将指针式万用电表置于 $R\times100$ 挡或 $R\times1\text{k}$ 挡，测二极管的电阻；然后将红表笔和黑表笔调换一下再测。若两次测得的电阻一大一小,且大的那一次趋于无穷大,可断定这个二极管是良好的;同时可以断定二极管两端的正、负,即当测得阻值较小时,黑表笔接的那一端为二极管的正极。

两次测量中可能发现如下几种情况。

(1) 一次电阻接近于无穷大,而另一次电阻较小,可断定二极管良好。

(2) 两次测量的电阻都为无穷大,可断定二极管内部断路。

(3) 两次测量的电阻都很小,可断定二极管短路,即被击穿。

(4) 两次测量的电阻都一样,可断定二极管失去单向导电作用。

(5) 两次测量的电阻相差不太大,可断定二极管的单向导电性差。

1.1.3　晶体三极管

半导体三极管又称晶体三极管或晶体管。半导体三极管是能起放大、振荡或开关等作用的半导体电子器件。

1. 半导体三极管的基本结构与类型

半导体三极管由两个 PN 结的三层半导体组成。在半导体锗或硅的单晶上制造两个能相互影响的 PN 结,组成一个 NPN(或 PNP)结构。中间的 P 区(或 N 区)叫基区,两边的区域叫发射区和集电区,这三部分各有一条电极引线,分别叫做基极 B、发射极 E 和集电极 C。半导体三极管的结构及电路符号如图 1-20 所示。

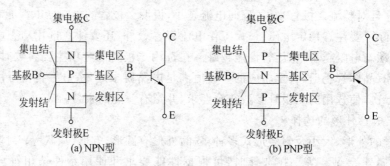

图 1-20　半导体三极管的结构及电路符号

NPN 和 PNP 符号的区别为发射极的箭头方向不同(箭头表示发射结正向偏置时的电流方向)。在 NPN 型中,电流从基极流入发射极;在 PNP 型中,电流从发射极流入基极。

不论是 NPN 型或 PNP 型三极管,在制作时都要满足下列条件。

① 基区做得很薄,且掺杂浓度低(以减少载流子在基区的复合机会)。

② 发射区的掺杂浓度很高(以便使足够的载流子发射)。

③ 集电结面积大于发射结面积(以利于收集载流子)。

以上是三极管实现放大作用的内部条件。由此可见,三极管并非两个 PN 结的简单组合,不能用两个二极管来代替;由于内部结构不同,在放大电路中不可将发射极和集电极对调使用。

三极管的种类很多,通常按照以下类型进行分类。

① 按结构类型分为 NPN 型和 PNP 型。

② 按制作材料分为硅管和锗管。

③ 按工作频率分为高频管和低频管。

④ 按功率大小分为大功率管、中功率管和小功率管。

⑤ 按工作状态分为放大管和开关管。

2. 电流分配及放大原理

三极管实现放大作用的外部条件是发射结正向偏置,集电结反向偏置。三极管放大时管子内部的工作原理如图 1-21 所示。发射区向基区发射电子,电源经过电阻加在发射结上,发射结正偏,发射区的多数载流子(自由电子)不断地越过发射结进入基区,形成发射极电流 I_E。同时,基区的多数载流子向发射区扩散,但由于多数载流子的浓度远低于发射区载流子浓度,可以不考虑这个电流,因此可以认为发射结主要是电子流。电子进入基区后,先在靠近发射结的附近聚集,渐渐形成电子浓度差,在此作用下,促使电子流在基区向集电结扩散,被集电结电场拉入集电区形成集电极电流 I_C;也有很小一部分电子(因为基区很薄)与基区的空穴复合,扩散的电子流与复合电子流的比例决定了三极管的放大能力。由于集电结外加反向电压很大,这个反向电压产生的电场力将阻止集电区电子向基区扩散,同时将扩散到集电结附近的电子拉入集电区,从而形成集电极主电流 I_{CN}。另外,集电区的少数载流子(空穴)也会产生漂移运动,流向基区,形成反向饱和电流,用 I_{CBO}来表示,其数值很小,但对温度异常敏感。

NPN 型和 PNP 型三极管的工作原理相似,不同之处仅在于使用时工作电源的极性相反。下面以 NPN 型三极管为例进行说明。

(1) 实验数据

NPN 型三极管的电流放大实验电路如图 1-22 所示,其中 R_b 为可调电阻。调节实验电路中的 R_b,由电流表测得相应的 I_E、I_B 及 I_C 数据,如表 1-1 所示。

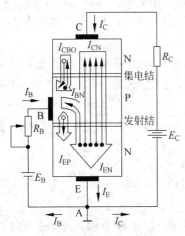

图 1-21 三极管放大时内部载流子
的运动原理

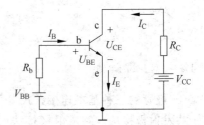

图 1-22 NPN 型三极管电流
放大实验电路

表 1-1 I_E、I_B 及 I_C 的实验数据

I_B/mA	−0.001	0	0.01	0.02	0.03	0.04	0.05
I_C/mA	0.001	0.01	0.50	1.00	1.60	2.20	2.90
I_E/mA	0	0.01	0.51	1.02	1.63	2.24	2.95
I_C/I_B			50	50	≈53	55	58

（2）数据分析

从表中数据得出如下结论：

$$I_E = I_B + I_C \tag{1-1}$$

$$I_C = \beta I_B \tag{1-2}$$

则

$$I_E = (1 + \beta) I_B \tag{1-3}$$

可以看出，I_B 从 0.01mA 变化到 0.02mA 时，I_C 从 0.50mA 变化到 1.00mA，集电极电流的变化量和基极电流的变化量之比称作共射极交流电流放大系数 β：

$$\beta = \Delta I_C / \Delta I_B \tag{1-4}$$

若考虑集电区及基区少数载流子漂移运动形成的集电结反向饱和电流 I_{CBO}，则 I_C 与 I_B 之间有关系：

$$I_C = \beta I_B + I_{CEO} \tag{1-5}$$

说明：

① $I_E = 0$ 是发射极开路的情况，此时只有集电结接在电路内且加反向电压，所以出现的是集电结反向漏电流，称为集电极—基极反向饱和电流，简称三极管的反向饱和电流，记做 I_{CBO}。I_{CBO} 受温度的影响比较大，在实际应用中选择管子的 I_{CBO} 越小越好。

② $I_B = 0$ 是基极开路的情况，此时仍有电流从集电极流向发射极，使 $I_E = I_C$，这个电流称为集电极—发射极反向电流，又称三极管的穿透电流，记做 I_{CEO}。随着温度上升，I_{CEO} 增大，I_{CEO} 越小越好，它反映三极管的温度稳定性。硅管的稳定性比锗管好。

【例 1-2】 在电子电路中有一晶体三极管三端①②③如图 1-23 所示，现测得 $I_1 = -1$mA，$I_2 = 0.02$mA，$I_3 = 0.98$mA，请判断①②③分别是什么电极，此三极管是何种类型的三极管并估算 β 的大小。

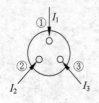

图 1-23   例 1-2 的电路

解：根据三极管电流分配关系 I_1 电流最大可以确定①为发射极，其实际电流方向为流出，可以确定为 NPN 型三极管

再根据 $I_2 = 0.02$mA 电流很小，确定②为基极，由此③为集电极。

$$\beta = \frac{I_C}{I_B} = \frac{0.98\text{mA}}{0.02\text{mA}} = 49$$

（3）三极管的三种基本连接方式

① 共发射极接法。共发射极接法（简称共射接法）以基极为输入端，集电极为输出端，发射极为公共端。

② 共集电极接法。共集电极接法（简称共集接法）以基极为输入端，发射极为输出

端,集电极为公共端。

③ 共基极接法。共基极接法(简称共基接法)以发射极为输入端,集电极为输出端,基极为公共端。

三极管的三种基本连接方式如图 1-24 所示。

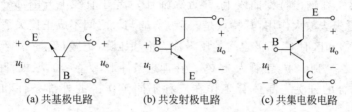

(a) 共基极电路   (b) 共发射极电路   (c) 共集电极电路

图 1-24 三极管的三种基本连接方式

3. 特性曲线

(1) 输入特性曲线

输入特性是指当三极管的集电极——发射极之间电压 u_{CE} 为常数时,输入回路中基极电流 i_B 与基极——发射极电压 u_{BE} 之间的关系,即

$$i_B = f(u_{BE}) \mid u_{CE=常数} \tag{1-6}$$

输入特性曲线如图 1-25 所示。

由图中可以看出,曲线是非线性的,当 u_{BE} 小于门限电压(锗管为 $0.1 \sim 0.2$V,硅管约 0.5V)时,基极电流极小,甚至没有;只有超过此值,i_B 才随着 u_{BE} 增加而增加。图中的两条曲线簇是在不同 u_{CE} 值下的输入特性曲线。输入特性曲线在 u_{CE} 不同时,具有"基区宽度效应",它表明 u_{CE} 越高,i_B 越小,曲线越向右偏移。

(2) 输出特性曲线

输出特性是指当 i_B 不变时,输出回路中的电流 i_C 与电压 u_{CE} 之间的关系,即

$$i_C = f(u_{CE}) \mid_{i_B=常数} \tag{1-7}$$

输出特性曲线,如图 1-26 所示。

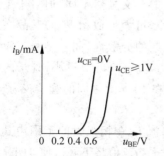

图 1-25 三极管的输入特性曲线

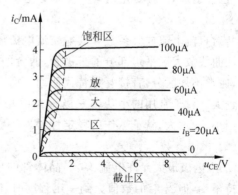

图 1-26 三极管的输出特性曲线

由输出特性曲线看出,可将其划分为三个区域:饱和区、放大区及截止区。

① 放大区。输出特性曲线的中间部分称为放大区。三极管工作于放大区时,$i_C =$

βi_B，i_C 与 i_B 基本上成正比关系，i_C 的大小几乎与 u_{CE} 无关，所以放大区又称为恒流区。此时，三极管的发射结处于正向偏置状态，集电结处于反向偏置状态。

② 截止区。$i_B=0$ 曲线以下的区域称为截止区。三极管工作于截止区时，$i_C \approx 0$，三极管的 C、E 极之间相当于一个断开的开关。

③ 饱和区。在输出特性曲线上，靠近纵轴且 i_C 趋于直线上升的部分为饱和区。在该区域，三极管失去放大作用，其特点是 $i_C \neq \beta i_B$，i_C 与 i_B 之间不成正比关系，$u_{BE} > u_{CE}$。将晶体管工作在饱和区时 C、E 极之间的压降称为饱和压降，记做 U_{CES}。对于一般的小功率晶体管，硅管 U_{CES} 为 0.3V，锗管为 0.1V。在理想条件下，$U_{CES} \approx 0$，三极管的 C、E 极之间相当于一个闭合的开关。晶体管工作在三种不同工作区的外部条件和特点如表 1-2 所示。

表 1-2　晶体管工作在三种不同工作区外部的条件和特点

工作状态	NPN 型	PNP 型	特　点
截止状态	发射结、集电结均反偏 $V_B < V_E$、$V_B < V_C$	发射结、集电结均反偏 $V_B > V_E$、$V_B > V_C$	$i_C \approx 0$
放大状态	发射结正偏、集电结反偏 $V_C > V_B > V_E$	发射结正偏、集电结反偏 $V_C < V_B < V_E$	$i_C \approx \beta i_B$
饱和状态	发射结、集电结均正偏 $V_B > V_E$、$V_B > V_C$	发射结、集电结均正偏 $V_B < V_E$、$V_B < V_C$	$u_{CE} = U_{CES}$

4. 三极管的主要参数

（1）共射电流放大系数 β

在共射极放大电路中，若交流输入信号为零，则管子各极间的电压和电流都是直流量，此时的集电极电流 I_C 和基极电流 I_B 的比就是 $\bar\beta$，称为共射直流电流放大系数。

当共射极放大电路有交流信号输入时，因交流信号的作用，必然引起 i_B 的变化；相应的，也会引起 i_C 的变化，两个电流变化量的比称为共射交流电流放大系数 β，即 $\beta = \Delta i_C / \Delta i_B$。

共射直流电流放大系数和共射交流电流放大系数的含义虽然不同，但对于工作在输出特性曲线放大区平坦部分的三极管，两者的差异极小，可做近似相等处理，故在今后应用时，通常不加区分，直接互相替代使用。由于制造工艺的分散性，同一型号三极管的值差异较大。对于常用的小功率三极管来说，β 值一般为 20～100。β 过小，管子的电流放大作用小；β 过大，管子工作的稳定性差。一般选用 β 在 40～80 之间的管子较为合适。

（2）极限参数

① 集电极最大允许电流 I_{CM}。晶体管的集电极电流 i_C 在相当大的范围内其 β 值基本保持不变，但当 i_C 的数值大到一定程度时，电流放大系数 β 值将下降。使 β 明显减少的 i_C 即为 I_{CM}。为了使三极管在放大电路中能正常工作，i_C 不应超过 I_{CM}。

② 集电极最大允许功耗 P_{CM}。晶体管工作时，集电极电流在集电结上将产生热量，产生热量所消耗的功率就是集电极的功耗 P_C，即 $P_C = i_C u_{CE}$。功耗与三极管的结温有关，

结温又与环境温度、管子是否有散热器等条件相关。手册上给出的 P_{CM} 值是在常温下 (25℃)测得的。硅管集电结的上限温度为150℃左右,锗管为70℃左右,使用时应注意不要超过此值,否则管子将损坏。

③ 反向击穿电压 $U_{BR(CEO)}$。反向击穿电压 $U_{BR(CEO)}$ 是指基极开路时,加在集电极与发射极之间的最大允许电压。使用中如果管子两端的电压 $u_{CE} > U_{BR(CEO)}$,集电极电流 i_C 将急剧增大,这种现象称为击穿。三极管电路在电源 E_C 的值选得过大时,有可能会出现当管子截止时 $u_{CE} > U_{BR(CEO)}$,导致三极管击穿而损坏的现象。一般情况下,三极管电路的电源电压 V_{CC} 应小于 $1/2\ U_{BR(CEO)}$。

根据三个极限参数 I_{CM}、P_{CM} 和 $U_{BR(CEO)}$,可以确定晶体管的安全工作区。安全工作区如图 1-27 所示。

（3）温度对三极管参数的影响

① 对 β 值的影响。三极管的 β 值随温度的升高将增大,温度每上升 1℃,β 值增大0.5%～1%,其结果是在相同 i_B 的情况下,集电极电流 i_C 随温度上升而增大。

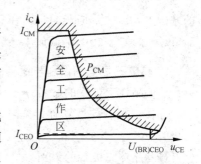

② 对反向饱和电流 I_{CEO} 的影响。I_{CEO} 是由少数载流子漂移运动形成的,它与环境温度关系很大,I_{CEO} 随温度上升会急剧增加。温度每上升 10℃,I_{CEO} 将增加 1倍。由于硅管的 I_{CEO} 很小,所以温度对硅管 I_{CEO} 的影响不大。

图 1-27　三极管的安全工作区

③ 对发射结电压 U_{BE} 的影响。和二极管的正向特性一样,温度每上升 1℃,U_{BE} 将下降 2～2.5mV。

综上所述,随着温度上升,β 值将增大,I_{CEO} 也将增大,U_{BE} 将下降,这对三极管的放大作用不利,使用中应采取相应的措施克服温度的影响。

5. 晶体三极管的选用

三极管的种类很多,用途各异,合理地选用三极管是保证电路正常工作的关键。下面介绍选用步骤。

（1）根据不同电路的要求,选用不同类型的三极管。在不同的电子产品中,电路各有不同,如高频放大电路、中频放大电路、功率放大电路、电源电路、振荡电路、脉冲数字电路等。由于电路的功能不同,构成电路所需要的三极管的特性及类型也不同。

（2）根据电路要求合理选择三极管的技术参数。三极管的参数较多,主要的参数要满足电路需求,否则将影响电路的正常工作,主要参数有:电流放大系数 β;集电极最大电流 I_{CM};集电极最大耗散功率;特征频率 f_T 等。对于特殊用途的三极管,除满足上述要求外,还必须满足对特殊管的参数要求。如选用光敏晶体管时,就要考虑光电流、暗电流和光谱范围是否满足电路要求。小功率三极管在电子电路中的应用最多,主要用做小信号的放大、控制或振荡器。选用三极管时首先要搞清楚电子电路的工作频率大概是多少。三极管的集电极最大允许耗散功率 P_{CM} 是选择大功率三极管时重点考虑的问题,需要注意的是,大功率三极管必须有良好的散热器。即使是一只四五十瓦的大功率三极管,在没有散热器时,也只能经受两三瓦的功率耗散。大功率三极管的选择还应留有充分的余量。另外,在选择大功率三极管时还要考虑它的安装条件,以决定选择塑封管还是金属封装的管子。如果对于一只三极管,又无法查到它的参数,可以根据外形来推测其参数。目前,小功率三极管最多见的是 TO-92 封装的塑封管,也有部分是金属壳封装。它们的 P_{CM} 一般在 $100\sim500\text{mW}$ 之间,最大的不超过 1W;I_{CM} 一般在 $50\sim500\text{mA}$ 之间,最大的不超过 1.5A。

(3) 根据整机的尺寸合理选择三极管的外形及其封装。由于三极管的外形有圆形、方形、扁平形等,封装又分为金属封装、塑料封装等,尤其是近年来采用了表面封装三极管,其体积很小,节约了很多空间位置,使整机小型化。选用三极管时,在满足型号、参数的基础上,要考虑外形和封装,在安装位置允许的前提下,优先选用小型化产品和塑封产品,以减小整机尺寸、降低成本。

6. 晶体三极管的识别与检测

(1) 晶体三极管的命名方法

晶体三极管的型号命名见附录 A。例如,3AX31 为 PNP 型锗材料低频小功率晶体三极管。

(2) 晶体三极管的识别

晶体三极管有 3 只管脚,分别是基极 B、发射极 E 和集电极 C,使用中应识别清楚;绝大多数小功率三极管的管脚均按 E-B-C 的标准顺序排列,并标有标识。

(3) 晶体三极管的测量

管脚识别与检测:检测时,将指针式万用表置于 $R\times1\text{k}$ 挡。

① 检测 NPN 管时,先用黑表笔接某一管脚,红表笔分别接另外两个管脚,测得两个电阻值;再将黑表笔接另一管脚,重复以上步骤,直到测得两个电阻值都很小,这时黑表笔所接的是基极 B。改用红表笔接基极 B,黑表笔分别接另外两个管脚,测得两个电阻值都应很大,说明被测三极管基本上是好的。

② 检测 PNP 管时,先用红表笔接某一个管脚,黑表笔分别接另外两个管脚,测得两个电阻值;再将红表笔接另一个管脚,重复以上步骤,直至测得两个电阻值都很小,这时红表笔所接的是基极 B。改用黑表笔接基极 B,红表笔分别接另外两个管脚,测得两个电阻值都应很大,说明被测三极管基本上是好的。

③ 用万用表电阻挡测量(以 NPN 管为例)时,万用表置于 $R\times1\text{k}$ 挡,红表笔接基极以外的一个管脚,左手食指触摸基极,左手拇指和中指与余下的管脚捏在一起,这时表针向右摆动;将基极以外的两个管脚对调后再测一次。两次测量中,表针摆动幅度较大的那一次,黑表笔所接为集电极 C,红表笔所接为发射极 E。表针摆动幅度越大,说明被测三极管的 β 值越大。

区分锗管与硅管:由于锗材料三极管的正向导通电压为 0.3V,硅材料三极管的正向导通电压为 0.7V,所以可通过测量 B-E 结正向电阻的方法来区分锗管与硅管,检测方法是:万用表置于 $R\times1\text{k}$ 挡,对于 NPN 管,黑表笔接基极 B,红表笔接发射极 E,如果测得

的电阻值小于 $1k\Omega$,则被测管是锗管;如果测得的电阻值是 $5\sim10k\Omega$,则被测管是硅管。对于 PNP 管,对调两支表笔进行测量。

1.1.4　场效应管

在晶体三极管中,基极注入电流的大小直接影响集电极电流的大小。晶体三极管是一种利用输入电流控制输出电流的半导体器件,称为电流控制型器件。在半导体技术的发展过程中,科学家们经过不断地探索和实践,研制出一种具有 PN 结但工作机理与三极管全然不同的新型半导体器件——场效应管(Field Effect Transistor,FET)。场效应管是一种利用电场效应来控制电流大小的半导体器件,故以此命名。这种器件不仅兼有体积小、重量轻、耗电省、寿命长等特点,还有输入阻抗高、噪声低、热稳定性好、抗辐射能力强和制造工艺简单等优点,因而大大扩展了它的应用范围,特别是在大规模和超大规模集成电路中得到了广泛的应用。

根据结构的不同,场效应管可分为两大类:结型场效应管(Junction Type FET,JFET)和金属—氧化物—半导体场效应管(Metal-Oxide-Semiconductor Type FET,MOSFET)。

1. 结型场效应管

结型场效应管在一块 N 型(或 P 型)半导体材料的两边各扩散一个高杂质浓度的 P 型区(或 N 型区),就形成两个不对称的 PN 结。把两个 P 区(或 N 区)并联在一起,引出一个电极,称为栅极(G);在 N 型(或 P 型)半导体的两端各引出一个电极,分别称为源极(S)和漏极(D)。夹在两个 PN 结中间的 N 区(或 P 区)是电流的通道,称为导电沟道(简称沟道)。这种结构的管子称为 N 沟道结型场效应管和 P 沟道结型场效应管。

(1) N 沟道 JFET 结构和符号

N 沟道结型场效应管(JFET)结构示意图如图 1-28(a)所示,它的符号如图 1-28(b)所示。P 沟道结型场效应管(JFET)结构示意图如图 1-29(a)所示,它的符号如图 1-29(b)所示。

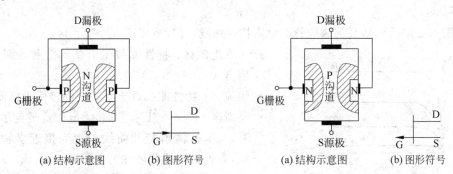

(a) 结构示意图　(b) 图形符号　　　　　(a) 结构示意图　(b) 图形符号

图 1-28　N 沟道结型场效应管　　　　　图 1-29　P 沟道结型场效应管

(2) JFET 的工作原理(以 N 沟道 JFET 为例)

N 沟道 JFET 正常工作时,栅极与源极之间应加负的电压,即 $u_{GS}<0$,使栅极、沟道间的 PN 结的任何一处都处于反偏状态。因此,栅极电流 $i_G\approx0$,场效应管可呈现高达 $10^7\Omega$ 以上的输入电阻。漏极与源极之间加正电压,即 $u_{DS}>0$,使 N 沟道中的多数载流子(电子)在电场作用下由源极向漏极运动,形成漏极电流 i_D。N 沟道 JFET 的直流偏置电路如图 1-30 所示(P 沟道 JFET 的直流电源的极性与之相反)。

随着 u_{GS} 负向增大,加在 PN 结上的反向偏置电压增大,耗尽层加宽,使得沟道变窄,当 u_{GS} 负向增大到某一值后,两侧的耗尽层向内扩展到彼此相遇,沟道被完全夹断,此时的漏极电流 $i_D=0$,相应此时的栅源间电压 u_{GS} 称为夹断电压,用 $U_{GS(off)}$ 表示。另外,将 $u_{GS}=0$ 时对应的漏极电流 i_D 定义为漏极饱和电流,记为 I_{DSS}。

（3）JFET 的特性曲线

场效应管的伏安特性常用转移特性曲线和输出特性曲线表示。

① 转移特性曲线。转移特性曲线是指当漏源电压 u_{DS} 一定时,栅源电压 u_{GS} 对漏极电流 i_D 的控制关系曲线,即

$$i_D = f(u_{GS})\,|_{u_{DS}=常数} \tag{1-8}$$

图 1-31 所示为结型场效应管的转移特性曲线。

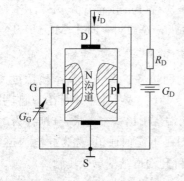

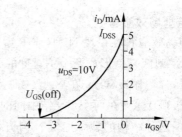

图 1-30　N 沟道 JFET 的直流偏置电路　　　图 1-31　N 沟道结型场效应管的转移特性曲线

② 输出特性曲线。输出特性曲线是指当栅源电压 u_{GS} 一定时,漏极电流 i_D 与漏源电压 u_{DS} 之间的关系,即

$$i_D = f(u_{DS})\,|_{u_{GS}=常数} \tag{1-9}$$

图 1-32 所示为结型场效应管的输出特性曲线,可分成以下几个工作区。

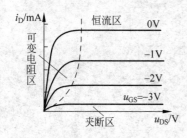

图 1-32　N 沟道结型场效应管的
输出特性曲线

- 可变电阻区:特性曲线上升的部分称为可变电阻区。
- 恒流区:特性曲线近于水平的部分称为恒流区。
- 夹断区:当 $u_{GS}<U_{GS(off)}$ 时,导电沟道被耗尽层夹断,$i_D\approx0$,输出特性曲线表现为接近横轴。因此,靠近横轴的区域称为夹断区。
- 击穿区:当 u_{DS} 增加到一定值时,漏极电流 i_D 急剧上升,靠近漏极的 PN 结被击穿,管子不能正常工作,甚至很快被烧坏。

在结型场效应管中,栅、源间的输入电阻一般为 $10^6\sim10^9\,\Omega$。由于 PN 结反偏时,总有一定的反向电流存在,而且受温度的影响,因此,限制了结型场效应管输入电阻的进一步提高。而绝缘栅型场效应管的栅极与漏极、源极及沟道是绝缘的,输入电阻高达 $10^9\,\Omega$。

由于这种场效应管是由金属(Metal)、氧化物(Oxide)和半导体(Semiconductor)组成的，故称 MOS 管。按结构不同，MOS 管可分为 N 沟道和 P 沟道两类；按照工作方式不同，可以分为增强型和耗尽型两类。

2. N 沟道增强型绝缘栅场效应管

(1) 结构和符号

图 1-33 所示是 N 沟道增强型 MOS 管的示意图。

MOS 管以一块掺杂浓度较低的 P 型硅片做衬底。在衬底上通过扩散工艺形成两个高掺杂的 N 型区，并引出两个极作为源极 S 和漏极 D；在 P 型硅表面制作一层很薄的二氧化硅(SiO_2)绝缘层，在二氧化硅表面再喷上一层金属铝，引出栅极 G。这种场效应管的栅极、源极和漏极之间都是绝缘的，所以称为绝缘栅场效应管。绝缘栅场效应管的图形符号如图 1-33(b)、(c)所示，箭头方向表示沟道类型，箭头指向管内表示为 N 沟道 MOS 管(如图 1-33(b)所示)，反之，则为 P 沟道 MOS 管(如图 1-33(c)所示)。

(2) 工作原理

图 1-34(a)所示是 N 沟道增强型 MOS 管的工作原理示意图，图 1-34(b)所示是相应的电路图。

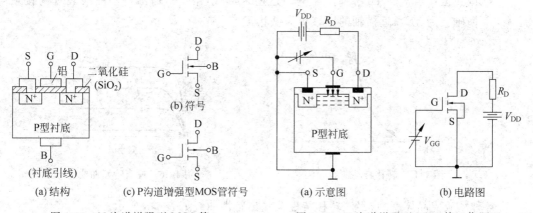

| (a) 结构 | (b) 符号
(c) P沟道增强型MOS管符号 | (a) 示意图 | (b) 电路图 |

图 1-33 N 沟道增强型 MOS 管　　　　图 1-34 N 沟道增强型 MOS 管工作原理

工作时，栅、源之间加正向电压 u_{GS}，漏、源之间加正向电压 u_{DS}，并且源极与衬底连接，衬底是电路中最低的电位点。当 $u_{GS}=0$ 时，漏极与源极之间没有原始的导电沟道，漏极电流 $i_D=0$。这是因为当 $u_{GS}=0$ 时，漏极和衬底以及源极之间形成了两个反向串联的 PN 结，当 u_{DS} 加正向电压时，漏极与衬底之间的 PN 结反向偏置。

当 $u_{GS}>0$ 时，栅极与衬底之间产生了一个垂直于半导体表面、由栅极 G 指向衬底的电场。这个电场的作用是排斥 P 型衬底中的空穴而吸引电子到表面层，当 u_{GS} 增大到一定程度时，绝缘体和 P 型衬底的交界面附近积累了较多的电子，形成了 N 型薄层，称为 N 型反型层。反型层使漏极与源极之间成为一条由电子构成的导电沟道，当加上漏源电压 u_{GS} 之后，就会有电流 i_D 流过沟道。通常将刚刚出现漏极电流 i_D 时所对应的栅源电压称为开启电压，用 $U_{GS(th)}$ 表示。当 $u_{GS}>U_{GS(th)}$ 时，u_{GS} 增大，电场增强，沟道变宽，沟道电阻减小，I_D 增大；反之，u_{GS} 减小，沟道变窄，沟道电阻增大，i_D 减小。所以，改变 u_{GS} 的大小，就可以控制沟道电阻的大小,从而控制电流 i_D 的大小;并且随着 u_{GS} 增强,导电性能也增强,故称为增强型的。必须强调,这种管子当 $u_{GS} < U_{GS(th)}$ 时,反型层(导电沟道)消失,$i_D = 0$。只有当 $u_{GS} \geqslant U_{GS(th)}$ 时,才能形成导电沟道,并有电流 i_D。

(3) 特性曲线

① 转移特性曲线是指漏源电压 u_{DS} 一定时,栅源电压 u_{GS} 对漏极电流 i_D 的控制关系曲线,即

$$i_D = f(u_{GS})\mid_{u_{DS}=常数} \tag{1-10}$$

图 1-35 所示为其转移特性曲线。由图可见,当 $u_{GS} < U_{GS(th)}$ 时,导电沟道没有形成,$i_D = 0$;当 $u_{GS} \geqslant U_{GS(th)}$ 时,开始形成导电沟道,并随着 u_{GS} 的增大,导电沟道变宽,沟道电阻变小,电流 i_D 增大。

② 输出特性曲线是指栅源电压 u_{GS} 一定时,漏极电流 i_D 与漏源电压 u_{DS} 之间的关系,即

$$i_D = f(u_{DS})\mid_{u_{GS}=常数} \tag{1-11}$$

图 1-36 所示为其输出特性曲线,可分成以下几个工作区。

- 可变电阻区:特性曲线上升的部分称为可变电阻区。
- 放大区:特性曲线近于水平的部分称为放大区。
- 截止区:当 $u_{GS} < U_{GS(th)}$ 时,导电沟道还未形成,$i_D \approx 0$,输出特性曲线表现为接近横轴。因此,靠近横轴的区域称为截止区。

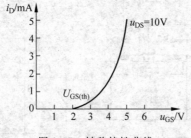

图 1-35 转移特性曲线

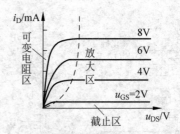

图 1-36 输出特性曲线

各种场效应晶体管的符号、转移特性及输出特性曲线如表 1-3 所示。

表 1-3 各种场效应管的符号、转移特性和输出特性

类 型		图 形 符 号	转 移 特 性	输 出 特 性
结型	N 沟道			
	P 沟道			

续表

类　型	图形符号	转移特性	输出特性
绝缘栅型 N 沟道增强型	D G S i_D	i_D/mA　O　$U_{GS(th)}$　u_{GS}/V	i_D/mA　8V　6V　4V　u_{GS}=2V　u_{DS}/V
P 沟道增强型	D G S i_D	$-i_D/\text{mA}$　$U_{GS(th)}$　O　u_{GS}/V	$-i_D/\text{mA}$　-8V　-6V　-4V　u_{GS}=-2V　u_{DS}/V
N 沟道耗尽型	D G S i_D	i_D/mA　I_{DSS}　$U_{GS(off)}$　O　u_{GS}/V	i_D/mA　2V　0V　-2V　u_{GS}=-4V　u_{DS}/V
P 沟道耗尽型	D G S i_D	$-i_D/\text{mA}$　I_{DSS}　O　$U_{GS(off)}$　u_{GS}/V	$-i_D/\text{mA}$　-2V　0V　2V　u_{GS}=4V　u_{DS}/V

3. 场效应管的主要参数和特点

（1）开启电压或夹断电压

当漏源电压 u_{DS} 为某一定值时，使增强型管子开始导通所需加的栅源电压值，称为开启电压 $U_{GS(th)}$。

当漏源电压 u_{DS} 为某一定值时，使耗尽型管子的漏极电流等于 0 所需加的栅源电压值，称为夹断电压 $U_{GS(off)}$。

（2）饱和漏极电流

当漏源电压 u_{DS} 为某一定值时，栅源电压为 0 时的漏极电流称为饱和漏极电流 I_{DSS}。

（3）低频跨导

当漏源电压 u_{DS} 为某一定值时，漏极电流变化量与引起这个变化的栅源电压变化量之比称为低频跨导。即

$$g_m = \frac{\Delta i_D}{\Delta u_{GS}}\bigg|_{U_{DS}=常数} \tag{1-12}$$

它反映了栅源电压对漏极电流的控制能力。

（4）漏源击穿电压

随着 u_{DS} 增加，使漏极电流 i_D 开始剧增时的 u_{DS} 称为漏源击穿电压 $U_{(BR)DS}$。使用时，不允许 u_{DS} 超过此值，否则会使管子损坏。

（5）最大耗散功率

使用时，管耗功率不允许超过最大耗散功率 P_{DM}，否则会烧坏管子。

实训　晶体三极管特性曲线的测绘

一、实训目的
掌握晶体三极管特性曲线的测试方法。

二、实训器材
万用表、直流稳压电源、电路板。

三、实训步骤
1. 实验电路如图 1-37 所示

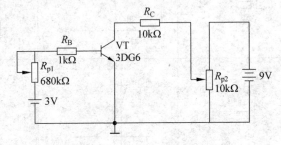

图 1-37　三极管特性曲线测试电路

2. 测量三极管输入特性数据

调节 R_{P2} 可使 U_{CE} 变化，调节 R_{P1} 可使 I_B 变化，分别在 $U_{CE}=0V$ 和 $U_{CE}=6V$ 两种情况下，按表 1-4 给出的 I_B 值（通过测量 R_B 电阻两端电压换算出 I_B 值），测出各对应的 U_{BE} 值填入表 1-4 中，并根据表中数据描绘出两种 U_{CE} 条件下的输入特性曲线。

表 1-4　输入特性数据

条件	U_{R_B}（mV）	0	10	20	30	40	50	60
	I_B（μA）	0	10	20	30	40	50	60
$U_{CE}=0V$	U_{BE}（V）	0						
$U_{CE}=6V$	U_{BE}（V）	0						

3. 测量三极管输出特性数据

按照表 1-5 给出的 U_{CE} 值和 I_B 值，测出各相应的 I_C 值（通过测量 R_C 电阻两端电压换算出 I_C 值）填入表中，根据表中数据描绘出输出特性曲线族。

表 1-5 输出特性数据

| $I_B(\mu A)$ | $U_{CE}(V)$ | 0 | 1 | 2 | 3 | 4 | 5 | 6 | 7 | 8 |
	$I_C(mA)$									
$I_B = 0$										
$I_B = 10$										
$I_B = 20$										
$I_B = 30$										
$I_B = 40$										

4. 绘制被测晶体三极管特性曲线

在指定的坐标图中绘制被测晶体三极管的输入、输出特性曲线,如图 1-38 所示。

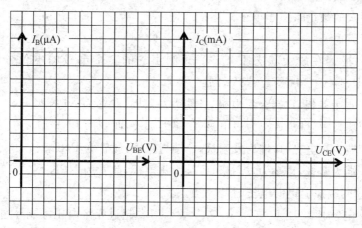

图 1-38 三极管特性曲线

四、实训操作

可以通过扫右侧二维码观看本实验的操作步骤。

晶体三级管特
性曲线的测绘

思考与练习

一、判断题(对的打"√",错的打"×")

(   )1. 在半导体内部,只有电子是载流子。

(   )2. 在外电场作用下,半导体同时出现电子电流和空穴电流。

(   )3. 用指针式万用表测某晶体二极管的正向电阻时,插在万用表标有"+"号插孔中的测试棒(通常是红色棒)所连接的二极管的管脚是二极管的正极,另一个电极是负极。

(   )4. 晶体二极管击穿后立即烧毁。

(   )5. 晶体二极管在反向电压小于反向击穿电压时,反向电流极小;当反向电压大于反向击穿电压后,反向电流会迅速增大。

（　　）6. 普通二极管的正向伏安特性也具有稳压作用。

（　　）7. 硅稳压二极管的动态电阻越大，则稳压性能越好。

（　　）8. 将一块 P 型半导体和一块 N 型半导体结合在一起便形成了 PN 结。

（　　）9. 半导体三极管在电路中的基本接法有共基极接法、共集电极接法和共发射极接法。

（　　）10. MOS 场效应管的输入电阻比结型场效管大得多。

二、选择题

1. 在 P 型半导体中（　　）。

A. 空穴是多数载流子，电子是少数载流子

B. 电子是多数载流子，空穴是少数载流子

C. 空穴的数量略多于电子

D. 没有电子

2. 一个三极管在放大状态下工作。现测出它的三个电极的电位分别为 A 端是 $-0.5V$，B 端是 $-4V$，C 端是 $-0.8V$，则（　　）。

A. A 端为基极，B 端为集电极，C 端为发射极，此管为 NPN 型

B. A 端为发射极，B 端为集电极，C 端为基极，此管为 PNP 型

C. A 端为集电极，B 端为发射极，C 端为基极，此管为 PNP 型

D. A 端为基极，B 端为发射极，C 端为集电极，此管为 NPN 型

3. 二极管两端加上正向电压时（　　）。

A. 一定导通　　　　　　　　　B. 超过死区电压才能导通

C. 超过 0.7V 才导通　　　　　　D. 超过 0.3V 才导通

4. 对于工作在放大区的某三极管，如果当 I_B 从 $22\mu A$ 增大到 $32\mu A$ 时，I_C 从 2mA 变为 3mA，那么它的 β 值约为（　　）。

A. 83　　　　　　B. 91　　　　　　C. 100

5. 稳压管具有工作在（　　）区实现稳定电压的功能。

A. 正向导通　　　B. 反向击穿　　　C. 反向截止

6. 用万用表测得 NPN 型晶体各电极对地的电位是：$V_B = 4.7V$，$V_C = 4.3V$，$V_E = 4V$，则该晶体三极管的工作状态是（　　）。

A. 饱和状态　　　B. 截止状态　　　C. 放大状态

7. PNP 型三极管处于放大状态时，各极电位的关系是（　　）。

A. $V_C > V_B > V_E$　　　B. $V_C < V_B < V_E$　　　C. $V_C > V_E > V_B$

8. 3DG6D 型晶体三极管的 $P_{CM} = 100mW$，$I_{CM} = 20mA$，$U_{BR(CEO)} = 30V$，如果将它接在 $i_C = 15mA$，$u_{CE} = 20V$ 的电路中，则该管（　　）。

A. 被击穿　　　B. 工作正常　　　C. 功耗太大，过热甚至烧坏

9. 如果三极管的集电极电流 i_C 大于它的集电极最大允许电流 I_{CM}，则该管（　　）。

A. 被击穿　　　B. 被烧坏　　　C. 电流放大能力下降

10. 用万用表 $R \times 1k$ 的电阻档测量一只能正常放大的三极管,若用红表笔接触一只管脚,黑表笔接触另两只管脚时测得的电阻均较大,则该三极管是(　　)。

    A. PNP 型　　　　　B. NPN 型　　　　　C. 无法确定

三、填空题

1. N 型半导体中的多数载流子是_____,少数载流子是_____。

2. PN 结具有_____性,即 PN 结_____偏置时,电阻很小,处于_____状态;PN 结_____偏置时,电阻很大,处于_____状态。

3. 当二极管两端的正向偏置电压大于_____时,二极管才能导通。二极管导通后,其正向压降硅管约为_____ V,锗管约为_____ V。

4. 晶体三极管 I_E、I_B、I_C 之间的关系式是_____。I_C/I_B 的比值叫_____,$\Delta i_C/\Delta i_B$ 的比值叫_____。

5. I_{CEO} 称为三极管的_____电流,全称是_____,它反映三极管的_____,I_{CEO} 越_____越好。

6. P 型半导体的多子是_____,少子是_____。

7. 在杂质半导体中,多数载流子的浓度主要取决于_____,少数载流子的浓度与_____有很大关系。

8. 由如题图 1-1 所示某场效应管特性曲线可知,此场效应管的类型是_____,Q 点附近的 $g_m =$ _____,$U_{GS(off)}$ 或 $U_{GS(th)} =$ _____,$I_{DSS} =$ _____。

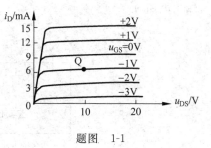

题图 1-1

9. 场效应管属于_____控制型器件;半导体三极管可以认为是_____控制型器件。

10. 场效应管的放大能力用_____表示,它反映了_____对_____的控制能力。

四、分析计算题

1. 测得工作在放大电路中的三极管的两个电极的电流如题图 1-2 所示。

(1) 求另一个电极电流,并在图中标出实际方向;

(2) 判断它的管型,并标出 E、B、C;

(3) 估算它的 β 值。

2. 题图 1-3 中,设 VD 为理想二极管。试判断二极管的状态,并求 u_o。

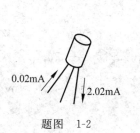

题图 1-2

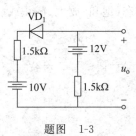

题图 1-3

3. 在题图 1-4 所示的几个电路中，VD 为理想的二极管，$E=4\text{V}$，$u_i=6\sin\omega t(\text{V})$，试画出输出端 u_o 的波形（写出分析过程）。

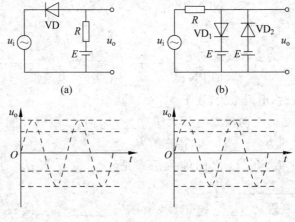

(a)   (b)

题图 1-4

4. 二极管电路如题图 1-5 所示。试判断图中二极管导通还是截止，并确定各电路的输出电压 u_o。

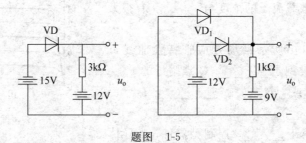

题图 1-5

5. 电路如题图 1-6 所示，其中 VD_{Z1} 的稳定电压为 10V，它们的正向压降为 0.7V，试求各电路的输出电压。

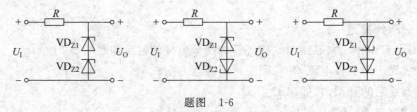

题图 1-6

6. 用万用表测得电路中三极管的对地电位如题图 1-7 所示，试判别这些三极管分别处于何种工作状态（饱和、放大、截止或已损坏）。

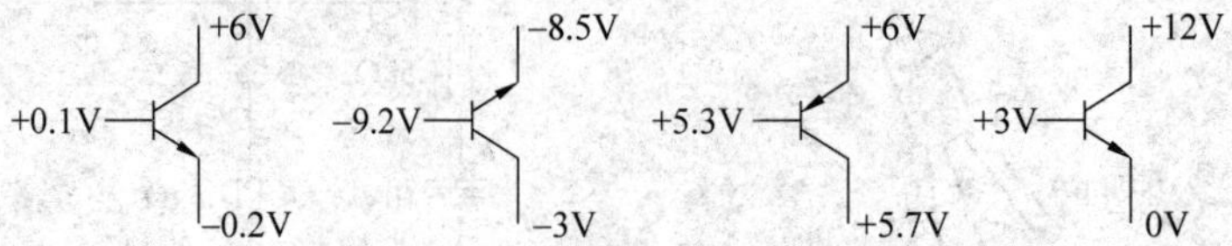

+6V   -8.5V   +6V   +12V

+0.1V   -9.2V   +5.3V   +3V

-0.2V   -3V   +5.7V   0V

题图 1-7

7. 已知如题图 1-8 所示场效应管的转移特性曲线和输出特性曲线,分别判别是何种场效应管并画出相应的图形符号。

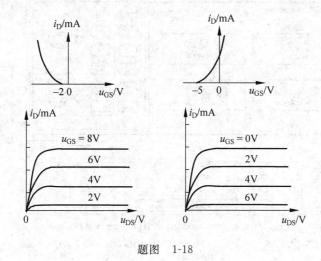

题图　1-18

1.2　常用仪器的使用

【学习目标】

(1) 理解常用仪器的工作原理。

(2) 掌握直流稳压电源、信号发生器、毫伏表和示波器的使用。

1.2.1　直流稳压电源的使用

1. 直流稳压电源的主要技术参数

(1) 输入电压:AC 100V/120V/220V/230V±10% 　　50 Hz/60Hz

(2) 额定输出电压:2×(0～30)V(连续可调)

(3) 额定输出电流:2×(0～3)A(连续可调)

(4) 其他:双路电源可进行串联和并联,串、并联时可由一路主电源进行输出电压调节,此时从电源输出电压严格跟随主电源输出电压值。串联模式下,输出电压是 CH1 的两倍;并联模式下,输出电流是 CH1 的两倍。

(5) 固定输出电源输出电压:可选择电压值 2.5V、3.3V 和 5V 输出

(6) 固定输出电源输出电流:3A

(7) 保护:过载保护、极性接反保护及过压保护

2. 直流稳压电源的使用

GPD-3303D 直流稳压电源面板图如图 1-39 所示。

(1) 开机启动

打开电源前,从后板选择交流输入电压,连接交流电源线到后面板插座,按下电源开

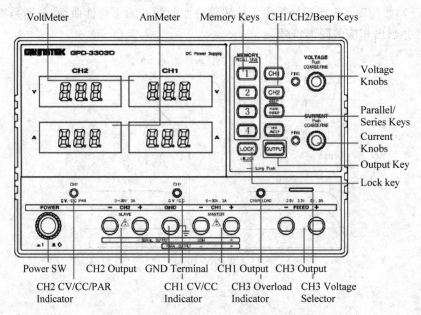

图 1-39 GPD-3303D直流稳压电源面板图

关打开电源。机器开始初始化,显示机器的型号,之后将显示上次关机时的设定值。

（2）输出打开/关闭

按下输出键打开所有通道输出,按键灯也会点亮,再按一下输出键将关闭所有的输出,按键灯也会熄灭。

（3）CH1/ CH2 独立模式

确定并联和串联键关闭（按键灯不亮）,连接负载到前面板子,设置 CH1 输出电压和电流。按下 CH1 开关（灯点亮）,使用电压和电流旋钮。通常,电压和电流旋钮工作在粗调模式。启动细调模式,按下按钮 FINE 灯亮。CH2 的操作重复上述步骤。打开输出,按下输出键,按键灯点亮并且显示 CV 或 CC 模式。

（4）CH3 独立模式

连接负载到前面板 CH3＋/－端子,设定输出电压 2.5V/3.3V/5V,使用电压选择开关,打开输出,按下输出键,按键灯点亮。

（5）CH1/ CH2 串联模式

① 无公共端串联

串联模式下,按下 SER/INDEP 键来启动串联模式,按键灯点亮。连接方法如图 1-40所示,即连接负载到前面板端子 CH1＋和 CH2－,按下 CH2 开关（灯点亮）和电流旋钮来设置 CH2 输出电流到最大值。通常,电压和电流旋钮工作在粗调模式。按下按钮 FINE灯亮,启动细调模式。按下 CH1 开关（灯点亮）和使用电压和电流选通来设置输出电压和电流值。按下输出键打开输出,按键灯打开。

② 有公共端串联

串联模式下,按下 SER/INDEP 键来启动串联模式,按键灯点亮。连接方法如图 1-41

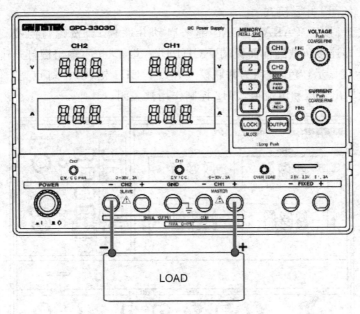

图 1-40 无公共端串联连接示意图

所示,即连接负载到前面板端子 CH1＋和 CH2－,使用 CH1－端子作为公共线连接。按下 CH1 开关(灯点亮)和使用电压选通来设置主从输出电压(2 组通道相同值)。通常,电压和电流旋钮工作在粗调模式。启动细调模式,按下按钮 FINE 灯亮。使用电流选通来设置主输出电流。按下输出键打开输出,按键灯打开。按下 CH2 开关(LED 灯点亮),使用电流选通来设置主从输出电流。

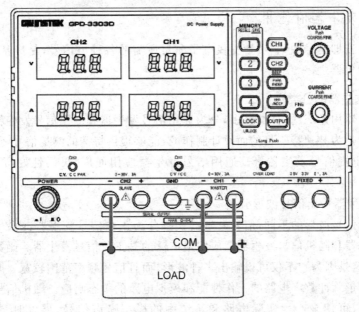

图 1-41 有公共端串联连接示意图

（6）CH1/ CH2 并联模式

并联模式下，按下 PARA/INDEP 键来启动并联模式，按键灯点亮。连接方法如图 1-42 所示，即连接负载到前面板端子 CH1＋/－端子，按下输出键打开输出，按键灯打开。CH2 指示灯显示红色，表明为并联模式。按下 CH1 键（CH1 灯点亮），使用电压和电流选通来设置输出电压和电流值，CH2 控制作用被关闭。

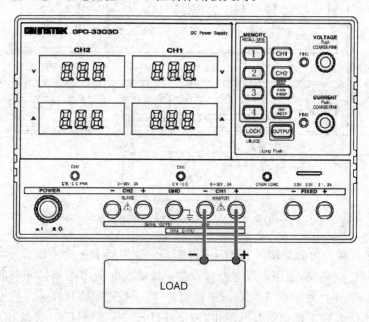

图 1-42　CH1/ CH2 并联模式连接示意图

1.2.2　信号发生器的使用

信号发生器即信号源，它负责提供电子测量所需的各种电信号，是最基本、应用最广泛的电子测量仪器之一。

1. 信号发生器的分类

信号发生器用途广泛、种类繁多，分为通用信号发生器和专用信号发生器两大类。专用信号发生器是为某种特殊目的而设计制作的，能够提供特殊的测量信号，如调频立体声信号发生器、电视信号发生器等。通用信号发生器应用面广，灵活性好，可以分为以下几类。

（1）按发生器输出信号波形分类

按照输出信号波形的不同，信号发生器大致分为正弦信号发生器、函数信号发生器、脉冲信号发生器和随机信号发生器。应用最广泛的是正弦信号发生器。函数信号发生器也比较常用，这是因为它不仅可以输出多种波形，而且信号频率范围较宽。脉冲信号发生器主要用来测量脉冲数字电路的工作性能和模拟电路的瞬态响应。随机信号发生器即噪声信号发生器，可用来产生实际电路和系统中的模拟噪声信号，借以测量电路的噪声特性。

（2）按工作频率分类

按照工作频率的不同，分为超低频、低频、视频、高频、甚高频和超高频信号发生器，其工作频率范围见表1-6。

表1-6 信号发生器按工作频率分类

类　型	频率范围	类　型	频率范围
超低频信号发生器	$0.0001\text{Hz}\sim1\text{kHz}$	高频信号发生器	$200\text{kHz}\sim30\text{MHz}$
低频信号发生器	$1\text{Hz}\sim1\text{MHz}$	甚高频信号发生器	$30\sim300\text{MHz}$
视频信号发生器	$20\text{Hz}\sim10\text{MHz}$	超高频信号发生器	300MHz 以上

（3）按调制方式分类

按调制方式的不同，信号发生器分为调幅、调频、调相和脉冲调制等类型。

2. 信号发生器的主要技术特性

信号发生器的技术特性主要包括以下几项。

（1）频率特性

频率特性包括有效频率范围、频率准确度和频率稳定度。

① 有效频率范围。各项指标均能得到保证的输出频率范围称为信号发生器的有效频率范围。

② 频率准确度。频率准确度是指频率实际值对其标称值的相对偏差，其表达式为：

$$a = \frac{f_x - f_0}{f_0} = \frac{\Delta f}{f_0} \tag{1-13}$$

式中，f_x 表示实际频率，f_0 表示标称频率。

③ 频率稳定度。频率稳定度是指在一定时间间隔内频率准确度的变化，它表征信号源维持工作于恒定频率的能力。频率稳定度分为长期稳定度和短期稳定度。频率长期稳定度是指长时间内频率的变化。频率短期稳定度定义为信号发生器经规定的预热时间后，频率在规定的时间间隔（15min）内的最大变化。频率短期稳定度通常是指频率的不稳定度。

（2）输出特性

输出特性主要包括输出阻抗、输出电平及其平坦度、输出形式、输出波形及谐波失真等。

① 输出阻抗。输出阻抗视信号发生器类型而异。低频信号发生器一般有匹配变压器，有 50Ω、150Ω、600Ω、$5\text{k}\Omega$ 等各种不同的输出阻抗；高频信号发生器一般只有 50Ω 或 75Ω 两种输出阻抗。

② 输出电平及其平坦度。输出电平是表征信号发生器所能提供的最大和最小输出电平调节范围。目前，正弦信号发生器输出信号幅度采用有效值或绝对电平来度量。输出电平平坦度是指在有效的频率范围内，输出电平随频率变化的程度。

③ 输出形式。输出形式包括如图1-43所示的平衡输出（即对称输出 u_2）和不平衡输出（即不对称输出 u_1）两种形式。

图 1-43　信号发生器的
输出形式

④ 输出波形及谐波失真。输出波形是指信号发生器所能产生信号的波形。正弦信号发生器应输出单一频率的正弦信号,但由于非线性失真、噪声等原因,其输出信号中都含有谐波等其他成分,即信号的频谱不纯。用来表征信号频谱纯度的技术指标就是谐波失真度。

（3）调制特性

高频信号发生器在输出正弦波的同时,一般还能输出调幅波和调频波,有的还带有调相和脉冲调制等功能。当调制信号由信号发生器内部产生时,称为内调制。当调制信号由外部电路或低频信号发生器提供时,称为外调制。高频信号发生器的调制特性包括调制方式、调制频率、调制系数及调制线性等。

3. 信号发生器的使用

AFG-2225 低频信号发生器是一种多用途的仪器,它能够输出正弦波、方波、脉冲波、斜波和噪声波五种信号,现以该信号发生器为例,介绍低频信号发生器的使用。

（1）AFG-2225 低频信号发生器面板介绍

AFG-2225 低频信号发生器的面板如图 1-44 所示。

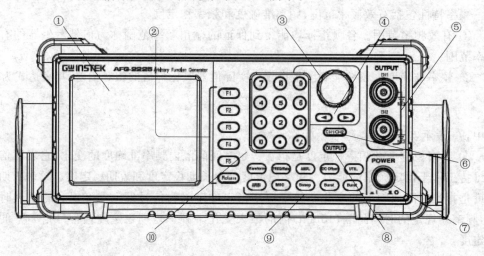

图 1-44　AFG-2225 型任意波形发生器的前面板

① LCD 显示：TFT 彩色 LCD 显示,320 x 240 分辨率;

② 功能键、返回键：F1～F5：位于 LCD 屏右侧,用于功能激活;Return：返回上一层菜单;

③ 可调旋钮：用于编辑值和参数;

④ 方向键：当编辑参数时,可用于选择数字;

⑤ 输出端口 CH1 为通道一输出端口;CH2 为通道二输出端口;

⑥ 通道切换：用于切换两个通道;

⑦ 开机按钮;

⑧ 输出键：用于打开或关闭波形输出;

⑨ 操作键：Waveform 用于选择波形类型;FREQ/Rate 用于设置频率或采样率;

AMP 用于设置波形幅值；DC Offset 设置直流偏置；UTIL 用于进入存储和调取选项、更新和查阅固件版本、进入校正选项、系统设置、耦合功能、计频计；ARB 用于设置任意波形参数；MOD、Sweep、Burst 用于设置调制、扫描和脉冲串选项和参数；Preset 用于调取预设状态；

⑩数字键盘：用于键入值和参数，常与方向键和可调旋钮一起使用 。

信号发生器开机后界面如图 1-45 所示。

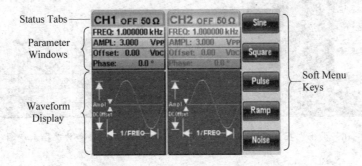

图 1-45　AFG-2225 开机显示界面

Parameter Windows 为参数显示和编辑窗口，Status Tabs 显示当前通道的设置状态，Waveform Display 用于显示波形，Soft Menu Keys 左侧的软菜单键与功能键 F1～F5 相对应。

（2）主要特性

① 频率范围：全频段，1μHz 高频分辨率；

② 频率稳定度：20ppm；

③ 采样率：120MSa/s；

④ 重复率：60 MSa/s；

⑤ 双通道输出：CH2 提供与 CH1 同规格的信号输出；

⑥ 波形长度：4K 点；

⑦ 波形存储器：10 组 4K；

⑧ 方波可调占空比：%1～%99；

⑨ 内置标准的 AM/FM/PM/FSK/SUM/Sweep/Burst 和计频器功能；

⑩ 提供 USB Host/Device 接口用于远程控制和波形编辑；

（3）基本操作

① 将电源线接入 220V，50Hz 交流电源上。应注意三芯电源插座的地线脚应与大地妥善接好，避免干扰。

② 开机前应把面板上各输出旋扭旋至最小。

③ 当按下电源开关后，屏幕显示载入状态。为了得到足够的频率稳定度，需预热。

④ 数字输入的使用：按（F1～F5）对应功能键选择菜单项，如图 1-46 所示；使用方向

键将光标移至需要编辑的数字,如图 1-47 所示;使用可调旋钮编辑数字,顺时针数值增大,逆时针数值减小。面板上的数字键盘用于设置高光处的参数值。

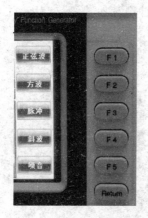

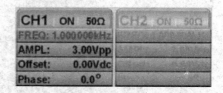

图 1-46　波形选择示意图　　　　　　图 1-47　参数选择示意图

(4) 测量实例

【例 1-3】　用 AFG-2225 低频信号发生器输出频率为 1000Hz,峰峰值为 3Vpp 的方波。

解:操作步骤如下:

① 通电预热数分钟后按下波形选择键中的"Waveform"键,选择"Square",输出信号即为方波信号;

② 按 FREQ/Rate,输入"1",选择"KHz";

③ 按 AMPL,输入"3",选择"VPP";

④ 按"OUTPUT"键输出所需信号。

【例 1-4】　用 AFG-2225 低频信号发生器输出 AM 调制:100Hz 调制方波,1kHz 正弦载波,80% 调制深度。

解:操作步骤如下:

① 按 MOD 键,选择 AM(F1);

② 按 Waveform,选择 Sine(F1);

③ 按 Freq/Rate 键,1+kHz(F4);

④ 按 MOD 键,选择 AM(F1),Shape(F4),Square(F2);

⑤ 按 MOD 键,选择 AM(F1),AM Freq(F3);

⑥ 按 1+0+0+Hz(F2);

⑦ 按 MOD 键,选择 AM(F1),Depth(F2);

⑧ 按 8+0+%(F1);

⑨ 按 MOD,AM(F1),Source(F1),INT(F1);

⑩ 按 Output 键。

1.2.3　示波器的使用

1. 概述

电子示波器简称为示波器,它借助阴极射线示波管(CRT,Cathode Ray Tube)电子射线的偏转将电信号变换成可见图像,实现波形的显示,实现电压、周期、频率、时间、相位、调制系数等参数的测量。示波器也是构成特性曲线测试仪器等的重要组成部分,例如晶体管特性图示仪、扫频仪等。

2. 示波器的分类

从示波器的性能和结构出发,可将示波器分为模拟示波器、数字示波器、混合示波器和专用示波器。

(1) 模拟示波器

① 通用示波器

通用示波器采用单束示波管,有单踪型和多踪型,能够定性、定量地观测信号,是最常用的示波器。单踪示波器在荧光屏上只能显示一个信号的波形,多踪示波器是采用单束示波管而带有电子开关的示波器,它能同时观测几路信号的波形及其参数,或对两个以上的信号进行比较。

② 多束示波器

多束示波器又称为多线示波器,它采用多束示波管。与通用示波器的叠加或交替显示多个波形不同,其屏上显示的每个波形都由单独的电子束产生,能同时观测、比较两个以上的波形。

③ 取样示波器

取样示波器根据取样原理将高频传号转换为低频传号,然后再用通用示波器显示其波形。这样,被测信号的周期被大大展宽,便于观察信号的细节部分,常用于观测300MHz 以上的高频信号及脉冲宽度为纳秒级的窄脉冲信号。目前已被数字存储示波器或数字取样示波器所取代。

(2) 数字示波器

① 数字存储示波器

数字存储示波器能将电信号经过数字化及后置处理后再重建波形,具有记忆、存储被观测信号的功能,可以用来观测和比较单次过程和非周期现象、低频和慢速信号以及在不同时间或不同地点观测到的信号。它往往还具有丰富的波形运算能力,如加、减、乘、除、峰值、平均、内插、FFT、滤波等,并可方便地与计算机及其他数字化仪器交换数据。

② 数字荧光示波器

数字荧光示波器采用先进的数字荧光技术,能够通过多层次辉度或彩色显示长时间信号,具有传统模拟示波器和现代数字存储示波器的双重特点。

(3) 混合示波器

混合示波器是把数字示波器对信号细节的分析能力和逻辑分析仪对多通道的定时测量能力组合在一起的仪器。

（4）专用示波器

不属于以上几类、能满足特殊用途的示波器称为专用示波器或特殊示波器。例如监测和调试电视系统的电视示波器，主要用于调试彩色电视中有关色度信号幅度和相位的矢量示波器、医学上的心电仪等等。

3. 示波器的选用

虽然示波器种类繁多，但使用方法相似。示波器的选用方法如下：

（1）根据被测信号特性选择合适的示波器

① 定性观察频率不高的一般的周期性信号，可选用普通示波器（$BW=5\sim60\mathrm{MHz}$）或简易示波器（$BW=100\mathrm{kHz}\sim500\mathrm{kHz}$）。

② 观察非周期性信号、宽度很小的脉冲信号，应选用具有触发扫描或单次扫描的宽带示波器（$BW>60\mathrm{MHz}$）。

③ 观察快速变化的非周期性信号，应选用高速示波器。

④ 观察频率很高的周期性信号，应选用取样示波器。

⑤ 观察低频缓慢变化的信号，可选用低频示波器或长余辉慢扫描示波器。

⑥ 需要对两个信号进行比较时，应选用双踪示波器。

⑦ 需要对两个以上信号比较时，则选用多踪示波器或多束示波器。

⑧ 若要将波形存储起来，应选用存储示波器。

（2）根据示波器性能选择合适的示波器

① 频带宽度和上升时间

一般要求频带宽度 $BW\geqslant3f_{\max}$（$f_{\max}$ 为被测信号最高频率），示波器上升时间 $t_r\leqslant t_r2/3$，否则应加以修正。

② 垂直偏转灵敏度

若要观测微弱信号，应选择较高偏转灵敏度的示波器，即 V/div 值较小，反之，应选择较大 V/div 值的示波器。

③ 输入阻抗

尽量选用高输入阻抗的示波器。

④ 扫描速度

被测信号频率越高，所需示波器扫描速度越快，反之，扫描速度越慢。

4. 数字存储示波器的使用

下面以 GDS-1102B 型数字存储示波器为例来说明数字存储示波器的使用方法。GDS-1102B 型数字存储示波器是 100MHz 的宽带数字示波器，主要用以观察比较波形形状，测量电压、频率、时间、相位和调制信号的某些参数，具有自动测试、存储功能。

（1）主要技术指标

① 垂直轴（Y 轴）

输入灵敏度：2mv/div～5v/div，按 1、2、5 顺序步进，各档均可微调，其微调增益变化范围大于指示灵敏度值的 2.5 倍。

精度：校准后，在 20℃～30℃下，精度为 ±3％，在使用"×5MAG"时为 ±5％。

频率范围：DC 耦合时为 0～100MHz；AC 耦合时为 10Hz～100MHz。

上升时间：约 3.5ns

输入阻抗：1MΩ±2%,16PF

最大输入电压：300V(直流加交流峰值)

过冲：≤8%

② 水平轴(X 轴或时间轴)

扫描时间(即扫描速率范围)：1ns/div～10s/div,按 1、2、5 顺序步进,校准后各档精度为±5%,各档均可微调,其微调范围大于指示值的 2.5 倍。

③ 校正信号：1kHz(20%)、幅值 $2V_{PP}$($\pm3\%$)、占空比最小为 48：52 的方波信号。

④ 电源：47Hz～63Hz,电压有 AC100V～240v、正常情况下已设为 220V,其他情况需进行设置。

⑤ 最大允许输入电压：

直接输入：300V(DC＋AC 峰值 1KHz)

使用探头输入：400V(DC＋AC 峰值 1KHz)

外触发输入：300V(DC＋AC 峰值 1KHz)

Z 轴输入：30V(DC＋AC 峰值)

(2) 面板结构

GDS-1102B 型数字示波器面板结构如图 1-48 所示,各按键(旋钮)功能及基本用法说明如表 1-7 所示。

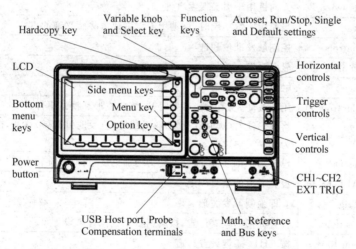

图 1-48　GDS-1102B 型数字示波器前面板结构

表 1-7　GDS-1102B 型数字示波器前面板说明

LCD 显示器	TFT 彩色 LCD 显示器具有 800×480 的分辨率,宽视角显示
VariableKnob and Select Key	可调旋钮用于增加/减少数值或者选择参数
Menu Keys	右侧菜单栏键和底部菜单栏键用于选择 LCD 屏上的界面菜单,7 个底部菜单栏键位于显示面板底部,用于选择菜单项;面板右侧的菜单键用于选择变量或选项

主要功能键	Acquire 键为设置捕获模式,包括分段存储功能 Display 键为显示设置 Utility 键可设置 Hardcopy 键、显示时间、语言、探补偿和校准。进入文件工具菜单 Help 键为显示帮助菜单 Save/Recall 键为存储/读取图像、波形和面板设置 Autost 键为自动设置触发、水平刻度和垂直刻度 Run/Stop 键进行或停止捕获信号,也用于运行或停止分段储存的信号捕获 Single 键为设置单次触发模式 Measure 键为设置和运行自动测量项目 Cursor 键为设置和运行光标测量 App 键为设置和运行 GW Instek App Default Setup 键为恢复初始设置
Option Key	进入安转选件
Hardcopy Key	一键保存或打印
Zoom	Zoom 与水平位置旋钮结合使用
Play/Pause	查看每一个搜索事件,也用于在 Zoom 模式播放波形
Search	进入搜索功能菜单,设置搜索类型、源和阈值(该搜索功能为选配)
Search Arrows	方向键用于引导搜索事件
Set/Clear	当使用搜索功能时,该键用于设置或清除感兴趣的点
Trigger Controls	控制触发准位和选项
Trigger menuKey	显示触发菜单
50% Key	触发准位设置为 50%
HorizontalControls	用于改变光标位置、设置时基、缩放波形和搜索事件
Horizontal position	将波形往右(顺时针旋转)移动或往左(反时针旋转)移动,按旋钮将位置设为零
Scale (Time/Div)	设定水平刻度:顺时针旋转为增加刻度,反时针旋转为减少刻度
(Vertical)SCALE Knob	设置通道的垂直刻度
Force-Trig	立即强制触发波形
Vertical position	设置波形的垂直位置,按旋钮将垂直位置重设为零
Channel menu Key	按 CH1～4 键设置通道
External Trigger input	接收外部触发信号
Reference Key	设置或移除参考波形
BUS Key	设置并行和串行总线
MathKey	设置数学运算功能
USBHost Port	与 1.1/2.0 兼容的连接端子,用于数据传输
Menu On/Off 键	在显示器上显示或隐藏功能选单。
Power Switch	开机/关机

（3）基本使用方法及注意事项

在开机前首先应检查电源电压是否符合仪器要求；将电源线接入后面板插座，接通电源，先将主电源开关切换到 ON（后面板），开机约持续 30s，等仪器预热几分钟后再进行操作。

基本使用方法：

① 单项、参数或变量的选择

按下标注 1 所示即底部菜单键进入右侧菜单；按下标注 2 所示即右侧菜单栏设置参数或进入子菜单；如果需要进入子菜单或设置变量参数，可以使用可调旋钮调节菜单栏或变量；Select 键用于确认和退出；再次按底部菜单键，返回右侧菜单。如图 1-49所示。

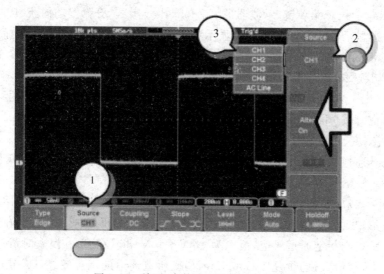

图 1-49 单项、参数或变量的选择示意图

② 通道的激活和关闭

按 channel 键开启输入通道，激活后，通道键变亮，同时显示相应的通道菜单，每个通道以不同颜色表示：CH1：黄色，CH2：蓝色，CH3：粉色，CH4：绿色，激活通道显示在底部菜单；再按相应 channel 键关闭通道，如果通道菜单已关闭，则按两次 channel 键。

③ 波形的水平移动和刻度的选择

使用水平位置旋钮左/友移动波形，波形移动时，屏幕上方的位置指示符显示出波形在内存中的水平位置；按 Acquire 键，然后按底部菜单的 Reset H Position to 0s 重设水平位置，也可以按水平位置旋钮将位置置零。旋转水平刻度旋钮改变时基（time/div），范围为 1ns～100s/div，调整水平刻度后，时基指示符跟新。

④ 波形更新模式的选择

根据不同的时基和触发，自动或手动更新显示模式，每次更新整个显示波形，当时基（采样率）快时，自动选择 Timebase≤50ms/div，Trigger 为所有模式；在滚动模式下，从右至左逐渐更新和移动波形，当时基（采样率）慢时，自动选择 Timebase≥100ms/div，Trigger 为所有模式。

⑤ 水平波形的缩放

Zoom 模式下，屏幕分为两部分：上方显示全纪录长度，下方显示正常试图。按 Zoom 键，屏幕显示 Zoom 模式，按 Horizontal position，使用 Variable position 旋钮左/右滚动波形，水平位置显示在 Horizontal position 图标，按 Horizontal Time/Div，使用 Variable position 旋钮改变水平刻度，刻度显示在 Horizontal Time/Div 图标，使用 Horizontal Sale 旋钮增大 zoom 范围，屏幕底部的 zoom 时基(Z)也相应改变；使用 Horizontal position 旋钮水平移动缩放视窗，按 Horizontal position 重设缩放位置，缩放视窗的位置显示在屏幕底部，紧挨 Zoom 时基，按 Zoom Position 键切换移动缩放视窗的灵敏度；按 Reset Zoom & H POS to 0s 重设 zoom 和水平位置，再按 Zoom 键返回最初页面。

⑥ Play/Pause 的使用

按下 Play/Pause 菜单键，示波器进入 Zoom Play 模式，开始滚动捕获(从左至右)，全纪录长度波形显示在顶部，zoom 部分显示在底部，Play/Pause 指示符显示播放状态，使用 Horizontal Sale 旋钮增大 zoom 范围，屏幕底部的 zoom 时基(Z)也相应改变，按 Zoom Position 键切换 zoom 视窗的滚动速度或者使用水平位置旋钮控制滚动速度；Reset Zoom & H POS to 0s 重设 zoom 和水平位置，按 Play/Pause 键暂停或继续播放波形，在记录长度结束时按 Play/Pause 键，以相反方向播放波形，按 Zoom 键退出。

⑦ 垂直刻度、位置和耦合模式的设置

旋转每个通道的 Vertical position，上/下移动波形，移动波形时，屏幕中下方显示光标垂直位置；按下通道键，垂直位置显示在 Position/Set to 0 软键，按 Position/Set to 0 重设垂直位置，或旋转 vertical position 旋钮至期望准位；在 Run 和 Stop 模式时均可以垂直移动波形；旋转垂直 SCALE 旋钮，改变垂直刻度上左(下)或右(上)，屏幕左下方的垂直刻度指示符与指定通道对应，范围为 1mV～10V/div，在 Stop 模式时可以改变垂直刻度设置；按 channel 键，重复按 Coupling，切换所选通道的耦合模式，DC 耦合模式：显示整个信号(交流部分和直流部分)，AC 耦合模式：仅显示信号的交流部分，该模式有利于观察含直流成分的交流信号，接地耦合模式：将零电压准位线作为水平线并显示在屏幕上；按 Channel 键，按 Invert 键，开启/关闭垂直反转功能。

⑧ 限制宽带及选择探棒类型

宽带限制功能将输入信号通过一个可选带宽滤波器，有利于消除高频噪声，呈现清晰波形原貌，带宽滤波器与示波器带宽有关；按 Channel 键，从底部菜单中选择 Bandwidth，从右侧菜单中选择一个带宽；信号探棒可以设置为电压或电流，按 Channel 键，从底部菜单中选择 Probe，按 Voltage/Current 切换电压和电流。

⑨ 触发模式的设置

分为正常触发模式 Normal 或自动触发模式 Auto，触发模式适用于所有触发类型。按触发 Menu 键，按底部菜单中的 Mode 键，改变触发模式，选择 Auto 或 Normal 触发模式；按触发 Menu 键，按 Type 键，从右侧菜单中选择 Edge，边沿触发指示符显示从左到右依次为：触发源、斜率、触发准位及耦合方式，按 Source 改变触发源，使用右侧菜单选择触发源类型，底部菜单中，按 Coupling 选择触发耦合或频率滤波器设置，从右侧菜单中选择耦合，在右侧菜单开启或关闭 Noise Rejection，按底部菜单中的 Slope 切换斜率类型,选择底部菜单中的 Level,设置外部触发准位(不适合 AC line source),使用右侧菜单设置外部触发准位。使用上升沿和下降沿触发的面板操作:按触发 Menu 键,选择下级菜单中的 Type 键,选择菜单中的 Others→Rise and Fall,上升和下降指示符显示在屏幕下方,从左至右依次为:斜率、触发源、高/低阈值、阈值准位及耦合,按下级菜单中的 Source,使用右侧菜单选择触发源,按底部菜单中的 Slope 切换斜率,按下级菜单中的 When,使用右侧菜单选择逻辑条件和真/假状态,按下级菜单中的 Threshold 键,编辑高/低阈值。

⑩ FFT 峰值

FFT 峰值搜索类型用于标记在某个阈值以上的所有 FFT 峰值。开启 FFT 运算功能,按 Search 菜单键,按底部菜单中的 Search,开启搜索功能,按底部菜单中的 Search Type,从右侧菜单选择 FFT Peak(注:自动选择 Math source),按底部菜单中的 Method,选择事件搜索方式,选择 Max Peak 和"max"峰值数,选择 Level,设置搜索事件的阈值,在该阈值以上的所有峰值都将显示出来,阈值显示在 Threshold 键,设置 State Info 查看峰值事件个数,搜索事件数显示在屏幕底部,设置 State Info 查看所选事件的峰值位置和信息,该信息显示在屏幕底部,事件列表功能将每个峰值事件的幅值和频率以实时列表形式呈现,事件列表保存在 U 盘,文件名 PezkEventTbXXXX.csv,其中 XXXX 为从 0000 开始的数字,每保存一次事件列表,数值增加。

1.2.4　交流毫伏表的使用

毫伏表是一种用来测量正弦电压有效值的交流电压表。主要用于测量毫伏级以下的毫伏、微伏交流电压。例如电视机和收音机的天线输入的电压以及和这个等级的其他电压。

1. 电压测量仪器的分类

(1) 模拟式电压表分类

① 按测量功能分类

分为直流电压表、交流电压表和脉冲电压表。其中脉冲电压表主要用于测量脉冲间隔很长(即占空系数很小)的脉冲信号和单脉冲信号,一般情况下脉冲电压的测量已逐渐被示波器测量所取代。

② 按工作频段分类

可分为超低频电压表(低于 10Hz)、低频电压表(低于 1MHz)、视频电压表(低于 30MHz)、高频或射频电压表(低于 300MHz)和超高频电压表(高于 300MHz)。

③ 按测量电压量级分类

分为电压表和毫伏表。电压表的主量程为 V(伏)量级,毫伏表的主量程 mV(毫伏)量级。主量程是指不加分压器或外加前置放大器时电压表的量程。

④ 按电压测量准确度等级分类

分为 0.05、0.1、0.2、0.5、1.0、1.5、2.5、5.0 和 10.0 等级,其满度相对误差分别为 0.05%、0.1%、…、10.0%。

⑤ 按刻度特性分类

可分为线性刻度、对数刻度、指数刻度和其他非线性刻度。

（2）数字式电压表分类

数字式电压表目前尚无统一的分类标准。一般按测量功能分为直流数字电压表和交流数字电压表。交流数字电压表按其 AC/DC 变换原理分为峰值交流数字电压表、平均值交流数字电压表和有效值交流数字电压表。

数字式电压表的技术指标较多，包括准确度、基本误差、工作误差、分辨力、读数稳定度、输入阻抗、输入零电流、带宽、串模干扰抑制比（SMR）、共模干扰抑制比（CMR）、波峰因数等 30 项指标。

2. 数字交流毫伏表

下面以 UT-632 型数字交流毫伏表为例介绍数字交流毫伏表的主要技术指标和使用。

UT-632 型毫伏表具有测量电压频率范围宽，输入阻抗高（≥1MΩ），电压测量范围宽，分辨率高（1μV）且测量精度高的优点。

（1）UT-632 型毫伏表面板介绍

UT-632 型毫伏表前面板如图 1-50 所示。

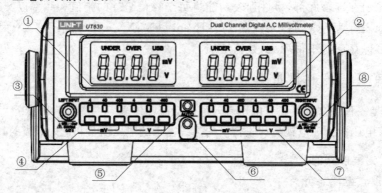

图 1-50　UT-632 型毫伏表面板结构图

① 为左通道显示窗口，LCD 显示左通道输入信号的电压值；

② 为右通道显示窗口，LCD 显示右通道输入信号的电压值；

③ 为左通道输入插座，左通道的交流测试信号由此端口输入；

④ 为左通道手动量程选择按键与指示灯，使用手动量程时，在输入测试信号前，应先选择"400V"量程，同时对应的"400V"量程指示灯亮。输入测试信号后，根据测试信号大小选择相应的量程，同时对应的指示灯亮；

⑤ 为左通道按下自动，弹起手动量程转换开关。开关弹起时，量程处于手动状态，可用量程选择按键选择相应的量程，同时对应的指示灯亮；开关按下时，量程处于自动状态，此时所有量程选择按键均不起作用。当显示电压超出满量程的 5% 时，自动跳到上一量程测试，同时对应的量程指示灯亮；当显示电压低于满量程的 8% 时，自动跳到下一量程测试，对应的量程指示灯亮；

⑥ 为通道按下自动，弹起手动量程转换开关，作用与⑤相同；

⑦ 为右通道手动量程选择按键与指示灯，作用与左通道手动量程选择按键与指示灯

相同；

⑧ 为右通道输入插座，右通道的交流测试信号由此端口输入。

（2）UT-632型毫伏表的主要技术指标

① 电压范围

400μV～400V，分辨率1μV，四位LCD数显，最大显示4040，共分6个量程：4mV、40mV、400mV、4V、40V及400V。

② 分辨率

最高灵敏度（分辨率）为1μV。

③ 输入阻抗

输入阻抗≥10MΩ；输入电容≤47Pf.

④ 最大输入电压

最大输入电压：600V。

⑤ 噪声电压

在输入端良好短路时小于18个字。

⑥ 过载显示

低于量程电压的8%显示"UNDER"，低于量程电压的5%自动清理；超出量程电压的5%显示"OVER"，超出量程电压的10%显示"0.L"。

⑦ 固有误差

电压测量误差（23±5℃）见表1-8。

表 1-8　电压测量误差表

量　　程	电压测量误差
	±0.5%读数±15个字
4mV	±1%读数±15个字
4V/1KHz	±3.0%读数±20个字

频率响应误差见表1-9。

表 1-9　频率响应误差表

量　　程	范　　围	频率响应误差
4mV	200Hz～500KHz	±1%±0.1mV
4mV	10Hz～200Hz；500KHz～2MHz	±2%±0.1mV
4mV	5Hz～10Hz	±4%±0.1mV
其他档	200Hz～500KHz	±3.0%±20个字
其他档	10Hz～200Hz；500KHz～2MHz	±5.0%±20个字
其他档	5Hz～2MHz	±5.0%±20个字

（3）使用方法

① 打开电源开关前，首先检查输入的电源电压，然后将电源线插入面板上的电源插座，接通电源开关，预热15分钟；

② 使用手动量程时,先选择最大量程"400V",指示灯亮;

③ 将输入信号由输入端口送入交流毫伏表;

④ 选择相应的量程,使 LCD 数字表正确显示输入信号的电压值,数据显示在满量程的 10%～100% 为最佳。

实训 常用仪器的使用

一、实训目的

1. 掌握直流稳压电源的使用
2. 掌握交流毫伏表的使用。
3. 掌握信号发生器的使用。
4. 掌握示波器的使用。

二、实训器材

直流稳压电源 1 台、万用表 1 台、信号发生器 1 台、交流毫伏表 1 台、示波器 1 台。

三、实训步骤

1. 直流稳压电源的使用

根据表 1-10 要求把主路和从路输出电压分别调到指示值(电压表指示),再用数字式万用表测量出实际值,分别填入表 1-10。

表 1-10 直流稳压电源测试表

工作方式	主　　路		从　　路	
	指　示　值	实　际　值	指　示　值	实　际　值
独立单电源	5V		10V	
串联双电源	12V			
并联双电源	8V			

2. 信号发生器的使用

根据表 1-11 要求把信号发生器面板上对应参数调到要求值。

表 1-11 信号发生器输出面板设置

波形	输出信号频率	幅度(峰—峰值)	偏移量(V)	占空比(%)
正弦波	100Hz	100mv	0	0
	1kHz	1v	+1	0
三角波	10kHz	3v	0	0
	125 kHz	3v	0	30
方波	500 kHz	5v	0	0
	10MHz	6v	0	60

3. 交流毫伏电压表的使用

把信号发生器的输出信号按下表要求的参数进行设置,设置完成后把信号发生器和交流毫伏表用电缆连接起来,再开启交流毫伏表的电源,用交流毫伏表测出各参数数值,并按要求填表 1-12。

表 1-12　交流毫伏表测试表

顺序	信号发生器		交流毫伏表	
	输出信号频率	输出信号电压峰-峰值	量　程	读　数
1	1kHz	10mV		
2	1kHz	150mV		
3	1kHz	2V		

4. 示波器的使用

用电缆把示波器 CH1 通道与信号发生器、交流毫伏表连接,按表 1-13 要求测量信号波形。测量时,使示波器上显示的波形合理(波形大小占屏幕的 1/2～2/3,出现 2～3 个周期),填写下表 1-13。

表 1-13　示波器测试表

顺序	信号发生器	交流毫伏表	示　波　器			
	频率	示值(有效值)	Y轴灵敏度(V/div)	被测正弦波峰峰值	扫描时间因数(S/div)	被测正弦波周期
1	1kHz	500mV				
2	100Hz	150mV				
3	100kHz	2V				

四、实训操作

可以通过扫右侧二维码观看本实验的操作步骤。

常用仪器的使用

知识链接——电子器件与仪器的发展

1. 半导体二极管的发展

(1) OLED

有机发光二极管(英文:Organic Light-Emitting Diode,缩写:OLED)又称有机电激发光显示有机发光半导体,OLED 技术最早于 1950 年代和 1960 年代由法国人和美国人研究,其后索尼、三星和 LG 等公司于 21 世纪开始量产,具有自发光性、广视角、高对比、低耗电、高反应速率、全彩化及制程简单等优点。OLED 显示技术具有自发光的特性,采用非常薄的有机材料涂层和玻璃基板,当有电流通过时,这些有机材料就会发光,而且 OLED 显示屏幕可视角度大,并且能够节省电能;据市场研究公司 iSuppli 最新发表的研究报告称,2013 年全球 OLED(有机发光二极管)电视机出货量将从 2007 年的 3000 台增长到 280 万台,复合年增长率为 212.3%。从全球销售收入看,2013 年全球 OLED 电视机的销售收入将从 2007 年的 200 万美元增长到 14 亿美元,复合年增长率为 206.8%。OLED 主要应用领域有:头戴显示器领域、MP3 领域及航空领域研发"透明飞机"等。

(2) 新型量子点发光二极管

量子点发光二极管是 Quantum Dot Light EmitTIng Diodes(缩写为 QLED)的中文名,是不需要额外光源的尚处于研发阶段的自发光技术。2016 年 12 月发布的《量子点显示认证技术规范》中将 QLED 又称为"量子点自发光显示"。量子点发光二极管(QLED)是一种新型的电致发光器件,它具备高亮度、低功耗、可大面积溶液加工等诸多优势。

量子点发光二极管的结构

量子点发光二极管(QLED)的结构与 OLED 技术非常相似,主要区别在于量子点发光二极管(QLED)的发光中心由量子点(Quantum dots),物质构成。其结构是两侧电子(Electron)和空穴(Hole)在量子点层中汇聚后形成光子(Exciton),并且通过光子的重组发光。

量子点材料因具有独特的光学特性而被广泛应用于发光领域,用其作发光层可制成量子点发光二极管。与有机电致发光二极管相比,量子点发光二极管具有发光光谱窄、色域广、稳定性好、寿命长、制作成本低等特点。

自发光量子点发光二极管(QLED)的量子点因其容易受热量和水分影响的缺点,无法实现与自发光 OLED 相同的蒸镀方式,只能研发喷墨印刷制程。目前,量子点发光二极管(QLED)技术还处于刚刚起步阶段,存在可靠性/效率低、蓝色元件寿命不稳定、溶液制程研发困难等制约因素,因此业内认为现阶段离商用化至少需要 10 年以上。

已经开始售卖的"QLED TV"实则是借背光源发光的量子点液晶电视,称不上是真正的 QLED 电视(自发光),只是在液晶电视背光源上增加了量子点薄膜提升了色域,仍存在液晶显示产品固有的漏光、对比度低、可视角度差、响应速度慢等画质上的短板和设计上的限制。

2. 示波器的发展

为了应对模拟、数字、射频三个重要领域的测试需求,混合域示波器(MDO)孕育而生,这类示波器最大的特色就是跨域测试功能。混合信号示波器(Mixed－signalOscilloscopes,MSO)主要针对的是电子行业中嵌入式系统的测试需求,在这类设备中,众多集成芯片产生的是各种各样的数据信号,而执行机构产生的则是模拟信号,工程师往往需要在测试时同时对数字信号和模拟信号进行捕捉和分析。传统上,要实现这类复杂的测试要求,一般需要示波器＋频谱仪组合调试的工作在一台设备上即可完成时域和频域分析;且与同类单机示波器＋基础频谱分析仪相比,混合域示波器具备优秀的性能和特性,能为工程师节省工作台空间,利用对多种仪器的相同基本控制来改善可用性,确保工程师需要的所有工具都在其眼前。

混合信号示波器产品的设计上尤为突出的是准确测量、快速测量、愉悦测量、多角度分析及测量这四个方面。其中,"愉悦测量"指的就是人性化开发。例如,采用智能操作理念,将示波器的对话框设计为半透明状,波形可以任意拖拉,支持智能化栅格,且可以随意改变每个栅格的面积等;在新产品中,还加入了创新的"指尖放大"功能,即手指移动到某个位置,对应该位置的波形就会自动放大,为各类嵌入式用户提供了完善的测试方案。

混合信号示波器的独特之处在于可以同时测量数字逻辑信号和模拟信号,并且随着电子行业技术的快速发展,市场的测试需求也更加多元化。用户希望混合信号示波器产品能够实现的功能也在不断的增加,例如,除传统的逻辑信号和并行总线测试外,很多用户还期望数字逻辑通道能提供对串行总线协议的支持,当然,这些要求都是和嵌入式设计以及大量模数混合电路的应用是分不开的,今后 MSO 还将继续在总线分析功能、采样率和数模联合调试方面取得更多新的突破。

项目小结

1. 半导体有两种载流子:自由电子和空穴。本征半导体的载流子由本征激发产生,总是成对出现。本征半导体中掺入五价元素构成 N 型半导体,N 型半导体中自由电子为多子;本征半导体中掺入三价元素构成 P 型半导体,P 型半导体中空穴为多子。在同一个半导体基片上制作以上两种杂质半导体,在它们的交界面将形成 PN 结,PN 结具有单向导电性。

2. 半导体二极管内部是一个 PN 结,所以二极管具有单向导电性。利用二极管的单向导电性可以构成整流、箝位、限幅等应用电路。利用 PN 结击穿特性可制成稳压二极管;利用发光材料可制成发光二极管;利用 PN 结的光敏性可制成光电二极管。

3. 晶体三极管内部有两个 PN 结,有 NPN 和 PNP 两种结构类型。三极管在外加偏置不同的情况下有放大、截止和饱和三种工作状态;放大状态时:$i_C = \beta i_B$;截止状态时:$i_B = 0, i_C = 0$;饱和状态时:$u_{CE} \approx 0$。

4. 场效应管可以分为结型场效应管和 MOS 场效应管,MOS 场效应管有增强型和耗尽型两种。场效应管是利用栅源电压改变沟道的宽窄来实现对漏极电流的控制,所以是一种电压控制型器件。

5. 二极管、三极管和场效应管都是非线性器件,它们的特性都是用曲线的形式来表示。在工作点附近的一定范围内可以用表征器件特性的物理量来表示。

6. 直流稳压电源、信号发生器、示波器和交流毫伏表是模拟电子技术常用的实验仪器。直流稳压电源可以输出稳定的直流电给电路供电;信号发生器可以提供不同频率不同幅度和不同波形的信号作为电路的输入信号;示波器可以来观测波形,实现电压、周期、频率等参数的测量;交流毫伏表可以用来测量正弦电压的有效值。

扩音机电路的制作与调试

 **项目概述**

  扩音机是一种把来自信号源(话筒)的微弱信号进行放大,以驱动扬声器发出声音的电子电路。扩音机主要由话筒、电压放大电路、功率放大电路和扬声器 4 个部分组成,其方框图如图 2-1 所示。话筒为声电转换装置,各种声音通过话筒转换成随声音变化的电压和电流,它们携带原来声音中的全部信息,通常称为电信号。由话筒输出的电信号很微弱,这些微弱的电信号送入扩音机的输入端,经过电压放大电路、功率放大电路放大后获得较强的电信号送至扬声器;扬声器再将放大后的电信号转换成较强的声音。总地来说,扩音机的作用主要是将音源器材输入的较微弱电信号放大后,产生足够大的电流去推动扬声器进行声音的重放。

图 2-1 扩音机方框图

  本项目通过对扩音机的制作与调试,达到以下教学目标。

 **知识目标**

  (1) 了解半导体三极管的结构,理解半导体三极管的电流放大作用。
  (2) 熟悉放大电路的组成和基本原理,掌握基本放大电路的分析方法。
  (3) 了解多级放大电路的组成和频率响应。
  (4) 理解常用功率放大电路的工作原理。

 **技能目标**

  (1) 学会独立查阅半导体三极管、驻极体话筒等元器件的资料。
  (2) 掌握半导体三极管、驻极体话筒等元器件的检测及选取。
  (3) 理解电压放大电路参数的测试方法。
  (4) 掌握功率电路参数测试及功放管的选择。

（5）能针对电路特点，采取有效措施来减小电路中出现的非线性失真。

（6）熟练掌握扩音机的安装、调试与检测。

（7）学会扩音机电路的故障分析与检修。

2.1 小信号放大器

【学习目标】

（1）理解放大电路的组成及各元件的作用。

（2）掌握放大电路的偏置方式，静态工作点的计算，静态工作点对波形失真的影响，以及放大电路工作点的稳定。

（3）了解放大电路的图解分析法。

（4）掌握放大电路的微变等效电路分析法，学会计算电路的电压放大倍数、输入电阻和输出电阻。

2.1.1 放大器的基本知识

1. 放大的概念

放大器就是把微弱的电信号放大为较强电信号的电器。它放大的对象是微弱变化的电信号，其放大的本质是实现能量的控制，即需要在放大电路中另外提供一个能源，由能量较小的输入信号控制这个能源，使之输出较大的能量，然后推动负载。放大器的示意图如图 2-2 所示。

放大器的输入信号一般是从传感器获得的电信号，用信号源 u_s 及其内阻 R_s 表示，放大器的输出信号一般会送给扬声器、后续控制电路等，一般都用负载电阻 R_L 表示。

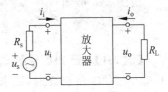

图 2-2　放大器的示意图

2. 放大电路的基本参数

（1）放大倍数

放大倍数是衡量放大电路放大能力的指标，它有电压放大倍数、电流放大倍数和功率放大倍数等表示方法。

① 电压放大倍数 A_u。放大器的输出电压 u_o 与输入电压 u_i 的比值称为电压放大倍数，即

$$A_u = \frac{u_o}{u_i} \tag{2-1}$$

② 源电压放大倍数 A_{us}。放大器的输出电压 u_o 与信号源电压 u_s 的比值称为电压放大倍数，即

$$A_{us} = \frac{u_o}{u_s} \tag{2-2}$$

③ 电流放大倍数 A_i。放大器的输出电流 i_o 与输入电流 i_i 的比值称为电流放大倍数，即

$$A_i = \frac{i_o}{i_i} \qquad\qquad (2\text{-}3)$$

④ 功率放大倍数 A_p。放大器的输出功率 p_o 与输入功率 p_i 的比值称为功率放大倍数,即

$$A_p = \frac{p_o}{p_i} \qquad\qquad (2\text{-}4)$$

工程上为了表示的方便,常用对数形式来表示放大倍数,单位为分贝,即 dB。定义如下:

$$A_u(\text{dB}) = 20\lg\frac{u_o}{u_i}(\text{dB}) \qquad\qquad (2\text{-}5)$$

$$A_i(\text{dB}) = 20\lg\frac{i_o}{i_i}(\text{dB}) \qquad\qquad (2\text{-}6)$$

$$A_p(\text{dB}) = 10\lg\frac{p_o}{p_i}(\text{dB}) \qquad\qquad (2\text{-}7)$$

(2) 输入电阻 R_i

放大器输入端加上交流信号电压 u_i,将在输入回路产生输入电流 i_i。这如同在一个电阻上加上交流电压,将产生交流电流一样,这个电阻叫做放大器的输入电阻,用 R_i 表示,即

$$R_i = \frac{u_i}{i_i} \qquad\qquad (2\text{-}8)$$

输入电阻也可以理解为从输入端看进去的等效电阻,如图 2-3 所示。

由图 2-3 可知

$$u_i = \frac{R_i}{R_s + R_i}u_s \qquad (2\text{-}9)$$

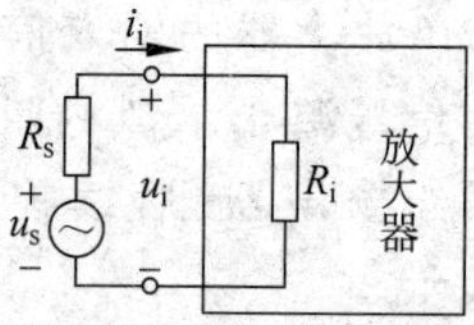

【例 2-1】 已知信号源 $u_s = 20\text{mV}$,$R_s = 600\Omega$。当 R_i 分别等于 $6\text{k}\Omega$、600Ω 和 60Ω 时,试求输入电流 i_i 和输入电压 u_i。

图 2-3 放大器的输入电阻

解: $R_i = 6\text{k}\Omega$ 时

$$i_i = \frac{u_s}{R_s + R_i} = \frac{20}{600 + 6000} \approx 0.003(\text{mA})$$

$$u_i = \frac{R_i}{R_s + R_i}u_s = \frac{6000}{600 + 6000} \times 20 \approx 18.2(\text{mV})$$

$R_i = 600\Omega$ 时

$$i_i = \frac{u_s}{R_s + R_i} = \frac{20}{600 + 600} \approx 0.017(\text{mA})$$

$$u_i = \frac{R_i}{R_s + R_i}u_s = \frac{600}{600 + 600} \times 20 \approx 10(\text{mV})$$

$R_i = 60\Omega$ 时

$$i_i = \frac{u_s}{R_s + R_i} = \frac{20}{600 + 60} \approx 0.030(\text{mA})$$

$$u_i = \frac{R_i}{R_s + R_i}u_s = \frac{60}{600 + 60} \times 20 \approx 1.82(\text{mV})$$

可见,输入电阻越大,放大电路向信号源索取的电流 i_i 越小,R_s 两端的电压越小,放大电路的实际输入电压 u_i 就越接近于信号源电压 u_s,对信号源的衰减程度越弱。所以,放大器的输入电阻越大越好。

(3) 输出电阻 R_o

放大电路的输出相当于负载的信号源,该信号源的内阻称为电路的输出电阻 R_o。理论上可以用以下方法求输出电阻:令负载开路,且信号源电压为 0,然后在输出端加上交流电压 u,产生电流 i,如图 2-4 所示,则放大器的输出电阻为:

$$R_o = \frac{u}{i} \bigg|_{\substack{u_s = 0 \\ R_L = \infty}} \tag{2-10}$$

在电压放大器中,输出电阻越小,放大器带负载能力越强,并且负载变化时,对放大器影响也小,所以输出电阻越小越好。

(4) 通频带

电路中存在的电抗元件(主要是电容)会使放大电路对不同频率的输入信号有着不同的放大能力,即放大倍数随信号频率的改变而改变。一般在中频段的一定范围内,放大倍数达到最大且基本不变,用 A_{um} 表示;在低频段和高频段,放大倍数都下降。放大电路的输入信号频率与放大倍数的关系称为频率响应,其曲线如图 2-5 所示。

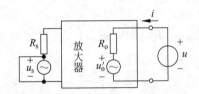

图 2-4　放大器的输出电阻

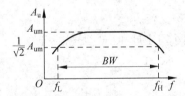

图 2-5　放大电路的频率响应曲线

工程上把放大倍数下降到中频段放大倍数 A_{um} 的 $\frac{1}{\sqrt{2}}$(即 0.707)时对应的低端频率称为下限频率 f_L,对应的高端频率称为上限频率 f_H,f_L 和 f_H 之间的频率范围称为放大电路的通频带,用 BW 表示,即:

$$BW = f_H - f_L \tag{2-11}$$

通频带越宽,表明放大电路对不同频率信号的适应能力越强。

2.1.2　低频小信号共射放大器

1. 基本共射放大电路的组成及各元件的作用

由单个晶体三极管组成的放大电路称为单级放大电路。本节研究的是低频小信号单级放大电路,这种放大电路的工作频率在 20Hz～20kHz 的低频范围内,而且放大的是电压和电流都较小的信号。

图 2-6 所示是一个最简单的单管共发射极放大电路

- VT:NPN 型三极管,为放大元件。
- V_{CC}:直流电源,给电路提供能量;也为三极管正常工作提供合适的直流偏置条件。

- R_b：基极偏置电阻。直流电源通过 R_b 给三极管发射结提供正偏电压。
- R_c：集电极电阻。直流电源通过 R_c 给三极管集电结提供反偏电压，同时把放大的电流信号转换成电压信号。
- C_1、C_2：输入、输出耦合电容，具有"隔直流通交流"的特性。一方面，使交流信号顺利地送入三极管得到放大，并传输给负载；另一方面，使三极管中流过的直流电流与输入端前

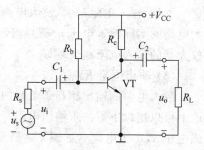

图 2-6　单管共发射极放大电路

面以及输出端后面的直流电路隔开，不受它们的影响。

2. 电路中电压和电流符号写法的规定

为了便于区别放大电路中电压或电流的直流分量、交流分量、总量等概念，文字符号作如下规定。

（1）直流分量

用大写字母和大写下标的符号表示，如 I_B 表示基极电流的直流分量，波形如图 2-7(a) 所示。

（2）交流分量

用小写字母和小写下标的符号表示，如 i_b 表示基极电流的交流分量，波形如图 2-7(b) 所示。

（3）总量

总量是直流分量和交流分量之和，用小写字母和大写下标的符号表示，如 i_B 表示基极电流的总量，波形如图 2-7(c) 所示。

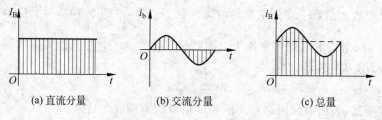

(a) 直流分量　　　　　　(b) 交流分量　　　　　　(c) 总量

图 2-7　电路中的文字符号示范

正弦交流分量表示为

$$i_b = I_{bm}\sin\omega t = \sqrt{2}\,I_b\sin\omega t \qquad (2\text{-}12)$$

正弦波的峰值和有效值都用大写字母和小写下标表示。

3. 放大电路的工作原理

在图 2-8 所示的放大电路中，电源 V_{CC} 通过偏置电阻 R_b 给三极管提供 U_{BE}，输入交流信号 u_i 通过电容 C_1 耦合到三极管的基极和发射极之间。基极—发射极间的总电压为交流信号 u_i 与直流电压 U_{BE} 的叠加，波形如图 2-8(b) 所示。基极电流 i_B 产生相应的变化，波形如图 2-8(c) 所示。

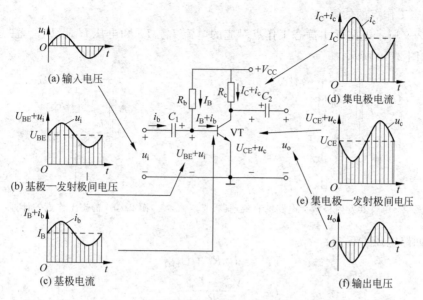

图 2-8 单管共发射极放大电路的电压、电流波形

基极电流 i_B 经过三极管放大后获得对应的集电极电流 i_C，波形如图 2-8(d)所示。i_C 电流增大时，集电极负载电阻 R_c 的压降相应增大，使集电极对地电压降低；反之，i_C 电流减小时，集电极负载电阻 R_c 的压降相应减小，使集电极对地电压升高。因此，集电极—发射极间的电压 u_{CE} 的波形与集电极电流 i_C 的变化情况正好相反，如图 2-8(e)所示。集电极的信号经输出耦合电容 C_2 后隔离了直流成分 U_{CE}，输出的只是放大信号的交流成分，波形如图 2-8(f)所示。

综上所述可知，在共发射极放大电路中，输出信号电压 u_o 与输入信号电压 u_i 频率相同，相位相反，幅度得到放大。因此，这种单级的共发射极放大电路通常也称为反相放大器。

4. 放大电路的分析方法

为了了解放大电路的基本性能，例如静态工作点设置得是否合适、放大倍数有多大等，需要对放大电路进行分析。常见的分析方法有估算法和图解法。

1）估算法

（1）直流分析

放大电路没有输入信号时的工作状态称为静态，也称为直流工作状态。只研究在静态时电路中各直流量的大小称为直流分析（又叫静态分析），对应的电压和电流都是直流量，由此确定的三极管的各极电压和电流称为静态工作点，用字母 Q 表示。

① 直流通路。在放大电路中，直流分量流通的路径称为直流通路。

画直流通路时，电路中的大电容视为开路，电路中的电感视为短路。在图 2-6 中，将输入、输出耦合电容视为开路后获得的直流通路，如图 2-9 所示。

② 静态工作点的估算。

为图 2-9 所示电路标出静态工作点对应的电流 I_{BQ}、I_{CQ} 和电压 U_{BEQ}、U_{CEQ}，注意方向与极性，如图 2-10 所示。

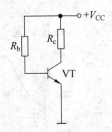

图 2-9　单管共发射极放大电路的直流通路

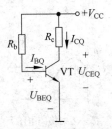

图 2-10　静态工作点的计算

输入回路电压方程为：

$$V_{CC} = I_{BQ}R_b + U_{BEQ}$$

$$I_{BQ} = \frac{V_{CC} - U_{BEQ}}{R_b} \tag{2-13}$$

其中，U_{BEQ} 为晶体三极管发射结正向压降，硅管为 0.7V 左右，锗管为 0.3V 左右。当 $V_{CC} \gg U_{BEQ}$ 时，U_{BEQ} 可忽略不计。

根据三极管电流放大作用，可得：

$$I_{CQ} \approx \beta I_{BQ} \tag{2-14}$$

输出回路电压方程为：

$$V_{CC} = I_{CQ}R_c + U_{CEQ}$$

$$U_{CEQ} = V_{CC} - I_{CQ}R_c \tag{2-15}$$

使用式(2-14)的条件是三极管必须工作在放大状态。如果算得的 U_{CEQ} 的值小于 1V，说明三极管已处于饱和状态，I_{CQ} 不再与 I_{BQ} 成 β 倍关系，此时的 I_{CQ} 为集电极饱和电流 I_{CS}，即

$$I_{CS} = \frac{V_{CC} - U_{CES}}{R_c} \approx \frac{V_{CC}}{R_c} \tag{2-16}$$

通常，令 I_{CQ} 刚刚达到 I_{CS} 时所对应的基极电流为基极临界饱和电流 I_{BS}

$$I_{BS} = \frac{I_{CS}}{\beta} = \frac{V_{CC} - U_{CES}}{\beta R_c} \approx \frac{V_{CC}}{\beta R_c} \tag{2-17}$$

这样，可以利用式(2-17)来判断三极管是否处于饱和状态。如果 $I_{BQ} > I_{BS}$，表明三极管已进入饱和状态，此时 $U_{CEQ} \approx U_{CES} \approx 0$，$I_{CQ} \approx I_{CS}$。

【例 2-2】　在图 2-9 中，已知 $V_{CC} = 20V$，$R_c = 6.8k\Omega$，$R_b = 500k\Omega$，三极管的 $\beta = 45$。试求：放大电路的静态工作点；如果偏置电阻 R_b 由 500kΩ 减小至 250kΩ，三极管的工作状态有何变化？

解：静态工作点为：

$$I_{BQ} \approx \frac{V_{CC}}{R_b} = \frac{20}{500} = 0.04(mA) = 40(\mu A)$$

$$I_{CQ} = \beta I_{BQ} = 45 \times 0.04 = 1.8(mA)$$

$$U_{CEQ} = V_{CC} - I_{CQ}R_c = 20 - 1.8 \times 6.8 = 7.8(V)$$

偏置电阻变化后,三极管的工作状态的变化情况为:

$$I_{BQ} \approx \frac{V_{CC}}{R_b} = \frac{20}{250} = 0.08(mA) = 80(\mu A)$$

$$I_{BS} \approx \frac{V_{CC}}{\beta R_c} = \frac{20}{45 \times 6.8} = 0.066(mA) = 66(\mu A)$$

可见,$I_{BQ} > I_{BS}$,表示三极管已进入饱和状态。

(2) 交流分析

① 三极管的微变等效电路。当放大电路输入小信号时,三极管的电压和电流变化量之间的关系可以近似为线性的,三极管就可以等效成一个线性网络,这就是三极管的微变等效电路。利用微变等效电路,可以方便地对放大电路进行分析、计算。

在图 1-17 所示的三极管输入特性曲线中,当输入交流信号很小时,可以认为该交流信号工作范围内的曲线是直线。该直线的斜率定义为三极管的输入电阻 r_{be},即

$$r_{be} = \frac{\Delta u_{BE}}{\Delta i_B}\bigg|_{u_{CE}=常数} = \frac{u_{be}}{i_b}\bigg|_{u_{CE}=常数} \tag{2-18}$$

r_{be} 的大小与静态工作点有关。常温下,r_{be} 在几百欧到几千欧之间。工程上常用下式来估算:

$$r_{be} = r_{bb'} + (1+\beta)\frac{26}{I_{EQ}} \tag{2-19}$$

式中,$r_{bb'}$ 是三极管的基区体电阻。对于低频小功率管,$r_{bb'}$ 一般为 200～300Ω(通常取 300Ω);高频管和大功率管的 $r_{bb'}$ 要小得多,约为几十欧。

图 1-18 所示的三极管输出特性曲线可以近似看成一组与 x 轴平行且间距均匀的直线。当 u_{CE} 为常数时,集电极输出电流 i_C 的变化量 Δi_C 与基极电流 i_B 的变化量 Δi_B 之比为常数,即

$$\beta = \frac{\Delta i_C}{\Delta i_B}\bigg|_{u_{CE}=常数} = \frac{i_c}{i_b}\bigg|_{u_{CE}=常数}$$

这说明三极管处于放大状态时,C、E 之间可以等效为一个受控电流源,其电流的大小和方向均受 i_B 的控制。

综上所述,可以画出三极管的简化微变等效电路如图 2-11 所示。

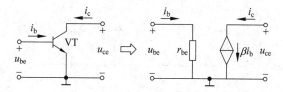

图 2-11 三极管的微变等效电路

② 交流通路。在放大电路中,交流分量流通的路径称为其交流通路。

画交流通路时,电路中的大电容视为短路;电路中的直流电源 V_{CC} 视为短路。因为对于频率不是太低的交流信号来说,耦合电容的容抗很小,一般可以将它看成对交流短路;直流电源 V_{CC} 的内阻很小,它上面产生的交流压降可以忽略不计。图 2-6 所示电路的交

流通路可以画成如图 2-12 所示。

③ 微变等效电路。在放大电路的交流通路中,把三极管用其微变等效电路代替,得到放大电路的微变等效电路,如图 2-13 所示。

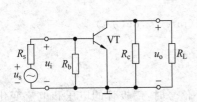

图 2-12 单管共发射极放大电路的交流通路

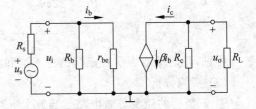

图 2-13 单管共发射极放大电路的微变等效电路

④ 交流参数的估算。对照图 2-13 列出输入、输出回路电压方程。

输入回路电压方程为:

$$u_i = i_b r_{be}$$

输出回路电压方程为:

$$u_o = - i_c R_c \mathbin{/\!/} R_L = - i_c R_L'$$

式中,$R_L' = R_c \mathbin{/\!/} R_L$。

- 电压放大倍数 A_u。A_u 定义为输出电压 u_o 与输入电压之比 u_i,即

$$A_u = \frac{u_o}{u_i} = \frac{- i_c (R_c \mathbin{/\!/} R_L)}{i_b r_{be}} = \frac{- \beta i_b (R_c \mathbin{/\!/} R_L)}{i_b r_{be}} = - \frac{\beta (R_c \mathbin{/\!/} R_L)}{r_{be}} \tag{2-20}$$

A_u 为负值,表明输出电压与输入电压的相位相反。

当放大电路不接负载 R_L 时,电压放大倍数为:

$$A_u = - \frac{\beta R_c}{r_{be}} \tag{2-21}$$

由于 $R_c \mathbin{/\!/} R_L < R_c$,所以不接负载时,放大倍数 A_u 较大;接上负载后,放大倍数 A_u 下降。

- 输入电阻 R_i。放大电路的输入电阻 R_i 是从放大器输入端看进去的等效电阻,如图 2-14 所示。

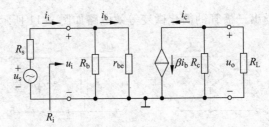

图 2-14 单管共发射极放大电路的输入电阻

从图 2-14 可得

$$i_i = \frac{u_i}{R_b} + \frac{u_i}{r_{be}}$$

将上式代入式(2-8),得

$$R_i = \frac{u_i}{i_i} = \frac{u_i}{\dfrac{u_i}{R_b} + \dfrac{u_i}{r_{be}}} = \frac{1}{\dfrac{1}{R_b} + \dfrac{1}{r_{be}}} = R_b \mathbin{/\mkern-5mu/} r_{be} \qquad (2\text{-}22)$$

通常 $R_b \gg r_{be}$,因此 $R_i \approx r_{be}$。可见,该放大电路的输入电阻 R_i 不大。

• 输出电阻 R_o

如前所述,放大电路的输出相当于负载的信号源,该信号源的内阻称为电路的输出电阻 R_o。用之前描述的方法求输出电阻,令负载开路,且信号源电压为 0,然后在输出端加上交流电压 u,产生电流 i,如图 2-15 所示。当 $u_s = 0$ 时 $i_b = 0$,所以 $i_c = \beta i_b = 0$,则

$$R_o = \frac{u}{i}\bigg|_{\substack{u_s = 0 \\ R_L = \infty}} = R_c \qquad (2\text{-}23)$$

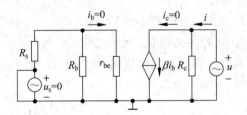

图 2-15 求解单管共发射极放大电路的 R_o

可见,单管共发射极放大电路的输出电阻 R_o 并不小(通常 R_c 为几千欧),因此该电路的带负载能力不强。

• 源电压放大倍数 A_{us}。根据定义式(2-2)可知

$$A_{us} = \frac{u_o}{u_s} = \frac{u_o}{\dfrac{R_s + R_i}{R_i} u_i} = \frac{R_i}{R_s + R_i} \cdot \frac{u_o}{u_i} = \frac{R_i}{R_s + R_i} A_u \qquad (2\text{-}24)$$

【**例 2-3**】 放大电路如图 2-6 所示,若 $V_{CC} = 20\text{V}$,$R_s = 50\Omega$,$R_b = 500\text{k}\Omega$,$R_c = 6.8\text{k}\Omega$,$R_L = 6.8\text{k}\Omega$,三极管的 $\beta = 45$。求该电路的 A_u、R_i、R_o 和 A_{us}。

解:$I_{BQ} \approx \dfrac{V_{CC}}{R_b} = \dfrac{20}{500} = 0.04(\text{mA}) = 40(\mu\text{A})$

$r_{be} = 300 + \dfrac{26}{I_{BQ}} = 300 + \dfrac{26}{0.04} = 950(\Omega)$

$A_u = -\dfrac{\beta R'_L}{r_{be}} = -\dfrac{45 \times (6.8 \mathbin{/\mkern-5mu/} 6.8)}{0.95} = -161.1$

$R_i = R_b \mathbin{/\mkern-5mu/} r_{be} = 500 \mathbin{/\mkern-5mu/} 0.95 \approx 0.95(\text{k}\Omega)$

$R_o = R_c = 6.8(\text{k}\Omega)$

$A_{us} = \dfrac{R_i}{R_s + R_i} A_u = \dfrac{950}{50 + 950} \times (-161.1) = -153.1$

2) 图解法

用估算法分析放大电路的优点是简单、方便,但对电路中信号的变化情况及放大波形是否产生失真却无法直观地分析。图解分析法是以三极管的特性曲线为基础,用作图的

方法在三极管的特性曲线上分析放大器的工作情况。图解法能直观地反映放大器的工作原理。

（1）静态分析

① 直流负载线。图解法就是从非线性器件两端把电路分成两部分（一部分为非线性部分，另一部分为线性部分），分别画出这两部分的伏安特性，然后从这两个伏安特性的交点确定电路两部分接口处的电压和电流。

在图 2-16 所示的单管共发射极放大电路的直流输出回路中，虚线 AB 的左边是三极管的输出端，U_{CE} 与 I_C 按照输出特性曲线规律变化；在虚线右边，U_{CE} 与 I_C 的关系为：

$$U_{CE} = V_{CC} - I_C R_c$$

上述公式确定的一条直线即为直流负载线。

直流负载线的画法介绍如下。

- 找短路电流点 M：设 $U_{CE} = 0$，则 $I_C = V_{CC}/R_c$。
- 找开路电压点 N：设 $I_C = 0$，则 $U_{CE} = V_{CC}$。
- 连接 M、N 所作的直线即为直流负载线，如图 2-17 所示。

可见，直流负载线的斜率为 $1/R_c$。

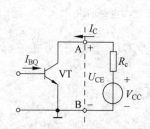

图 2-16 单管共发射极放大电路的直流输出回路

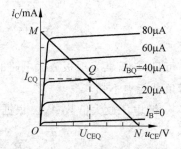

图 2-17 静态工作点的图解分析

② 确定放大电路的静态工作点。作出直流负载线后，用估算公式：

$$I_{BQ} = \frac{V_{CC} - U_{BEQ}}{R_b} \approx \frac{V_{CC}}{R_b}$$

计算出 I_{BQ}，就可以在直流负载线 MN 上找到一个确定的点 Q。它是输入电流 $I_B = I_{BQ}$ 的那条输出特性曲线与直流负载线 MN 的交点。

③ 电路参数对静态工作点的影响。

- 基极偏流电阻 R_b 的影响：$R_b \uparrow \rightarrow I_{BQ} \downarrow \rightarrow Q$ 点向下移动。
- 集电极电阻 R_c 的影响：$R_c \downarrow \rightarrow I_C \uparrow \rightarrow Q$ 点向右移动。
- 集电极电源 V_{CC} 的影响：$V_{CC} \uparrow \rightarrow I_C \uparrow \rightarrow Q$ 点向右上移动。

（2）动态分析

① 交流负载线。由于输出耦合电容 C_2 的隔直流作用，图 2-6 所示的单管共发射极放大电路的直流负载电阻为 R_c，而对照图 2-12 所示交流通路可知，该电路的交流负载电阻是 R_c 与 R_L 的并联，即 $R_L' = R_c // R_L$。直流负载线的斜率为 $1/R_c$，那么交流负载线的斜率应为 $1/R_L'$。

　　另外,交流信号为 0 时放大器的工作情况相当于静态,所以交流负载线通过静态工作点 Q。

　　通过以上分析,得出交流负载线的画法如下:

- 在输出特性曲线上作直流负载线 MN 并确定静态工作点 Q 的位置。
- 在 i_C 轴上确定 $i_C=V_{CC}/R'_L$ 辅助点 D 的位置并连接 D、N,得到斜率为 $1/R'_L$ 的辅助线 DN。
- 过静态工作点 Q 作辅助线 DN 的平行线 $M'N'$,即为交流负载线,如图 2-18 所示。

交流负载线与直流负载线的区别与联系如下所述。

- 直流负载线反映静态时电流、电压的变化关系,主要用来确定静态工作点 Q;而交流负载线反映动态时电流、电压的变化关系。
- 交流负载线必然通过静态工作点 Q。
- 因为 $R'_L \leqslant R_c$,所以交流负载线总比直流负载线陡。

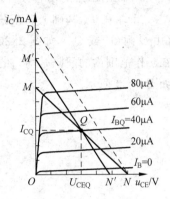

图 2-18　交流负载线

　　② 动态工作情况分析。当放大电路加上输入信号后,电路中的电压、电流均将在静态值的基础上,发生相应于输入信号的变化,称为动态。

　　在图 2-6 中,设输入端加上正弦信号电压 $u_i=U_{im}\sin\omega t=\sqrt{2}U_i\sin\omega t$(V)。

- 动态分析的准备工作。先画出晶体管的输入和输出特性曲线;然后作出直流负载线 MN,定出静态工作点 Q;最后作出交流负载线 $M'N'$。
- 输入回路的动态分析。当 u_i 通过输入耦合电容 C_1 加到三极管的基极与发射极之间时,三极管的基极与发射极之间的总电压为交、直流信号之和,即

$$u_{BE} = U_{BEQ} + u_i = U_{BEQ} + U_{im}\sin\omega t$$

根据 u_{BE} 的波形,即可以从图 2-19 所示的三极管输入特性曲线上求出 i_B 的波形。

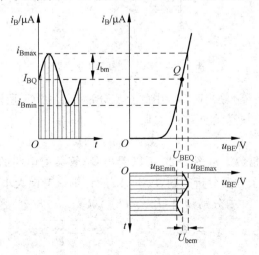

图 2-19　输入回路的动态分析

在小信号的工作条件下,Q 点附近的曲线可看做直线。因此,i_B 将在 I_{BQ} 的基础上按正弦规律变化,即

$$i_B = I_{BQ} + I_{bm}\sin\omega t$$

可见,i_B 的波形与 u_{BE} 相似,也是交、直流信号之和,其中的交流分量峰值 I_{bm} 正比于 U_{bem}。

- 输出回路的动态分析。

当 i_B 在 I_{BQ} 基础上以正弦规律变化时,交流负载线与输出特性曲线的交点随之变化(由 Q 到 Q_1 或 Q_2),如图 2-20 所示,由此可以画出 i_C 和 u_{CE} 的波形。如果输出特性曲线在工作范围内的间隔是均匀的,i_C 和 u_{CE} 将分别在 I_{CQ} 和 U_{CEQ} 的基础上按正弦规律变化,如图 2-20 所示。

$$i_C = I_{CQ} + I_{cm}\sin\omega t$$
$$u_{CE} = U_{CEQ} + U_{cem}\sin(\omega t - 180°)$$

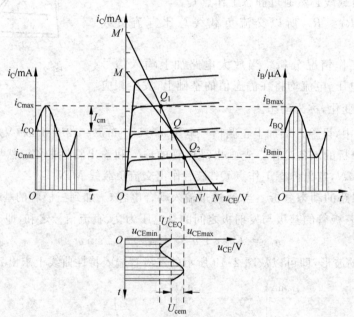

图 2-20　输出回路的动态分析

通过输出耦合电容 C_2 输出时,u_{CE} 中的直流分量 U_{CEQ} 被 C_2 所隔离,u_{CE} 中的交流分量作为放大电路的输出电压送给负载 R_L,即

$$u_o = U_{cem}\sin(\omega t - 180°)$$

- 估算电压放大倍数。从图 2-20 可以看出,单管共射电路的输出信号与输入信号相位相反。为了方便分析问题,以下 A_u 的计算只考虑大小关系。

在图 2-19 和图 2-20 中分别读出 U_{bemax}、U_{bemin}、U_{cemax} 和 U_{cemin},则

$$A_u = \frac{u_o}{u_i} = \frac{U_{om}}{U_{im}} = \frac{U_{cemax} - U_{cemin}}{U_{bemax} - U_{bemin}} \tag{2-25}$$

（3）静态工作点对输出波形失真的影响

① 非线性失真产生的原因。对一个放大电路来说，要求输出波形的失真尽可能小。但是，当静态工作点设置不当时，输出波形将出现严重的非线性失真，如图 2-21 所示。

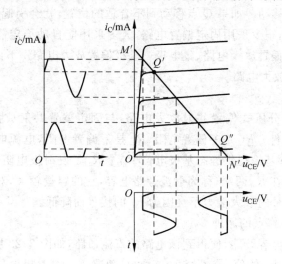

图 2-21　静态工作点对输出波形失真的影响

- 饱和失真。当 Q 点位置选得偏高，接近饱和区时，如图 2-21 中的 Q'，i_C 的正半周和 u_{CE} 的负半周都将出现畸变。这种由于动态工作点进入饱和区而引起的失真称为饱和失真。
- 截止失真。当 Q 点位置选得偏低，接近截止区时，如图 2-21 中的 Q''，在输入信号的负半周，动态工作点进入截止区，造成 i_C 的负半周和 u_{CE} 的正半周出现畸变。这种失真称为截止失真。

饱和失真和截止失真都是由于三极管工作于特性曲线的非线性区域引起的，统称为非线性失真。

② 减小和避免非线性失真的方法。当要求放大器输出电压尽可能大而失真尽可能小时，静态工作点应选在交流负载线的中点附近。

静态工作点处于交流负载线中点的放大器称为甲类放大器。

有时，尽管静态工作点位置适当，但当输入信号幅度过大时，输出信号会同时出现饱和失真和截止失真，称为双向失真。可采用减小输入信号幅度或增大直流电源 V_{CC} 的值来减小双向失真。

5. 静态工作点的稳定

通过前面的讨论我们知道，Q 点的设置非常重要，它不仅关系到波形失真，而且对放大倍数有影响。所以在设计放大电路时，必须设置一个合适的静态工作点，同时应当保持 Q 点的稳定。在图 2-6 所示的基本共射电路中，当 R_b 选定后，I_{BQ} 也就确定了，所以该电路称为固定偏置电路。这种电路在温度变化的影响下，Q 点不稳定，严重时会使放大电路不能正常工作。

1）温度对固定偏置电路工作点的影响

根据前面讨论的温度对三极管参数的影响可知，温度升高会引起 U_{BE} 减小、β 增大、I_{CEO} 增大。这些参数的变化，都会导致固定偏置电路中 I_{CQ} 增大，引起 Q 点上移；反之，温度下降，Q 点将向下移动。如果 Q 点移动到不合适的位置，就会引起放大信号产生失真。因此，在实际应用中，很少采用固定偏置电路，大多采用能自动稳定静态工作点的偏置电路，常见的有分压式偏置放大电路、集电极—基极偏置放大电路。下面仅介绍前者。

2）分压式偏置放大电路

（1）电路组成

图 2-22 所示为分压式偏置共射放大电路，与固定偏置共射放大电路相比，增加了 R_{b2}、R_e 和 C_e 三个元件。R_{b1} 是上偏置电阻，R_{b2} 是下偏置电阻，电源电源 V_{CC} 经 R_{b1} 和 R_{b2} 串联分压后为三极管基极提供静态基极电位 V_{BQ}。R_e 是发射极电阻，起到稳定静态电流 I_{BQ} 的作用。C_e 并联在 R_e 两端，称为射极旁路电容，它的容量较大，对交流信号相当于短路，使电路对交流信号的放大能力不会因为 R_e 的接入而降低。

（2）稳定静态工作点的原理

将图 2-22 中的电容开路，便得到该电路的直流通路，如图 2-23 所示。

适当选取 R_{b1} 和 R_{b2} 的值，使 $I_1 \gg I_{BQ}$，就可以忽略 I_{BQ}，则基极电位 V_{BQ} 由 R_{b1} 和 R_{b2} 串联分压提供，与三极管的参数无关，它基本上不受温度变化影响。

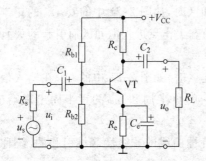

图 2-22　分压式偏置共射放大电路

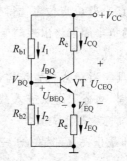

图 2-23　分压式偏置共射放大电路的直流通路

当温度上升时，由于三极管的 β、I_{CEO} 增大及 U_{BEQ} 减小，而引起集电极电流 I_{CQ} 增大，则发射极电阻 R_e 上的压降 V_{EQ} 增大，基极电位 V_{BQ} 的大小基本稳定，因此 $U_{BEQ}(V_{BQ}-V_{EQ})$ 减小，则基极电流 I_{BQ} 减小，于是集电极电流 I_{CQ} 的增加受到限制，达到稳定静态工作点的目的。上述稳定工作点的过程可以用符号表示，如图 2-24 所示。

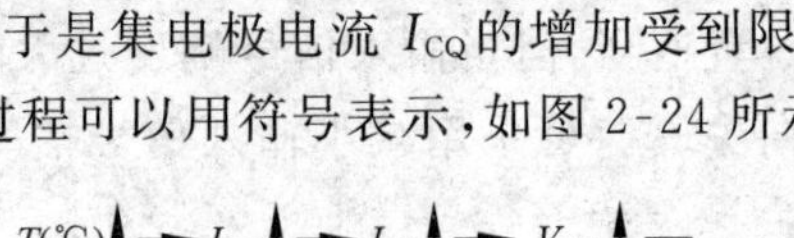

$$T(℃)\uparrow \longrightarrow I_{CQ}\uparrow \longrightarrow I_{EQ}\uparrow \longrightarrow V_{EQ}\uparrow \Big\rvert \genfrac{}{}{0pt}{}{V_{BQ}}{\text{不变}}$$

$$I_{CQ}\downarrow \longleftarrow I_{BQ}\downarrow \longleftarrow U_{BEQ}\downarrow$$

图 2-24　分压式偏置放大电路稳定静态工作点的过程

通过以上分析可知，基极电位 V_{BQ} 不变是分压式偏置放大电路稳定静态工作点稳定的关键，所以该电路稳定静态工作点的条件是 $I_1 \gg I_{BQ}$ 和 $V_{BQ} \gg U_{BEQ}$。为了兼顾其他指标，一般可选取：

$$I_1 = (5 \sim 10)I_{BQ} \tag{2-26}$$

$$V_{BQ} = (5 \sim 10)U_{BEQ} \tag{2-27}$$

（3）静态工作点的估算

在满足 $I_1 \gg I_{BQ}$ 的条件下，可认为 $I_1 \approx I_2$，则

$$V_{BQ} = V_{CC}\frac{R_{b2}}{R_{b1} + R_{b2}} \tag{2-28}$$

$$V_{EQ} = V_{BQ} - U_{BEQ} \tag{2-29}$$

$$I_{CQ} \approx I_{EQ} = \frac{V_{EQ}}{R_e} \tag{2-30}$$

$$I_{BQ} = \frac{I_{CQ}}{\beta} \tag{2-31}$$

$$U_{CEQ} = V_{CC} - I_{CQ}(R_c + R_e) \tag{2-32}$$

（4）交流参数的估算

① 电压放大倍数 A_u。画出图 2-22 所示电路的交流通路如图 2-25 所示，其微变等效电路如图 2-26 所示。

输入回路电压方程为：

$$u_i = i_b r_{be}$$

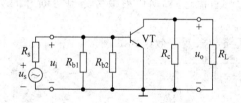

图 2-25　分压式偏置共发射极放大电路　　　图 2-26　分压式偏置共发射极放大电路的
　　　　　的交流通路　　　　　　　　　　　　　　　　微变等效电路

输出回路电压方程为：

$$u_o = -i_c(R_c /\!/ R_L) = -\beta i_b(R_c /\!/ R_L)$$

则

$$A_u = \frac{u_o}{u_i} = -\frac{\beta i_b(R_c /\!/ R_L)}{i_b r_{be}} = -\beta\frac{R_c /\!/ R_L}{r_{be}} \tag{2-33}$$

② 输入电阻 R_i。

$$R_i = \frac{u_i}{i_i} = \frac{u_i}{\dfrac{u_i}{R_{b1}} + \dfrac{u_i}{R_{b2}} + \dfrac{u_i}{r_{be}}} = \frac{1}{\dfrac{1}{R_{b1}} + \dfrac{1}{R_{b2}} + \dfrac{1}{r_{be}}} = R_{b1} /\!/ R_{b2} /\!/ r_{be} \tag{2-34}$$

③ 输出电阻 R_o。比较图 2-26 与图 2-13，它们的输出回路完全相同，所以分压式偏置共发射极放大电路的输出电阻与固定偏置电路的输出电阻相同，即

$$R_o = R_c \tag{2-35}$$

【例 2-4】　放大电路如图 2-22 所示，已知 $\beta = 100$，$U_{BEQ} = 0.7\text{V}$，$R_{b1} = 62\text{k}\Omega$，$R_{b2} = 20\text{k}\Omega$，$R_c = 3\text{k}\Omega$，$R_e = 1.5\text{k}\Omega$，$R_s = 1\text{k}\Omega$，$R_L = 3\text{k}\Omega$，$V_{CC} = 15\text{V}$。试求：①静态工作点；

②A_u、R_i、R_o、A_{us}。

解：① 静态工作点的计算

$$V_{BQ} = V_{CC}\frac{R_{b2}}{R_{b1}+R_{b2}} = 15 \times \frac{20}{62+20} \approx 3.7(V)$$

$$V_{EQ} = V_{BQ} - U_{BEQ} = 3.7 - 0.7 = 3(V)$$

$$I_{CQ} \approx I_{EQ} = \frac{V_{EQ}}{R_e} = \frac{3}{1.5} = 2(mA)$$

$$I_{BQ} = \frac{I_{CQ}}{\beta} = \frac{2}{100} = 0.02(mA)$$

$$U_{CEQ} = V_{CC} - I_{CQ}(R_c + R_e) = 15 - 2 \times (3 + 1.5) = 6(V)$$

② A_u、R_i、R_o、A_{us}的计算

$$r_{be} = 300 + (1+\beta)\frac{26}{I_{EQ}} = 300 + (1+100) \times \frac{26}{2} = 1.61(k\Omega)$$

$$A_u = -\beta\frac{R_c /\!/ R_L}{r_{be}} = -100 \times \frac{3 /\!/ 3}{1.61} = -93.2$$

$$R_i = R_{b1} /\!/ R_{b2} /\!/ r_{be} = 62 /\!/ 20 /\!/ 1.61 \approx 1.46(k\Omega)$$

$$R_o = R_c = 3(k\Omega)$$

（5）射极旁路电容断开的情况分析

① 直流分析。由于射极旁路电容断开并不影响直流通路，所以射极旁路电容断开的静态分析与正常情况完全相同。

② 交流分析。射极旁路电容断开后的交流通路和微变等效电路如图 2-27 所示。

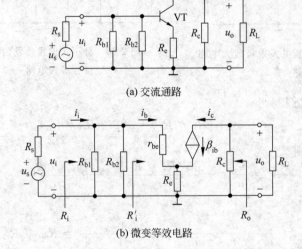

(a) 交流通路

(b) 微变等效电路

图 2-27　射极旁路电容断开后的交流通路和微变等效电路

· 电压放大倍数 A_u

$$u_i = i_b r_{be} + (i_b + \beta i_b)R_e$$

$$u_o = -\beta i_b(R_c /\!/ R_L)$$

$$A_u = \frac{u_o}{u_i} = -\frac{\beta i_b(R_c /\!/ R_L)}{i_b r_{be} + (i_b + \beta i_b)R_e} = -\beta\frac{R_c /\!/ R_L}{r_{be} + (1+\beta)R_e} \tag{2-36}$$

- 输入电阻 R_i

$$R'_i = \frac{u_i}{i_b} = \frac{i_b r_{be} + (i_b + \beta i_b)R_e}{i_b} = r_{be} + (1 + \beta)R_e \tag{2-37}$$

$$R_i = R_{b1} /\!/ R_{b2} /\!/ R'_i = R_{b1} /\!/ R_{b2} /\!/ [r_{be} + (1 + \beta)R_e] \tag{2-38}$$

- 输出电阻 R_o

求解输出电阻的电路如图 2-28 所示。由图可知

$$R_o = \frac{u}{i} \Big|_{\substack{u_s = 0 \\ R_L = \infty}} = R_c \tag{2-39}$$

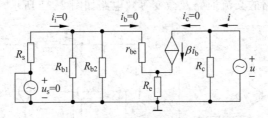

图 2-28 求解 C_e 开路时分压式偏置共发射极放大电路的 R_o

由以上分析可知，无论是固定偏置还是分压式偏置放大电路，共发射极放大电路的输出电压 u_o 与输入电压 u_i 相位相反，输入电阻 R_i 和输出电阻 R_o 大小适中。由于共发射极放大电路的电压、电流、功率放大倍数都很大，因而应用广泛，适用于一般放大电路或多级放大电路的中间级。

2.1.3 共集电极放大器

共集电极放大器如图 2-29 所示。由于电路是从三极管的发射极输出信号的，所以又称为射极输出器。

1. 直流分析

共集电极放大器的直流通路如图 2-30 所示。

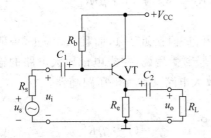
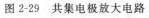
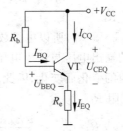

图 2-29 共集电极放大电路　　　　图 2-30 共集电极放大电路的直流通路

列出输入回路电压方程为：

$$V_{CC} = I_{BQ}R_b + U_{BEQ} + I_{EQ}R_e = I_{BQ}R_b + U_{BEQ} + (1 + \beta)I_{BQ}R_e$$

由此求得：

$$I_{BQ} = \frac{V_{CC} - U_{BEQ}}{R_b + (1 + \beta)R_e} \tag{2-40}$$

$$I_{EQ} \approx I_{CQ} = \beta I_{BQ} \tag{2-41}$$

列出输出回路电压方程为:

$$V_{CC} = U_{CEQ} + I_{EQ}R_e$$

则

$$U_{CEQ} = V_{CC} - I_{EQ}R_e \tag{2-42}$$

2. 交流分析

图 2-29 所示电路的交流通路及微变等效电路如图 2-31 所示。

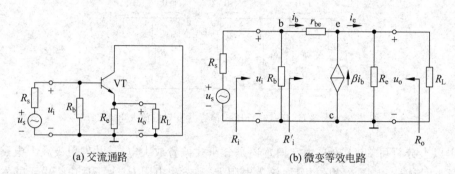

(a) 交流通路   (b) 微变等效电路

图 2-31　共集电极放大电路的交流通路和微变等效电路

(1) 电压放大倍数 A_u

输入回路电压方程为:

$$u_i = i_b r_{be} + (1+\beta)i_b(R_e /\!/ R_L)$$

输出回路电压方程为:

$$u_o = (1+\beta)i_b(R_e /\!/ R_L)$$

则

$$A_u = \frac{u_o}{u_i} = \frac{(1+\beta)i_b R'_L}{i_b r_{be} + (1+\beta)i_b R'_L} = \frac{(1+\beta)R'_L}{r_{be} + (1+\beta)R'_L} \tag{2-43}$$

式中,$R'_L = R_e /\!/ R_L$。

通常 $r_{be} \ll (1+\beta)R'_L$,所以电压放大倍数小于 1,但接近于 1,而且 A_u 为正,说明共集电极放大电路的输出电压与输入电压相位相同。也就是说,共集电极放大电路的输出电压跟随输入电压的变化而变化,因此共集电极放大电路又称为电压跟随器。

(2) 输入电阻 R_i

$$R'_i = \frac{u_i}{i_b} = \frac{i_b r_{be} + (1+\beta)i_b R'_L}{i_b} = r_{be} + (1+\beta)R'_L \tag{2-44}$$

$$R_i = R_b /\!/ [r_{be} + (1+\beta)R'_L] \tag{2-45}$$

可见,射极输出器的输入电阻很高,为共射电路的数十倍,一般为 $k\Omega$ 数量级。

(3) 输出电阻 R_o

为了分析方便,将图 2-31(b) 输入回路用戴维南等效得图 2-32。

图中,$u'_s = u_s \dfrac{R_b}{R_S + R_b}$,$R'_s = R_s /\!/ R_b$,根据输出电阻的求解方法,令上述电路负载开路,

且信号源电压为 0，然后在输出端加上交流电压 u，产生电流 i，电路如图 2-33 所示。

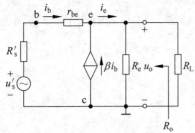
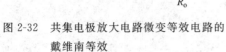

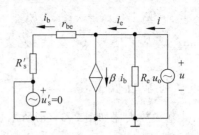

图 2-32　共集电极放大电路微变等效电路的　　　图 2-33　求解共集电极放大电路的 R_o
　　　　　戴维南等效

$$R_o = \frac{u}{i}\bigg|_{\substack{u_s=0 \\ R_L=\infty}} = \frac{u}{\dfrac{u}{R_e} + \dfrac{u}{R'_s + r_{be}} + \beta\dfrac{u}{R'_s + r_{be}}} = R_e \mathbin{/\!/} \frac{R'_s + r_{be}}{1+\beta} \qquad (2\text{-}46)$$

因为 $R_s \ll R_b$，所以 $R'_s = R_s \mathbin{/\!/} R_b \approx R_s$，则

$$R_o \approx R_e \mathbin{/\!/} \frac{R_s + r_{be}}{1+\beta} \approx \frac{R_s + r_{be}}{1+\beta} \qquad (2\text{-}47)$$

可见，射极输出器的输出电阻很低，通常在几十欧以下。

综上所述，共集电极放大电路（射极输出器）的特点是：电压放大倍数略小于 1，输出电压与输入电压相位相同，输入电阻高，输出电阻低，有一定的电流和功率放大能力。由于这些特点，该电路获得广泛的应用。

3. 射极输出器的应用

（1）输入级

利用射极输出器的高输入电阻，可以大大减小信号源内阻的影响。

（2）输出级

利用射极输出器的低输出电阻，增强带负载的能力。

（3）中间隔离级

利用射极输出器进行阻抗变换，使前后级的放大能力充分发挥出来，从而使总的电压放大倍数增大。

【例 2-5】　放大电路如图 2-29 所示。已知 $\beta=100$，$U_{BEQ}=0.7\text{V}$，$R_b=200\text{k}\Omega$，$R_e=2\text{k}\Omega$，$R_s=1\text{k}\Omega$，$V_{CC}=12\text{V}$，$R_L=2\text{k}\Omega$，试求：①静态工作点；②A_u、R_i、R_o。

解：① 静态工作点的计算

$$I_{BQ} = \frac{V_{CC} - U_{BEQ}}{R_b + (1+\beta)R_e} = \frac{12-0.7}{200+(1+100)\times 2} = 0.028\,(\text{mA})$$

$$I_{EQ} \approx I_{CQ} = \beta I_{BQ} = 100 \times 0.028 = 2.8\,(\text{mA})$$

$$U_{CEQ} = V_{CC} - I_{EQ}R_e = 12 - 2.8 \times 2 = 6.4\,(\text{V})$$

② A_u、R_i、R_o 的计算

$$r_{be} = 300 + \frac{26}{I_{BQ}} = 300 + \frac{26}{0.028} = 1.23\,(\text{k}\Omega)$$

$$R'_L = R_e \mathbin{/\!/} R_L = 1\,(\text{k}\Omega)$$

$$A_{u} = \frac{(1+\beta)R'_{L}}{r_{be}+(1+\beta)R'_{L}} = \frac{(1+100)\times 1}{1.23+(1+100)\times 1} \approx 0.99$$

$$R_{i} = R_{b} /\!/ [r_{be}+(1+\beta)R'_{L}] = 200 /\!/ [1.23+(1+100)\times 1] = 67.6(k\Omega)$$

$$R_{o} = \frac{R'_{s}+r_{be}}{1+\beta} /\!/ R_{e} = \frac{200 /\!/ 1+1.23}{1+100} /\!/ 2 = 0.021(k\Omega) = 21(\Omega)$$

2.1.4 共基极放大器

共基极放大器如图 2-34(a)所示。

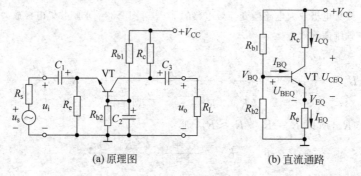

图 2-34 共基极放大电路

1. 直流分析

共基极放大器的直流通路如图 2-34(b)所示。可见,该直流通路就是分压式偏置电路,因此静态工作点的计算与前述分析相同,即

$$V_{BQ} = V_{CC}\frac{R_{b2}}{R_{b1}+R_{b2}} \tag{2-48}$$

$$V_{EQ} = V_{BQ}-U_{BEQ} \tag{2-49}$$

$$I_{CQ} \approx I_{EQ} = \frac{V_{EQ}}{R_{e}} \tag{2-50}$$

$$I_{BQ} = \frac{I_{CQ}}{\beta} \tag{2-51}$$

$$U_{CEQ} = V_{CC}-I_{CQ}(R_{c}+R_{e}) \tag{2-52}$$

2. 交流分析

画出图 2-34(b)所示电路的交流通路和微变等效电路如图 2-35 所示。

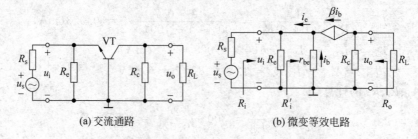

图 2-35 共基极放大电路的交流通路和微变等效电路

（1）电压放大倍数 A_u

$$A_u = \frac{u_o}{u_i} = \frac{-\beta i_b (R_c /\!/ R_L)}{-i_b r_{be}} = \frac{\beta (R_c /\!/ R_L)}{r_{be}} \qquad (2\text{-}53)$$

可见，如果该放大电路和共发射极放大电路的元器件参数一致，二者的放大倍数大小也相同，只是该放大电路的放大倍数是正值，说明共基极放大器为同相放大电路。

（2）输入电阻 R_i

$$R_i' = \frac{u_i}{-i_e} = \frac{-i_b r_{be}}{-(1+\beta) i_b} = \frac{r_{be}}{1+\beta}$$

$$R_i = R_i' /\!/ R_e = \frac{r_{be}}{1+\beta} /\!/ R_e \qquad (2\text{-}54)$$

（3）输出电阻 R_o

$$R_o = R_c \qquad (2\text{-}55)$$

由以上讨论可见，共基极放大电路是同相放大器，与共发射极放大电路的放大能力相同，但其输入电阻小。因此，为了获得较好的频率特性，在高频放大电路中常常采用这种放大电路。

实训 共射放大器的测试

一、实训目的
1. 了解放大电路必须有合适的静态工作点，掌握静态工作点的调节及测量方法。
2. 掌握单级放大电路电压增益的测试方法。

二、实训器材
直流稳压电源、万用表、信号发生器、示波器、单级交流放大实验线路板

三、实训步骤
实训电路如图 2-36 所示。

1. 调节静态工作点

将 12V 电源电压接入电路，调节 R_{bw} 使 $V_{CQ} = 5V$，测静态工作点，相关数据填入表 2-1。

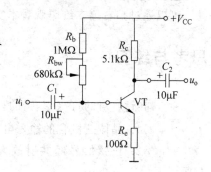

图 2-36 共射放大器的实训电路

表 2-1 静态工作点

I_{CQ}	I_{BQ}	V_{BQ}	V_{EQ}	V_{CQ}	U_{CEQ}	U_{BEQ}	$h_{FE}(\beta)$

说明：电流的测量可直接用万用表直流电流档测，也可根据以下公式算得。

$$I_{CQ} = \frac{V_{CC} - V_{CQ}}{5.1k}, \quad I_{BQ} = \frac{V_{CC} - V_{BQ}}{R_{bw} + R_b}$$

2. 测电压增益

(1) 信号发生器输出 1kHz,峰-峰值为 30mV 的正弦信号 u_i,接入放大电路输入端。

(2) 调节示波器并接入电路。(双踪显示:CH1 接输入端,CH2 接输出端)

(3) 观察输入输出波形

① 输出波形有无失真:_____ ,输入输出相位:_____。

② 测无失真时的输出电压峰-峰值 $u_{op\text{-}p}$,并计算 A_u,填入表 2-2。

③ 在放大电路输出端加接负载 $R_L = 5.1\text{k}\Omega$,再测 u_o,计算 A_u,填入表 2-2。

表 2-2 电压增益

$u_{ip\text{-}p}$	R_L	$u_{op\text{-}p}$	A_u
30mV	∞		
	5kΩ		

* 3. 失真现象的观察、讨论(选做)

(1) 不改变静态工作点,当输入信号 u_i 增大时,输出信号随之增大,在示波器上可观测到最大不失真输出电压峰值 u_{opm},并记录。

$u_{opm} = $ _____

(2) 改变 R_{bw} 值使静态工作点变化,交流输入 u_i 保持为 30mV,观察输出波形;当 R_{bw} 增加,使 u_o 出现明显截止失真时的 $I_{CQ} = $ _____,并画出截止失真波形;当 R_{bw} 减小,使 u_o 出现明显饱和失真时的 $I_{CQ} = $ _____,并画出饱和失真波形。

四、实训操作

可以通过扫右侧二维码观看本实验的操作步骤。

共 射 放 大 器
的 测 试

思考与练习

一、判断题(对的打"√",错的打"×")

(   )1. 晶体三极管的输入电阻 r_{be} 是一个动态电阻,所以它与静态工作点无关。

(   )2. 正弦信号经共射放大器放大后,输出电压出现上切割,该失真称为截止失真。

(   )3. 因为负载电阻 R_L 接在输出回路中,所以它是放大器输出电阻的一部分。

(   )4. 在固定偏置共发射极放大电路中,当 V_{CC} 增大时,若电路中其他参数不变,电压放大倍数应增大。

(   )5. 在分压式偏置电路中,若旁路电容 C_e 断开,输入电阻将增大,电压放大倍数将减小。

(   )6. 在放大电路中,耦合电容、旁路电容的容量很大,对交流可视为短路,因此其两端电压为零。

(   )7. 采用分压式偏置电路的目的主要是增加输入电阻,以减轻信号源负担。

（　　）8. 在基本共射放大电路中,为得到较高的输入电阻,在 R_b 固定不变的条件下,晶体管的电流放大系数 β 应该尽可能大些。

（　　）9. 在共发射极、共集电极和共基极三种基本放大电路中,输入电阻最大的是共发射极电路,电压放大倍数最小的是共集电极电路。

（　　）10. 射极输出器的 u_o 与 u_i 之间只差 U_{BEQ},所以 $A_u \approx 1$。

二、选择题

1. 在固定偏置共发射极放大电路中,当 V_{CC} 和基极电流 I_{BQ} 一定时,集电极电阻 R_c 值越大,则（　　）。

　　A. A_u 值越大　　　　　　　　　　　B. A_u 值越小

　　C. A_u 值不变　　　　　　　　　　　D. 讨论 A_u 值无实际意义

2. 在分压式偏置共射电路中,若原放大器的放大倍数为 A_u,如换用一个三极管,其 β 值为原来的 2 倍,则换用三极管后的 A_u 值为（　　）。

　　A. A_u　　　　　B. $0.5A_u$　　　　　C. $2A_u$　　　　　D. $4A_u$

3. 在基本共射放大电路中,输出端接有负载电阻,输入端加有正弦信号电压。若输出电压波形出现底部削平的饱和失真,在不改变输入信号的条件下减小 R_L 的值,将出现（　　）。

　　A. 可能使失真消失

　　B. 失真更加严重

　　C. 可能出现波形两头都削平的失真

4. 有两个放大倍数相同、输入和输出电阻不同的放大电路 A 和 B,对同一个具有内阻的信号源进行放大。在负载开路的条件下测得电路 A 的输出电压小。这说明电路 A 的（　　）。

　　A. 输入电阻大　　B. 输入电阻小　　C. 输出电阻大　　D. 输出电阻小

5. 在题图 2-1 电路中,用直流电压表测出 $U_{CEQ} \approx V_{CC}$,有可能是因为（　　）。

　　A. R_b 短路　　　B. R_c 开路　　　C. V_{CC} 过大　　　D. R_b 开路

6. 在题图 2-1 电路中,用直流电压表测出 $U_{CEQ} \approx 0$,有可能是因为（　　）。

　　A. R_c 短路　　　　　B. R_L 开路

　　C. V_{CC} 过大　　　　D. R_b 过小

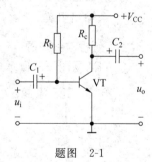

题图　2-1

7. 题图 2-1 电路中,若仅增大 R_b,则（　　）。

　　A. A_u 减小,R_i 增大,R_o 不变

　　B. A_u 减小,R_i 减小,R_o 不变

　　C. A_u 增大,R_i 增大,R_o 不变

　　D. A_u 增大,R_i 减小,R_o 不变

8. 在维持 I_E 不变的条件下,有人选用 β 值较大的晶体管,这样做是为了（　　）。

　　A. 减小信号源负担　　　　　　　　B. 提高放大器本身的电压放大倍数

　　C. 增大放大器的输出电阻　　　　　D. 增强放大器的带负载能力

9. 在题图 2-1 电路中,当输入正弦电压时,输出电压波形出现削底失真,如题图 2-2 所示。为了消除失真,应( )。

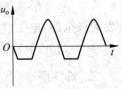

A. 增大 R_c B. 改换 β 大的管子

C. 增大 R_b D. 减小 R_b

10. 为了使高内阻的信号源与低阻负载很好配合,可以在信号源与负载之间接入( )放大电路。

A. 共发射极   B. 共集电极

C. 共基极   D. 共源极

题图 2-2

三、填空题

1. 三种基本组态放大器中,_____组态输出电阻最低,_____组态输入电阻最低,_____组态兼有电压和电流放大作用。

2. 温度升高,将使三极管的 U_{BE}_____,β _____,I_{CEO}_____。这些参数的变化最终将使三极管的_____增大。

3. 画放大器的直流通路时,将_____视为开路,画出直流通路是为了便于计算_____;画交流通路时,将_____和_____视为短路,画出交流通路是为了便于计算_____、_____、_____。

4. 某放大电路在负载开路时的输出电压为 4V;接入 3kΩ 的负载电阻后,输出电压降为 3V。电路的输出电阻为_____。

5. 题图 2-1 中的电路在线性放大状态下调整参数,试分析电路状态和性能的变化(在相应的空格内填写增大、减小或基本不变)。

① 若 R_b 的阻值减小,则静态的 I_{BQ} 将_____,U_{CEQ} 将_____,电压放大倍数将_____。

② 若换一个 β 值较小的晶体管,则静态的 I_{BQ} 将_____,U_{CEQ} 将_____,电压放大倍数将_____。

6. 射极输出器的特性归纳为:电压放大倍数_____,电压跟随性好,输入阻抗_____,输出阻抗_____,而且具有一定的_____放大能力和_____放大能力。

四、分析与计算题

1. 判断题图 2-3 所示电路能否实现正常放大。

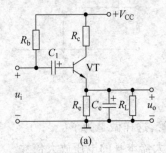
(a)

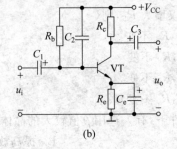
(b)

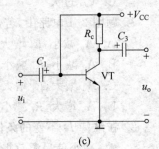
(c)

题图 2-3

2. 电路如题图 2-4 所示,设三极管的 $\beta=80$,试分析当开关 S 分别接通 A、B、C 三个位置时,三极管各工作在什么状态,并求出相应的 I_C 和 U_{CE}。

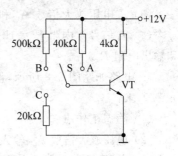

题图 2-4

3. 固定偏置放大电路如题图 2-5(a)所示,三极管输出特性曲线如题图 2-5(b)所示。已知 $V_{CC}=+12V$,$R_b=400k\Omega$,$R_c=2k\Omega$,$R_L=4k\Omega$,忽略 U_{BEQ} 和 I_{CEO}。

(1) 估算 I_{BQ} 值,作出直流负载线确定静态工作点。

(2) 作出交流负载线,求最大不失真输出电压峰值 U_{ommax}。

(3) 求该电路的电压放大倍数 A_u 和最大输入电压幅值 U_{immax}。

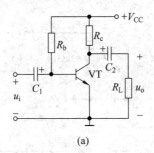
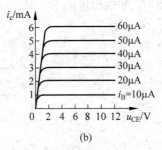

(a)　　　　(b)

题图 2-5

4. 在如题图 2-5(a)所示固定式偏置电路中,若已知 $R_b=300k\Omega$,$R_c=4k\Omega$,$V_{CC}=12V$,$R_L=4k\Omega$,$U_{BEQ}=0.6V$,$\beta=40$。

(1) 求静态工作点。

(2) 画出微变等效电路。

(3) 求放大器的输入电阻 R_i 和输出电阻 R_o。

(4) 求电压放大倍数 A_u。

(5) 求信号源内阻 $R_S=500\Omega$ 时的源电压放大倍数 A_{us}。

5. 在如题图 2-6 所示分压式偏置电路中,已知 $R_{b1}=120k\Omega$,$R_{b2}=20k\Omega$,$R_c=3k\Omega$,$R_e=2k\Omega$,$V_{CC}=16V$,$\beta=40$,$U_{BEQ}=0.6V$,$R_L=6k\Omega$。

(1) 求电路的静态工作点。

(2) 用符号式说明该电路稳定工作点的原理。

(3) 画出电路的交流通路。

(4) 计算电压放大倍数 A_u、输入电阻 R_i 和输出电阻 R_o。

(5) 若 C_e 断开,重复(3)、(4)两问。

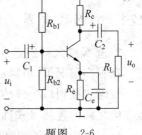

题图 2-6

6. 共集电极放大电路如题图 2-7 所示,已知三极管的 $\beta=100$,$U_{BEQ}=0.7V$,$R_b=300k\Omega$,$R_c=1k\Omega$,$R_e=3.6k\Omega$,$R_L=3.6k\Omega$,$V_{CC}=12V$。

(1) 求静态工作点。

(2) 画出微变等效电路。

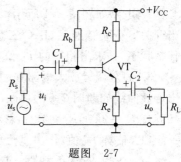

(3) 求电压放大倍数 A_u 和输入电阻 R_i。

(4) 若信号源内阻 $R_s = 1\text{k}\Omega$，$u_s = 2\text{V}$，求输出电压 u_o 和输出电阻 R_o。

7. 电路如题图 2-8 所示，设晶体管的 $\beta = 50$，$U_{BEQ} = 0.7\text{V}$。求：

(1) 静态工作点。

(2) 电压放大倍数 A_u、输入电阻 R_i 和输出电阻 R_o。

8. 已知题图 2-9 所示电路中，三极管的 $\beta = 50$，试求：

(1) 电压放大倍数 $A_{u1} = \dfrac{u_{o1}}{u_i}$ 和 $A_{u2} = \dfrac{u_{o2}}{u_i}$。

(2) 输入电阻 R_i 和输出电阻 R_{o1}、R_{o2}。

题图 2-7

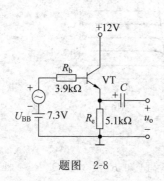

题图 2-8

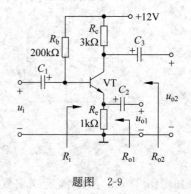

题图 2-9

2.2 负反馈放大器

【学习目标】

(1) 理解多级放大电路的级间耦合方式及阻容耦合放大电路的分析。

(2) 理解反馈的概念，掌握反馈类型的判别。

(3) 理解负反馈对放大电路性能的影响。

2.2.1 多级放大器

1. 多级放大器的组成及耦合方式

在很多情况下，单级放大电路的电压放大倍数不能满足要求。为此，要把放大电路的前一级输出接到后一级的输入，级联成二级、三级，或者更多级放大电路。多级放大电路级与级之间的连接方式称为级间耦合方式。

(1) 多级放大器的组成

多级放大器的组成框图如图 2-37 所示。通常将与信号源相连的第一级放大电路称为输入级，与负载相连的末级放大电路称为输出级，输出级与输入级之间的放大电路称为中间级。输入级与中间级的位置处于多级放大电路的前几级，故又称为前置级。前置级一般都属于小信号工作状态，主要进行电压放大；输出级属于大信号放大，以提供负载足够大的信号,常采用功率放大电路。

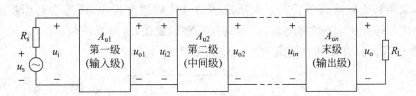

图 2-37　多级放大器的组成框图

多级放大器组成时要求:

① 保证信号能顺利由前级传送到下一级。

② 连接后仍能使各级放大器有正常的静态工作点。

③ 信号在传送过程中失真要小,级间传输效率要高。

（2）多级放大器的级间耦合方式

① 阻容耦合。阻容耦合两级放大电路如图 2-38 所示。两级间通过耦合电容 C_2 将前级的输出电压加到后级的输入电阻（即前级的负载）上,故称为阻容耦合。

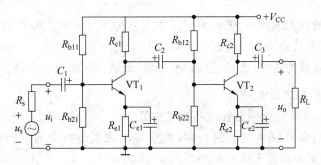

图 2-38　阻容耦合两级放大电路

阻容耦合的特点是:

• 耦合电容兼有隔直作用,使各级的静态工作点相互独立,互不影响。

• 耦合电容的存在,使电路的低频特性变差,因此只能放大频率较高的交流信号。

• 阻容耦合不适用于电路集成化,因为集成电路中不能制作较大的电容。

② 变压器耦合。变压器耦合两级放大电路如图 2-39 所示。

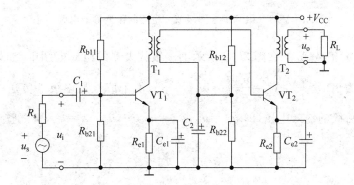

图 2-39　变压器耦合两级放大电路

在变压器耦合两级放大电路中,前、后级间无直流联系,它们的静态工作点互不影响,交流信号能顺利地输送到下一级。变压器在信号传输的过程中,还能进行阻抗变换。但是由于变压器体积大、频率响应差、成本高且不宜集成化,所以目前较少采用。

③ 直接耦合。直接耦合两级放大电路如图 2-40 所示。

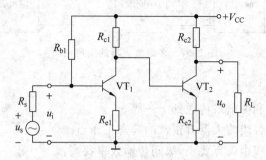

图 2-40　直接耦合两级放大电路

直接耦合放大电路不仅能放大交流信号,也能放大直流信号,所以又称为直流放大器。

在直接耦合的放大电路中,各级静态工作点是相互影响的。温度漂移是直接耦合放大电路最大的问题,其相关知识将在后续章节中详细介绍。

直接耦合方式最为简便,而且低频特性很好,最适合制作集成电路。

2. 阻容耦合多级放大电路

(1) 阻容耦合多级放大电路性能指标的估算

下面以阻容耦合两级放大电路为例,说明多级放大电路交流参数的计算。画出与图 2-38 所示电路对应的微变等效电路如图 2-41 所示。

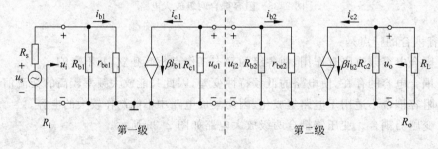

图 2-41　阻容耦合两级放大电路的微变等效电路

① 电压放大倍数 A_u。在图 2-36 所示的多级放大器的组成框图中,如果各级的电压放大倍数分别为 $A_{u1}=\dfrac{u_{o1}}{u_i}$,$A_{u2}=\dfrac{u_{o2}}{u_{i2}}$,$\cdots$,$A_{un}=\dfrac{u_{on}}{u_{in}}$,由于信号是逐级被传送、放大的,前级的输出电压是后级的输入电压,即 $u_{o1}=u_{i2}$,$u_{o2}=u_{i3}$,$\cdots$,$u_{o(n-1)}=u_{in}$,所以整个放大电路的电压放大倍数为:

$$A_u = \frac{u_o}{u_i} = \frac{u_{o1}}{u_{i1}}\frac{u_{o2}}{u_{i2}}\cdots\frac{u_{on}}{u_{in}} = A_{u1}A_{u2}\cdots A_{un} \tag{2-56}$$

式(2-56)表明,多级放大电路的电压放大倍数等于各级电压放大倍数的乘积。若用分贝(dB)表示,则

$$A_{u}(\mathrm{dB}) = A_{u1}(\mathrm{dB}) + A_{u2}(\mathrm{dB}) + \cdots + A_{un}(\mathrm{dB}) \tag{2-57}$$

应当注意的是,在计算多级放大电路的各级电压放大倍数时,必须考虑后级电路的输入电阻对前级电压放大倍数的影响,应当把后级的输入电阻作为前级的负载。

对照图 2-41,有

$$R'_{\mathrm{L1}} = R_{\mathrm{c1}} \ /\!/ \ R_{\mathrm{i2}} = R_{\mathrm{c1}} \ /\!/ \ R_{\mathrm{b2}} \ /\!/ \ r_{\mathrm{be2}} \tag{2-58}$$

$$R'_{\mathrm{L2}} = R_{\mathrm{c2}} \ /\!/ \ R_{\mathrm{L}}$$

$$A_{u1} = -\frac{\beta_1 R'_{\mathrm{L1}}}{r_{\mathrm{be1}}} = -\frac{\beta_1 (R_{\mathrm{c1}} \ /\!/ \ R_{\mathrm{b2}} \ /\!/ \ r_{\mathrm{be2}})}{r_{\mathrm{be1}}} \tag{2-59}$$

$$A_{u2} = -\frac{\beta_2 R'_{\mathrm{L2}}}{r_{\mathrm{be2}}} = -\frac{\beta_2 (R_{\mathrm{c2}} \ /\!/ \ R_{\mathrm{L}})}{r_{\mathrm{be2}}} \tag{2-60}$$

$$A_{u} = A_{u1} A_{u2} \tag{2-61}$$

② 输入电阻 R_i 和输出电阻 R_o。由图 2-41 可知,多级放大电路的输入电阻就是第一级的输入电阻,即

$$R_{\mathrm{i}} = R_{\mathrm{i1}} = R_{\mathrm{b1}} \ /\!/ \ r_{\mathrm{be1}} \tag{2-62}$$

多级放大电路的输出电阻就是末级的输出电阻,即

$$R_{\mathrm{o}} = R_{\mathrm{o2}} = R_{\mathrm{c2}} \tag{2-63}$$

【例 2-6】 在如图 2-42 所示两级放大电路中,已知 $\beta_1 = \beta_2 = 40$,$R_{b1} = R_{b2} = 300\mathrm{k}\Omega$, $R_{c1} = R_{c2} = 2\mathrm{k}\Omega$,$R_{\mathrm{L}} = 2\mathrm{k}\Omega$,$V_{\mathrm{CC}} = 12\mathrm{V}$。求:

① 输入电阻和输出电阻。

② 电压放大倍数。

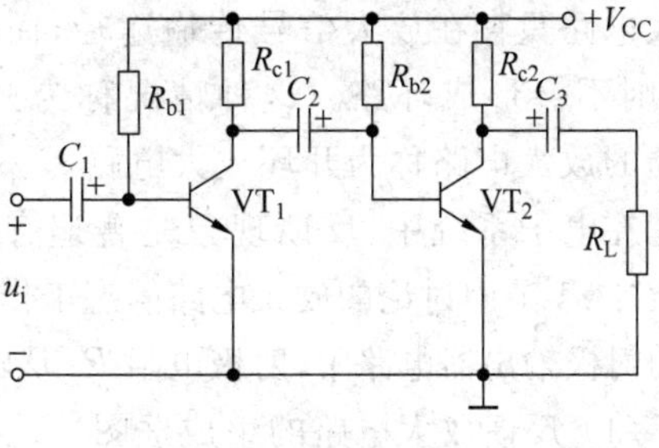

解:① 输入电阻和输出电阻

$$I_{\mathrm{BQ1}} = I_{\mathrm{BQ2}} = \frac{V_{\mathrm{CC}} - U_{\mathrm{BEQ}}}{R_{\mathrm{b}}} \approx \frac{V_{\mathrm{CC}}}{R_{\mathrm{b}}}$$

$$= \frac{12}{300} = 0.04(\mathrm{mA})$$

$$r_{\mathrm{be1}} = r_{\mathrm{be2}} = 300 + \frac{26}{I_{\mathrm{BQ}}}$$

图 2-42 两级阻容耦合放大电路

$$= 300 + \frac{26}{0.04} = 950(\Omega)$$

$$R_{\mathrm{i}} = R_{\mathrm{i1}} = R_{\mathrm{b1}} \ /\!/ \ r_{\mathrm{be1}} = 300 \ /\!/ \ 0.95 \approx 0.95(\mathrm{k}\Omega)$$

$$R_{\mathrm{o}} = R_{\mathrm{c}} = 2(\mathrm{k}\Omega)$$

② 电压放大倍数

$$A_{u1} = -\frac{\beta_1 (R_{\mathrm{c1}} \ /\!/ \ R_{\mathrm{b2}} \ /\!/ \ r_{\mathrm{be2}})}{r_{\mathrm{be1}}} = -\frac{40 \times (2 \ /\!/ \ 300 \ /\!/ \ 0.95)}{0.95} = -27.1$$

$$A_{u2} = -\frac{\beta_2 (R_{\mathrm{c2}} \ /\!/ \ R_{\mathrm{L}})}{r_{\mathrm{be2}}} = -\frac{40 \times (2 \ /\!/ \ 2)}{0.95} = -42.1$$

$$A_{u} = A_{u1} A_{u2} = (-27.1) \times (-42.1) = 1140.9$$

（2）阻容耦合的频率响应

多级放大电路的通频带比它的任何一级的通频带都窄。图 2-43（a）和（b）所示为两级参数完全相同的单级放大电路的频率响应曲线；组成两级放大电路后，放大倍数相乘，其频率响应曲线如图 2-43（c）所示，中频段的放大倍数与高、低频段放大倍数的差值变大，即两级放大电路的通频带 BW 比单级放大电路的通频带 BW 窄，且放大电路级数越多，通频带就越窄。为了满足多级放大电路通频带的要求，必须把每个单级放大电路的通频带选得更宽一些。

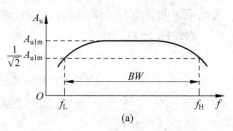

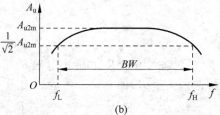

2.2.2 反馈的类型与判断

1. 反馈的基本概念

将放大电路的输出信号（电压或电流）一部分或全部通过一定的方式送回到放大电路输入端的过程称为反馈。反馈到输入端的信号称为反馈信号，引导反馈信号的电路称为反馈网络，含有反馈的放大电路称为反馈放大电路。在反馈放大电路中，输入端信号经放大器放大后传输到输出端，而输出信号经反馈网络反向传输到输入端，形成闭合回路。这种情况称为闭环，因此反馈放大电路又称为闭环放大电路。如果一个放大电路只存在放大信号传输途径，而不存在反馈，则不会形成环路。这种情况称为开环，没有反馈的放大电路称为开环放大电路。

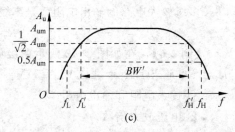

图 2-43　多级放大电路的频率响应曲线

在电子系统中，反馈现象是普遍存在的。例如，在 2.1 节中讨论的放大电路静态工作点的稳定就是通过反馈来实现的。再如图 2-44 所示的射极输出器电路中，射极电阻 R_e 从输出回路取得反馈信号电压 u_f，送回到输入回路。

（1）反馈放大电路的组成框图

反馈放大电路的组成框图如图 2-45 所示。

用 x 表示信号电压或电流，x_i 表示输入信号，x_o 表示输出信号，x_f 表示反馈信号；x_{id}

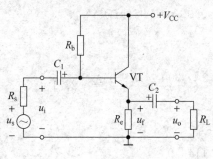

图 2-44　射极输出器

表示基本放大电路的净输入信号，它由输入信号和反馈信号的差值决定，即 $x_{id} = x_i - x_f$。

A 为基本放大电路的放大倍数，表示净输入信号 x_{id} 经基本放大电路正向传输至输出端的放大倍数，即

$$A = \frac{x_o}{x_{id}} \tag{2-64}$$

F 为反馈网络的反馈系数，表示输出信号经反馈网络反向传输至输入端的程度，即

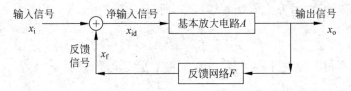

图 2-45 反馈放大电路的组成框图

$$F = \frac{x_f}{x_o} \tag{2-65}$$

通常把 $A = \dfrac{x_o}{x_{id}}$ 称为放大电路的开环电压放大倍数，$A_f = \dfrac{x_o}{x_i}$ 称为放大电路的闭环电压放大倍数。

（2）反馈放大电路的基本关系式

反馈放大电路中的闭环放大倍数 A_f 与开环放大倍数 A、反馈系数 F 之间的关系式称为反馈放大电路的基本关系式。由于 $x_{id} = x_i - x_f$，闭环放大倍数 A_f 可以写成

$$A_f = \frac{x_o}{x_i} = \frac{x_o}{x_{id} + x_f}$$

又因为 $x_o = A x_{id}$，$x_f = F x_o = A F x_{id}$，代入上式可得：

$$A_f = \frac{A x_{id}}{x_{id} + A F x_{id}} = \frac{A}{1 + AF} \tag{2-66}$$

该式即为反馈放大电路的基本关系式。使用时须注意以下两点。

① 式中，x 表示的信号可以是电压信号或电流信号。根据输入、输出信号是电压信号或电流信号，A、A_f 可有 4 种表达形式：输入、输出信号均为电压信号；输入、输出信号均为电流信号；输入信号为电流信号，输出信号为电压信号；输入信号为电压信号，输出信号为电流信号。相应的反馈系数 F 也有 4 种表达形式。A、A_f 和 F 的量纲由反馈放大电路的反馈类型决定，可为欧姆、西门子，也可为无量纲。

② $1+AF$ 称为反馈深度，用来描述反馈量的大小，它是反馈放大器中的重要指标。当满足 $(1+AF) \gg 1$ 时，称为深度负反馈，此时的闭环放大倍数几乎与开环放大倍数无关，即

$$A_f \approx \frac{1}{F} \tag{2-67}$$

这样既简化了负反馈放大电路的计算，又表明深度负反馈放大电路有很高的稳定性，只要反馈网络采用高稳定度的元件，就能满足稳定度的要求。

【例 2-7】 已知某反馈放大器的开环放大倍数 $A = 10^4$，当反馈系数 $F = 0.01$ 时，求闭环放大倍数 A_f。

解：先求反馈深度：

$$1 + AF = 1 + 10^4 \times 0.01 = 101$$

则闭环放大倍数

$$A_f = \frac{A}{1 + AF} = \frac{10^4}{101} = 99$$

若采用近似计算,因为 $1+AF=101\gg1$,所以

$$A_f \approx \frac{1}{F} = \frac{1}{0.01} = 100$$

与精确计算相比,误差仅为 1%,这在工程上是完全允许的。

2. 反馈的类型及判定方法

(1) 按反馈量性质分类

按反馈量性质分类,反馈可以分为直流反馈与交流反馈。在放大电路的直流通路中存在的反馈称为直流反馈,在放大电路的交流通路中存在的反馈称为交流反馈。直流负反馈主要用来稳定电路的静态工作点,交流负反馈可以改善放大器的交流性能。

判断方法是电容观察法。若反馈通路中有隔直电容,则为交流反馈;若反馈通路中有旁路电容,则为直流反馈;若反馈通路中无电容,则为交直流反馈。

如图 2-46 所示,R_{f1} 构成的反馈通路中由于有隔直电容 C_2,所以为交流反馈;R_{f2} 构成的反馈通路中由于有旁路电容 C_{e2},所以为直流反馈。

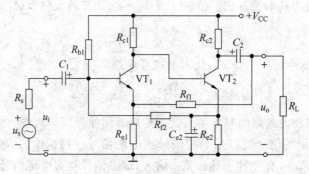

图 2-46　反馈放大电路

(2) 按反馈极性分类

按反馈极性分类,反馈可以分为正反馈与负反馈。反馈信号使放大电路净输入信号量增大的反馈称为正反馈。反馈信号使放大电路净输入信号量减小的反馈称为负反馈。

判断电路中引入的是正反馈还是负反馈,常采用瞬时极性法。具体做法是:

① 假定输入信号为某一瞬时极性。

② 逐级分析电路中相关各点的瞬时信号极性。

③ 判断反馈到输入端信号的瞬时极性。

④ 若反馈信号增强原输入信号,则为正反馈;反馈信号减弱原输入信号,为负反馈。

注意,在三极管放大电路中,以共射电路为例,假定基极输入信号的瞬时极性为正,若反馈信号也送到基极,且瞬时极性为正,则反馈信号增强了原输入信号,为正反馈;反之为负反馈。若反馈信号送到发射极,且瞬时极性为正,则反馈信号减弱了原输入信号,为负反馈;反之为正反馈,如图 2-47 所示。

【例 2-8】 判断图 2-48 所示电路中 R_{f1} 和 R_{f2} 引入反馈的极性。

解: ① R_{f1} 引入反馈的极性

假设输入信号的瞬时极性为正,经 VT$_1$ 放大后,VT$_1$ 集电极输出信号为负;该信号

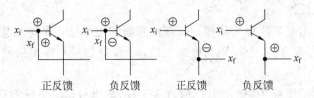

图 2-47 三极管放大电路反馈极性判断

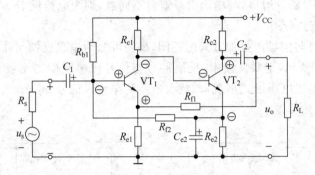

图 2-48 反馈极性判断

送入 VT_2 基极，经 VT_2 放大后，VT_2 集电极输出信号为正；该信号再经 R_{f1} 反送至 VT_1 发射极，VT_1 发射极获得瞬时极性为正的反馈信号。因此，R_{f1} 引入的是负反馈。

② R_{f2} 引入反馈的极性

假设输入信号瞬时极性为正，经 VT_1 放大后，VT_1 集电极输出信号为负，该信号送入 VT_2 基极，经 VT_2 放大后，VT_2 发射极输出信号为负，该信号再经 R_{f2} 反送至 VT_1 基极，VT_1 基极获得瞬时极性为负的反馈信号，因此，R_{f2} 引入的是负反馈。

（3）按采样方式分类

根据反馈网络的入口与放大器输出端连接方式的不同，反馈可分为电压反馈与电流反馈。电压反馈的反馈信号取自放大电路的输出电压，反馈信号与输出电压成正比，如图 2-49（a）所示。电流反馈的反馈信号取自放大电路的输出电流，反馈信号与输出电流成正比，如图 2-49（b）所示。

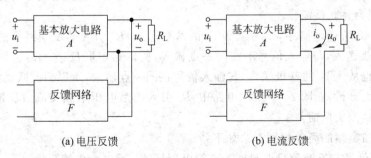

(a) 电压反馈　　　　　　　　　　(b) 电流反馈

图 2-49 反馈信号的采样方式

判断方法是将放大电路的输出端短路，即使 $u_o=0$，若反馈信号随之消失，表示反馈信号与输出电压成正比，即是电压反馈；若反馈信号依然存在，表示反馈信号与输出电流成正比,即是电流反馈。

实际判断中,用直观法更为简便。直观法判断的规律是:看放大电路的输出端,若反馈信号与输出信号取自同一点,则为电压反馈;若反馈信号与输出信号取自不同点,则为电流反馈。

在图 2-48 所示电路中,输出电压取自 VT_2 的集电极,R_{f1} 引导的反馈网络的反馈信号也取自 VT_2 的集电极,与输出信号取自同一点,则为电压反馈;R_{f2} 引导的反馈网络的反馈信号取自 VT_2 的发射极,与输出信号取自不同点,则为电流反馈。

（4）按叠加方式分类

根据反馈信号与信号源叠加方式的不同,反馈可分为串联反馈与并联反馈。

如图 2-50(a)所示,串联反馈中,反馈信号与信号源串联后加至放大电路的输入端。反馈信号在输入端以电压形式出现,即放大电路的净输入信号 $u_{id} = u_i \pm u_f$,式中"+"表示正反馈,"-"表示负反馈。

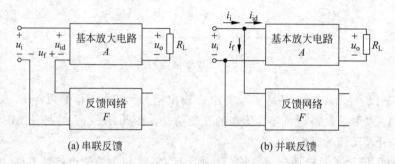

(a) 串联反馈   (b) 并联反馈

图 2-50　反馈信号的叠加方式

如图 2-50(b)所示,并联反馈中,反馈信号与信号源并联后加至放大电路的输入端。反馈信号在输入端以电流形式出现,即放大电路的净输入信号 $i_{id} = i_i \pm i_f$。

判别方法是将放大电路的输入端对地短路,若反馈信号仍能加到放大电路的净输入端,则为串联反馈;反之,为并联反馈。

同样,在实际判断中,用直观法更为简便。直观法判断的规律是:看放大电路的输入端,若反馈信号与输入信号不在同一点输入,则为串联反馈;若反馈信号与输入信号在同一点输入,则为并联反馈。

在图 2-48 所示电路中,信号从 VT_1 的基极送入,R_{f1} 引导的反馈网络的反馈信号从 VT_1 的发射极送入,与输入信号不在同一点输入,所以为串联反馈;R_{f2} 引导的反馈网络的反馈信号也从 VT_1 的基极送入,与输入信号在同一点输入,所以为并联反馈。

综合以上分析,在图 2-48 所示电路中,R_{f1} 引入的是电压串联交流负反馈,R_{f2} 引入的是电流并联直流负反馈。

总结反馈类型的简单判别方法如下:

① 输出信号与反馈信号取自同一点为电压反馈;反之为电流反馈。

② 输入信号与反馈信号同一点输入为并联反馈;反之为串联反馈。

③ 瞬时极性法判断正、负反馈。

④ 判断交、直流反馈时,串电容——交流反馈;并电容——直流反馈;无电容——

交、直流反馈。

2.2.3 负反馈对放大器性能的影响

1. 负反馈对放大器性能的影响

（1）提高增益的稳定性

用放大倍数相对变化量的大小来表示放大倍数稳定性的优劣，相对变化量越小，稳定性越好。在式 $A_f = \dfrac{A}{1+AF}$ 中，对 A 求导得：

$$\frac{dA_f}{dA} = \frac{1}{(1+AF)^2}$$

即

$$dA_f = \frac{dA}{(1+AF)^2}$$

则闭环放大倍数的相对变化量为：

$$\frac{dA_f}{A_f} = \frac{1}{1+AF} \cdot \frac{dA}{A} \tag{2-68}$$

式（2-68）表明：引入负反馈后，放大电路的闭环放大倍数的相对变化量 dA_f/A_f 是未引入负反馈时的相对变化量 dA/A 的 $1/(1+AF)$，即电路引入负反馈以后，虽然放大倍数下降了 $1/(1+AF)$，但是其稳定性比开环时提高了 $1+AF$ 倍；而且负反馈越深，$1+AF$ 越大，闭环放大倍数越稳定。

当反馈深度 $(1+AF) \gg 1$ 时称为深度负反馈。此时，$A_f \approx \dfrac{1}{F}$。

【例 2-9】 某一放大电路的放大倍数 $A=1000$，当引入负反馈后，放大倍数稳定性提高到原来的 100 倍，求：①反馈系数；②闭环放大倍数；③A 变化 $\pm 10\%$ 时的闭环放大倍数及其相对变化量。

解：① 由题意可得 $1+AF=100$，则

$$F = \frac{100-1}{A} = \frac{99}{1000} = 0.099$$

② 闭环放大倍数为：

$$A_f = \frac{A}{1+AF} = \frac{1000}{100} = 10$$

③ A 变化 $\pm 10\%$ 时：

$$\frac{dA_f}{A_f} = \frac{1}{100} \times \frac{dA}{A} = \frac{1}{100} \times (\pm 10\%) = \pm 0.1\%$$

$$A_f' = A_f \left(1 + \frac{dA_f}{A_f}\right) = 10 \times (1 \pm 0.1\%)$$

（2）减小非线性失真

当放大电路的输入端加上正弦交流信号时，对于理想的放大电路来说，输出波形应与输入波形一致。但是由于三极管的放大倍数在整个工作区并不是一个恒定值，因此有可能使输出信号的波形的正、负半周幅度不一致，即产生非线性失真。

如图 2-51(a)所示,无反馈放大器的输入信号是正弦波形,由于放大电路中元件的非线性特性,假设放大电路对正半周信号的放大能力高于负半周,因而导致输出信号产生了非线性失真。

当电路中引入负反馈后,如图 2-51(b)所示,反馈网络一般由线性元件构成,所以反馈信号正比于输出信号,即反馈信号 u_f 的波形与输出信号 u_o 的波形相似,也是正半周幅度大,负半周幅度小。因为引入的是负反馈,所以 $u_{id} = u_i - u_f$,使净输入电压 u_{id} 带有相反的失真,即正半周幅度小,负半周幅度大。这种带有预失真的净输入电压 u_{id} 经过该放大器放大后,正好弥补了放大电路的缺陷,使原来的非线性失真得到一定程度的矫正。应当注意的是,如果信号源本身就有失真,引入负反馈是无法改善的。

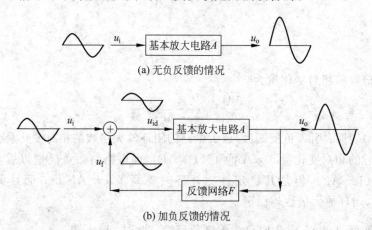

(a) 无负反馈的情况

(b) 加负反馈的情况

图 2-51　负反馈对非线性失真的改善

(3) 展宽通频带

放大电路引入负反馈后使放大倍数下降,由式(2-66)可以看出,负反馈放大电路放大倍数的下降程度与开环放大倍数 A 有关。在阻容耦合放大电路中,中频段放大倍数较大,引入负反馈后,闭环放大倍数下降较多;而低频段和高频段放大倍数较小,引入负反馈后,闭环放大倍数也下降得较少。这样,低、中、高三个频段上的放大倍数就会比较均匀,频率响应特性曲线变得平坦,因此负反馈放大电路的下限频率和上限频率会向更低或更高的频率扩展,如图 2-52 所示。

(4) 改变放大电路的输入和输出电阻

① 对输入电阻的影响。负反馈对输入电阻的影响取决于反馈信号在输入端的连接方式,即叠加方式。

对于串联负反馈,如图 2-53(a)所示,根据输入电阻的定义,未引入负反馈时 $R_i = \dfrac{u_{id}}{i_i}$,引入负反馈后 $R_{if} = \dfrac{u_i}{i_i}$,因为引入的是负反馈,所以

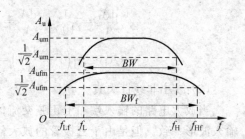

图 2-52　负反馈展宽放大电路的通频带

$u_{id} = u_i - u_f$，即 $u_{id} < u_i$，因此 $R_{if} > R_i$。引入串联负反馈使输入电阻增大了，负反馈越深，R_{if} 增大越多。

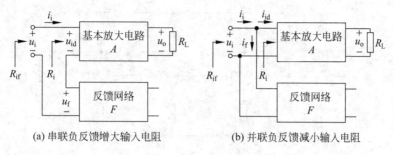

(a) 串联负反馈增大输入电阻   (b) 并联负反馈减小输入电阻

图 2-53 叠加方式影响输入电阻

对于并联负反馈，如图 2-53(b) 所示，未引入负反馈时 $R_i = \dfrac{u_i}{i_{id}}$，引入负反馈后 $R_{if} = \dfrac{u_i}{i_i}$，因为引入的是负反馈，所以 $i_{id} = i_i - i_f$，即 $i_{id} < i_i$，因此 $R_{if} < R_i$。引入并联负反馈使输入电阻减小了，负反馈越深，R_{if} 减小越多。

② 对输出电阻的影响。负反馈对输出电阻的影响取决于反馈信号在输出端的连接方式，即采样方式。

对于电压负反馈，反馈信号采样自输出电压，因而能稳定输出电压，即输入信号一定时，负载变化对输出电压的影响很小，这意味着电压负反馈放大电路的输出电阻减小了，电路的输出端趋于一个恒压源；且电压负反馈越深，放大电路的输出电阻减小越多，电路带负载能力越强。

对于电流负反馈，反馈信号采样自输出电流，因而能稳定输出电流，即输入信号一定时，负载变化对输出电流的影响很小，这意味着电流负反馈放大电路的输出电阻增大了，电路的输出端趋于一个恒流源；且电流负反馈越深，放大电路的输出电阻增大越多。

关于负反馈对输出电阻的影响的定量分析可参考有关文献，这里不再赘述。

2. 放大电路引入负反馈的一般原则

引入负反馈可以改善放大电路多方面的性能，而且反馈类型不同，所产生的影响也不相同。根据不同形式的负反馈对放大电路的影响，引入时的一般原则有以下几点。

(1) 要稳定放大电路的某个量，就采用某个量的负反馈方式。要想稳定直流量（即稳定静态工作点），就应引入直流负反馈；要想稳定交流量，就应引入交流负反馈；要想稳定输出电压，就应引入电压负反馈；要想稳定输出电流，就应引入电流负反馈。

(2) 根据对输入、输出电阻的要求来选择反馈类型。若要求减小输入电阻，应引入并联负反馈；要求提高输入电阻，应引入串联负反馈。若要求高内阻输出，应采用电流负反馈；要求低内阻输出，应采用电压负反馈。

(3) 根据信号源及负载来确定反馈类型。输入信号源为恒流源时，应采用并联负反馈；信号源为恒压源时，应采用串联负反馈。当要求放大电路带负载能力强时，应采用电压负反馈；要求放大电路恒流输出时，应采用电流负反馈。

【**例 2-10**】 在图 2-54 所示电路中,要达到以下要求,应采用什么反馈形式? 如何连接反馈元件?

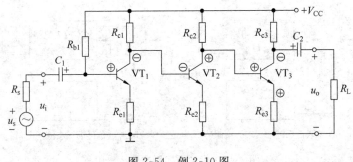

图 2-54 例 2-10 图

①提高输入电阻;②提高输出电阻;③提高带负载能力;④稳定输出电流。

解:根据题意,要达到上述要求,必须引入交流负反馈,所以首先假定输入信号瞬时极性为正。根据电路的放大原理标示出各级电路输出信号的瞬时极性如图 2-54 所示。

① 要提高输入电阻,必须引入串联负反馈,也就是说,反馈电阻在输入端应接在 VT_1 的发射极。为了使引入的是负反馈,送到 VT_1 的发射极的反馈信号瞬时极性应为正,所以应该从 VT_3 的发射极引出反馈信号,即反馈电阻应接在 VT_1 的发射极和 VT_3 的发射极之间。

② 要提高输出电阻,必须引入电流负反馈,也就是说,反馈信号应在输出端从 VT_3 的发射极引出。为了使引入的是负反馈,该反馈信号只能接到 VT_1 的发射极,即反馈电阻应接在 VT_1 的发射极和 VT_3 的发射极之间。

③ 要提高带负载能力,必须引入电压负反馈,也就是说,反馈信号应在输出端从 VT_3 的集电极引出。为了使引入的是负反馈,该反馈信号只能接到 VT_1 的基极,即反馈电阻应接在 VT_1 的基极和 VT_3 的集电极之间。

④ 要稳定输出电流,必须引入电流负反馈,分析同②。

实训　负反馈放大器的测试

一、实训目的

1. 掌握多级放大器频率特性的测量方法;

2. 了解负反馈对放大器频率特性的影响;

3. 掌握多级负反馈放大电路频率特性的测量方法。

二、实训器材

直流稳压电源、万用表、信号发生器、示波器、实验线路板

三、实训步骤

实验电路如图 2-55 所示。

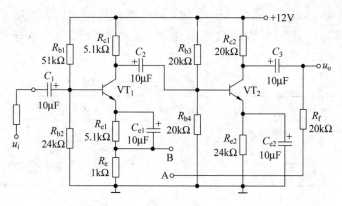

图 2-55　负反馈放大器的实验电路

1. 各级静态工作点的测量

用万用表测量两三极管各管脚的电位,测得的数据填入表 2-3 中。

表 2-3　静态工作点

V_{C1}	V_{B1}	V_{E1}	V_{C2}	V_{B2}	V_{E2}

2. 两级交流放大器频率特性的测量

(1) 断开 A、B 点,使放大器不构成负反馈。

(2) 调节信号发生器,使放大器输入信号峰-峰值 $u_{ip\text{-}p}=5\text{mV}$,$f=1\text{kHz}$,然后用示波器测出输出信号峰-峰值 $u_{op\text{-}p}$,并计算 A_u 填入表 2-4。

表 2-4　输入、输出信号的峰-峰值

输入信号 $u_{ip\text{-}p}$	输出信号 $u_{op\text{-}p}$	放大倍数 A_u

(3) 保持输入信号幅值不变,调节信号发生器,使 u_i 频率上升(然后下降)分别使示波器上波形的幅度减小到原来的 70%,记录下此时的信号频率,即为 f_H(频率上升时)和 f_L(频率下降时);并计算通频带 $BW=f_H-f_L$。填入表 2-5。

若不采用示波器,也可改用毫伏表测量输出信号。

表 2-5　通频带测量

输入电压	信号频率 f	输出电压 $u_{op\text{-}p}$/V	放大倍数 A_u	通频带 BW
$u_{ip\text{-}p}=5\text{mV}$	$f=1\text{kHz}$			
	$f_H=$			
	$f_L=$			

3. 两级负反馈放大器频率特性测量

(1) 连接实验板中 A、B 两点,将电路接成负反馈放大器;

（2）按前述方法，输入 $u_{ip\text{-}p}=20\text{mV}$，$f=1\text{kHz}$ 的信号，测出 $u_{ofp\text{-}p}$，并计算 A_{uf}；

（3）用与前述同样的方法测出上限频率 f_{Hf} 和下限频率 f_{Lf}，并计算 BW_f，填入表 2-6 中。

表 2-6　加入负反馈后的通频带测量

输入电压	信号频率 f	输出电压 $u_{ofp\text{-}p}$	放大倍数 A_{uf}	通频带 BW_f
$u_{ip\text{-}p}=20\text{mV}$	$f=1\text{kHz}$			
	$f_{Hf}=$			
	$f_{Lf}=$			

4. 实验结果分析：

（1）在同一坐标中描绘出引入反馈前、后放大器的幅频特性曲线示意图，如图 2-56 所示。

（2）通过对上述两条幅频特性曲线的比较可以得出什么结论？

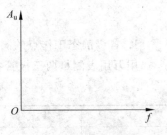

图 2-56　幅频特性曲线

四、实训操作

可以通过扫右侧二维码观看本实验的操作步骤。

思考与练习

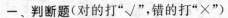

负反馈放大器的测试

一、判断题（对的打"√"，错的打"×"）

（　　）1. 多级放大器的通频带比组成它的各级放大器的通频带窄，级数越少，通频带越窄。

（　　）2. 两级阻容耦合放大电路总的电压放大倍数等于两个单级放大电路单独使用时的电压放大倍数的乘积。

（　　）3. 负反馈放大器是靠牺牲放大倍数来换取各种性能改善的。

（　　）4. 在深度负反馈电路中，放大器的闭环放大倍数只取决于反馈系数。

（　　）5. 电压串联负反馈可以稳定输出电压，但加重信号源的负担。

（　　）6. 直流反馈是指存在于直接耦合放大电路中的反馈。

（　　）7. 所有放大电路都必须加反馈，否则无法正常工作。

（　　）8. 负反馈能彻底消除放大电路中的非线性失真。

二、选择题

1. 在阻容耦合多级放大器中，在输入信号一定的情况下，要提高级间耦合效率，必须（　　）。

　　A. 降低输入信号频率　　B. 加大耦合电容容量　　C. 减小电源电压

2. 以下几种级间耦合方式中，可以用来放大直流信号的是（　　）。

　　A. 阻容耦合　　　　　　B. 变压器耦合　　　　　C. 直接耦合

3. 某三级放大器中,各级电压增益分别为 -3dB、20dB 和 30dB,则总的电压增益为（ ）。

    A. 47dB   B. -180dB C. 53dB

4. 放大器引入负反馈后,电压放大倍数和非线性失真的情况是（ ）。

    A. 放大倍数下降,信号失真减小

    B. 放大倍数增大,信号失真减小

    C. 放大倍数下降,信号失真不变

5. 负反馈电路可以抑制（ ）的干扰和噪声。

    A. 反馈回路内   B. 反馈回路外   C. 与输入信号混在一起

6. 某放大电路要求输入电阻大和输出电阻小,则引入负反馈的类型是（ ）。

    A. 电压并联   B. 电流串联   C. 电压串联

7. 射极输出器中,R_e 的反馈类型是（ ）。

    A. 电流串联负反馈   B. 电压串联负反馈   C. 电压并联负反馈

8. 某放大电路要求获得稳定的输出电压,则引入的负反馈类型是（ ）。

    A. 电流串联   B. 电压串联   C. 电流并联

三、填空题

1. 多级放大器常用的耦合方式有_____、_____和_____三种形式。其中,_____和_____可使各级静态工作点相互独立;能放大直流信号的是_____耦合;能实现阻抗变换的是_____耦合。

2. 某多级放大器各级的电压增益为 A_1：20dB,A_2：35dB,A_3：45dB;放大器总的增益为_____,总的放大倍数为_____。

3. 在多级放大器里,前级是后级的_____,后级是前级的_____。只有当负载和信号源的内阻_____时,负载获得的功率最大,这种现象称为_____。

4. 反馈是将放大器的_____的一部分或全部反送到_____的过程。

5. 为了使输入电阻增大并保证输出电压稳定,放大器应采用的反馈类型是_____。

6. 已知某放大电路在输入信号电压为 1mV 时,输出电压为 1V;当加上负反馈后达到同样的输出电压时,需加输入的信号为 10mV。由此可知,所加的反馈深度为_____dB,反馈系数为_____。

7. 直流负反馈的作用是_____,交流负反馈的作用是_____。

8. 对输出端的反馈采样信号而言,反馈信号与输出电压成正比的是_____反馈,反馈信号与输出电流成正比的是_____反馈。

四、分析与计算题

1. 在题图 2-10 所示两级放大电路中,已知 $R_{b1}=300\text{k}\Omega$,$R_c=2\text{k}\Omega$,$R_{b2}=200\text{k}\Omega$,$R_e=2\text{k}\Omega$,$R_L=2\text{k}\Omega$,$\beta_1=\beta_2=60$,$V_{CC}=15\text{V}$。求：

（1）VT_1 和 VT_2 的静态工作点。

（2）输入电阻和输出电阻。

（3）电压放大倍数。

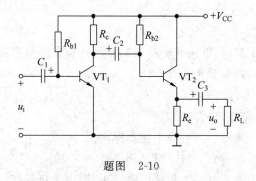

题图 2-10

2. 判断题图 2-11 所示各电路中的 R_f 分别引入什么反馈。

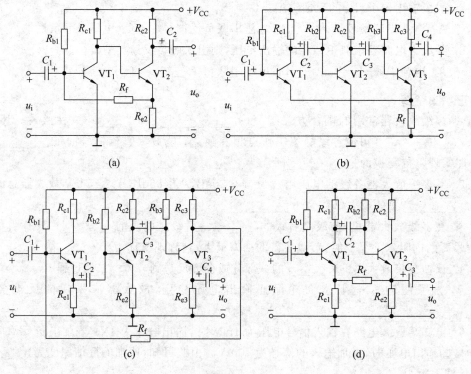

题图 2-11

3. 有一个负反馈放大器，其开环放大倍数 $A=100$，反馈系数 $F=0.1$。求它的反馈深度和闭环放大倍数。

4. 有一个负反馈放大器，$A=10^3$，$F=0.099$。已知输入信号 $U_i=0.1\text{V}$，求其净输入电压 U_{id}、反馈电压 U_f 和输出电压 U_o。

5. 有一个放大器，无反馈时的电压放大倍数 $A_u=100$；更换三极管后，使 A_u 的变化达 10%。现采用负反馈，要求把放大倍数的变化限制在 1% 以内，这个负反馈放大器的反馈系数应为多少？

6. 在放大电路中,如果要达到下列要求,应分别引入什么样的反馈?①稳定静态工作点;②提高输入电阻;③减小输入电阻;④提高输出电阻;⑤减小输出电阻;⑥稳定输出电压;⑦稳定输出电流;⑧稳定放大倍数。

7. 为什么串联负反馈只有在信号源内阻较小时才能充分发挥作用?并联负反馈只有在信号源内阻较大时才能充分发挥作用?

2.3　功率放大器

【学习目标】

(1) 理解功率放大电路的特点、一般要求以及功率放大器的分类。

(2) 掌握乙类 OCL 功放电路的组成、工作原理,以及交越失真及其消除办法。

(3) 熟练掌握乙类 OCL 功放电路的输出功率和效率的计算。

(4) 掌握 OTL 功放电路的工作原理及计算。

(5) 了解复合管及集成功放的使用方法。

2.3.1　功率放大器的基本知识

1. 功率放大器概念

在电子设备中,放大器输出级的任务是推动负载工作。

在半导体收音机中,在电视机的伴音通道中,最后一级要提供足够的功率去推动扬声器,使扬声器发出足够音量的声音。在自动控制系统中,最后一级要输出足够的功率使电动机旋转或其他受控的机械动作。在无线电通信发射机中,最后一级要输出足够的功率到天线,经过天线转换为电磁波发射出去。这种以输出足够大功率为目的的放大电路称为功率放大电路,简称功放。

如前所述,放大电路实质上都是能量转换电路。从能量控制的观点来看,功率放大器与电压放大器没有本质的区别,但是功率放大器与电压放大器所要完成的任务是不同的。电压放大电路的主要任务是把微弱的信号电压进行放大,而输出的功率并不一定很大,它讨论的主要指标是电压放大倍数、输入电阻和输出电阻。功率放大器则不同,它的主要任务是不失真地放大信号功率,通常是在大信号状态下工作,讨论的主要指标是最大输出功率、电源效率和功放管损耗等。

功率放大电路的要求如下:

(1) 输出功率尽可能大。为了获得大的输出功率,要求输出电压和输出电流均有较大的幅度,即功放管中的信号在接近截止区和饱和区之间摆动,因此三极管处于极限状态下工作。

(2) 效率要高。由于功率放大器的输出功率大,因此直流电源消耗的功率也大,这就存在一个效率问题。所谓效率,就是负载得到的有用信号功率和直流电源提供的直流功率的比值。这个比值越大,说明效率越高。提高效率不但可以降低直流电源的功率消耗,同时能降低功放管的管耗。

(3) 非线性失真要小。功率放大器在大信号下工作,所以不可避免地会产生非线性失真,因此要尽可能减小功放电路的非线性失真,使之不超过允许的数值。

(4) 要充分考虑功放管的散热问题。在功率放大器中,有相当大的功率消耗在功放管的集电结上,使结温升高,导致管子性能恶化,甚至烧毁,因此管子的散热和防止击穿等问题应特别注意。

由于功放管处于大信号工作状态,三极管不能近似等效为线性元件,所以小信号放大器的微变等效电路分析法在此不再适用,通常采用图解法进行分析。

2. 功率放大器的分类

(1) 按功放管的静态工作点所处的位置分类

根据三极管静态工作点 Q 在交流负载线上的不同位置,功率放大器可分为甲类、乙类和甲乙类三种。

① 甲类功率放大电路。甲类功率放大电路的三极管的静态工作点 Q 设置在交流负载线的中点附近,如图 2-57 所示。

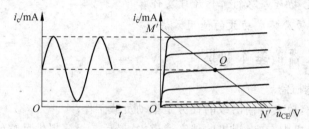

图 2-57   甲类功率放大电路工作示意图

在工作过程中,功放管始终处于导通状态,此时集电极电流的波形与输入信号电压的波形相同。

以前讨论的各种小信号放大器都属于甲类放大,为的是避免产生非线性失真。而在功率放大电路中,由于静态电流大,所以电路的效率较低,理论上最高为 50%。

② 乙类功率放大电路。乙类功率放大电路的三极管的静态工作点 Q 位于负载线与 u_{CE} 轴的交点处,如图 2-58 所示。

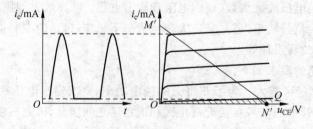

图 2-58   乙类功率放大电路工作示意图

在工作过程中,功放管仅在输入信号的正半周导通。当输入信号 u_i 是正弦波时,输出的集电极电流 i_c 的波形只有半波输出。

由于乙类功率放大电路功放管的静态电流 $I_{CQ}=0$,所以静态功耗 $P_{CQ}=0$,大大提高了功放电路的效率,最高可达 78.5%。在乙类功率放大电路中,采用两只三极管组合起来轮流工作,各工作于信号的半个周期,则可以放大输出完整的全波信号。

③ 甲乙类功率放大电路。甲乙类功率放大电路的三极管的静态工作点 Q 介于甲类和乙类之间,并靠近截止区,如图 2-59 所示。此类功率放大电路的工作过程类似于乙类功率放大电路。

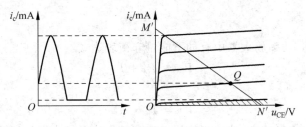

图 2-59　甲乙类功率放大电路工作示意图

静态时,甲乙类功率放大电路的功放管处于微导通状态,目的是克服在乙类功率放大电路中存在的交越失真。

(2) 按功率放大电路输出信号的耦合方式分类

① 输出变压器耦合。在这种方式下,功率放大电路的输出端采用变压器耦合的方式将信号送至负载。通过变压器耦合可起到阻抗匹配的作用,使负载获得最大功率,但是由于变压器体积大、笨重、频率特性差,且不利于集成化,这种耦合方式的功率放大电路已逐渐被淘汰。

② 无输出变压器。在这种方式下,功率放大电路的输出端不采用变压器耦合,而是采用耦合电容将信号送至负载。因为输出端没有变压器(Output Transformer Less),所以简称为 OTL 功放。

③ 无输出电容器。在这种方式下,功率放大电路的输出端既不采用变压器耦合,也不采用电容器耦合,而是采用直接耦合将信号送至负载。因为输出端没有电容(Output Capacitor Less),所以简称为 OCL 功放。

3. 功率放大器的性能指标

在电压放大器中讨论的主要指标是 A_u(电压放大倍数)、R_i(输入电阻)和 R_o(输出电阻)等。而功率放大器讨论的主要指标是 P_o(输出功率)、η(效率)和 P_c(三极管管耗)。下面详细介绍这几个性能指标。

(1) 输出功率 P_o

功率放大器的输出功率 P_o 为输出电压的有效值 U_o 与输出电流有效值 I_o 的乘积,即

$$P_o = U_o \cdot I_o = \frac{U_{om}}{\sqrt{2}} \cdot \frac{I_{om}}{\sqrt{2}} \tag{2-69}$$

式中,U_{om} 为输出电压的峰值;I_{om} 为输出电流的峰值。

(2) 效率 η

功率放大器实质上是一个能量转化器。在输入信号的作用下,直流电源所提供的功率 P_G 中,一部分转换为输出功率 P_o 作用于负载;另一部分是功放电路的耗散功率,主要是功放管的耗散功率 P_c。前面已经提到,功率放大器的效率定义为输出功率与电源提供

功率的比值,即

$$\eta = \frac{P_o}{P_G} \times 100\%$$

(2-70)

不同的功率放大器有不同的效率。应尽可能提高功率放大器的效率,以提高电源的利用率。

(3)管耗 P_C

根据上述描述,功率放大器中有如下能量守衡表达式:

$$P_G = P_o + P_C$$

即

$$P_C = P_G - P_o$$

(2-71)

为了获得大的输出功率,功放管往往工作在极限状态。为了保证功放管安全工作,在选择功放管时要特别注意管子的集电极最大允许耗散功率 P_{CM},即应满足 $P_C < P_{CM}$。

2.3.2 双电源互补对称功率放大器

1. 电路基本结构

图 2-60(a)所示电路是双电源互补对称功率放大电路,两只功放管的导电类型相异,VT_1 为 NPN 型,VT_2 为 PNP 型,但是特性参数一致,称为互补对管。两管的集电极分别接大小相等、极性相反的正、负电源。由于这种互补对称电路的输出端采用直接耦合,因此为无输出电容的功放电路,即 OCL 电路。

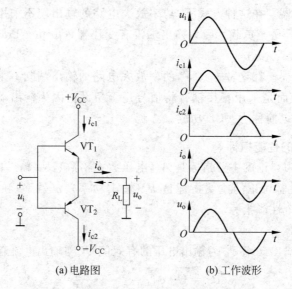

(a)电路图   (b)工作波形

图 2-60 双电源互补对称功放电路及其工作波形

2. 工作原理

未加输入信号时,由于两管均无偏置,即 $I_{BQ1} = I_{BQ2} = 0$,也就是说,该电路的工作点位于截止区,故属于乙类功放电路。因为无输入信号时,两个功放管都处于截止状态,所以电路中无功率损耗。

加入输入信号时,在 u_i 的正半周,输入端上正下负,两管的基极电位升高,VT_1 管发射结正偏导通,而 VT_2 发射结反偏截止。VT_1 的集电极电流 i_{c1} 由正电源+V_{CC} 经 VT_1 流至负载 R_L,R_L 上得到被放大的正半周信号电流,如图 2-60(a)中实线所示。在 u_i 的负半周,输入端上负下正,两管的基极电位下降,VT_2 管发射结正偏导通,而 VT_1 发射结反偏截止。VT_2 的集电极电流 i_{c2} 由负电源-V_{CC} 经接地端流至负载 R_L,再流回 VT_2 的发射极,R_L 上得到被放大的负半周信号电流,如图 2-60(a)中虚线所示。可见,输入信号变化一周,VT_1 和 VT_2 轮流导通,分别放大信号的正、负半周,使负载获得一个周期的完整信号。两个功放管这样交替工作,一个"推",一个"挽",互相补充,所以这个电路称为乙类互补推挽 OCL 功放,其具体的工作波形如图 2-60(b)所示。

3. 参数计算

如前所述,在功率放大电路中,功放管处于大信号工作状态,小信号放大器的微变等效电路法不再适用,只能采用图解法进行分析。

由于双电源互补对称功率放大电路中的两只功放管为互补对管,特性参数一致,为了分析问题的方便,只分析信号的半个周期,即功放管 VT_1 的工作情况。VT_2 的工作情况与 VT_1 类似,只是输出极性不同。

因为静态时 VT_1 处于截止状态,即 $I_{BQ1}=0$,所以 $I_{CQ1}=0$,$U_{CEQ1}=V_{CC}$。由此可以在三极管的输出特性曲线上画出静态工作点 Q,如图 2-61 所示。因为该电路的交流负载电阻为 R_L,所以交流负载线的斜率为 $1/R_L$,因此交流负载线为过 Q 点并与 i_c 轴相交于 V_{CC}/R_L 的直线,如图 2-61 所示。

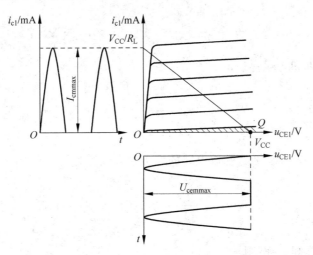

图 2-61　双电源互补对称功率放大电路的图解分析

（1）输出功率

从图 2-61 可知,在 OCL 电路中,在不失真的条件下,负载 R_L 上输出电压峰值的最大值为:

$$U_{ommax} = U_{cemmax} = V_{CC} \tag{2-72}$$

负载电流峰值的最大值为:

$$I_{ommax} = I_{cmmax} = \frac{V_{CC}}{R_L}$$

根据式(2-69),负载可能获得的最大不失真输出功率为:

$$P_{omax} = \frac{U_{ommax}}{\sqrt{2}} \cdot \frac{I_{ommax}}{\sqrt{2}} = \frac{V_{CC}^2}{2R_L} \tag{2-73}$$

若考虑三极管的饱和压降,则

$$U_{ommax} = U_{cemmax} = V_{CC} - U_{CES}$$

$$I_{ommax} = I_{cmmax} = \frac{V_{CC} - U_{CES}}{R_L}$$

$$P_{omax} = \frac{U_{ommax}}{\sqrt{2}} \cdot \frac{I_{ommax}}{\sqrt{2}} = \frac{(V_{CC} - U_{CES})^2}{2R_L} \tag{2-74}$$

(2) 电源功率

电源功率与输入信号的大小有关。当输入信号为 0 时,由于电路没有直流偏置,因此电源提供的功率也为 0。当有输入信号时,电源提供的功率随输入(输出)信号的大小变化而变化。在获得最大不失真功率时,电源提供的功率也达到最大值。

由于正电源 V_{CC} 供给 VT_1 的集电极电流只有半个正弦波,所以集电极平均电流 $I_{c(av)} = \frac{I_{cm}}{\pi}$,正电源 V_{CC} 供给的电源功率为 $P_{G1} = V_{CC} I_{c(av)}$。同样,负电源 $-V_{CC}$ 供给的电源功率为 $P_{G2} = P_{G1} = V_{CC} I_{c(av)}$。

因此,电源功率的最大值为:

$$P_{Gmax} = 2V_{CC} I_{c(av)max} = 2V_{CC} \frac{I_{cmmax}}{\pi} = 2V_{CC} \frac{\frac{V_{CC}}{R_L}}{\pi} = \frac{2V_{CC}^2}{\pi R_L} \tag{2-75}$$

若考虑三极管的饱和压降,则

$$P_{Gmax} = 2V_{CC} \frac{I_{cmmax}}{\pi} = 2V_{CC} \frac{\frac{V_{CC} - U_{CES}}{R_L}}{\pi} = \frac{2V_{CC}(V_{CC} - U_{CES})}{\pi R_L} \tag{2-76}$$

(3) 效率

根据式(2-70),乙类 OCL 功放电路的理想最大效率为:

$$\eta_{max} = \frac{P_{omax}}{P_{Gmax}} \times 100\% = \frac{\frac{V_{CC}^2}{2R_L}}{\frac{2V_{CC}^2}{\pi R_L}} \times 100\% = \frac{\pi}{4} \times 100\% \approx 78.5\% \tag{2-77}$$

若考虑三极管的饱和压降,则

$$\eta_{max} = \frac{\frac{(V_{CC} - U_{CES})^2}{2R_L}}{\frac{2V_{CC}(V_{CC} - U_{CES})}{\pi R_L}} \times 100\% = \frac{\pi}{4} \times \frac{V_{CC} - U_{CES}}{V_{CC}} \times 100\% \tag{2-78}$$

(4) 管耗

根据式(2-71),当输入信号为 0 时,输出功率为 0,电源提供功率为 0,所以管耗也为 0。有输入信号时,$P_C = P_G - P_o$,输出功率、电源提供的功率随输入信号的增大而增大,而管耗随输入信号的增大呈现先增大后减小的变化。

乙类 OCL 功放电路中的单个三极管的最大管耗为：

$$P_{\text{c1max}} \approx 0.2 P_{\text{omax}} \tag{2-79}$$

（5）功放管的选择

功放管的极限参数有 P_{CM}、I_{CM} 和 $U_{\text{(BR)CEO}}$，选择时应满足下列条件。

① 功放管的集电极最大允许功耗

$$P_{\text{CM}} \geq P_{\text{c1max}} \approx 0.2 P_{\text{omax}} \tag{2-80}$$

② 功放管的集电极最大允许电流

$$I_{\text{CM}} \geq \frac{V_{\text{CC}}}{R_{\text{L}}} \tag{2-81}$$

③ 功放管的最大耐压

$$U_{\text{(BR)CEO}} \geq 2V_{\text{CC}} \tag{2-82}$$

【例 2-11】 在图 2-60（a）所示的乙类推挽 OCL 电路中，已知 $V_{\text{CC}} = 12\text{V}$，负载 $R_{\text{L}} = 8\Omega$，忽略功放管的饱和压降。求此电路的最大不失真输出功率，以及此时的电源功率、电路的效率和管耗。

解：根据式（2-73），最大不失真输出功率为：

$$P_{\text{omax}} = \frac{V_{\text{CC}}^2}{2R_{\text{L}}} = \frac{12^2}{2 \times 8} = 9(\text{W})$$

由式（2-75）获得最大不失真输出功率时的电源功率为：

$$P_{\text{Gmax}} = \frac{2V_{\text{CC}}^2}{\pi R_{\text{L}}} = \frac{2 \times 12^2}{\pi \times 8} = 11.46(\text{W})$$

根据式（2-77），电路的效率为：

$$\eta_{\text{max}} = \frac{P_{\text{omax}}}{P_{\text{Gmax}}} \times 100\% = \frac{9}{11.46} \times 100\% \approx 78.5\%$$

根据式（2-71），管耗为：

$$P_{\text{C}} = P_{\text{Gmax}} - P_{\text{omax}} = 11.46 - 9 = 2.46(\text{W})$$

注意：本题中的管耗计算不能采用式（2-79），因为在获得最大不失真输出功率时的管耗不是管耗的最大值。

4. 交越失真

从图 2-60（b）可以看出，乙类 OCL 功放电路的输出波形存在失真，这种失真出现在正、负半周波形交替的时候，称为交越失真。

交越失真产生的原因是由于 VT$_1$ 和 VT$_2$ 管的输入特性存在死区，输入信号电压正向值必须大于 VT$_1$ 的发射结门槛电压时，VT$_1$ 管才能导通；负向值必须大于 VT$_2$ 管的发射结门槛电压时，VT$_2$ 管才能导通。硅管的门槛电压约为 0.5V，锗管约为 0.2V。因此，在输入信号低于发射结门槛电压期间，VT$_1$ 和 VT$_2$ 都截止，输出信号为 0，出现了两管交替工作衔接不好的现象，得到如图 2-60（b）所示的交越失真波形。

如何消除交越失真，获得不失真的输出波形呢？必须在电路结构上加以调整。

5. 甲乙类 OCL 功放电路

为了克服乙类功放存在的交越失真，通常在电路中加入偏置电路，使两只功放管在静态时处于微导通状态,如图 2-62 所示。在该电路中,VT_1 组成前级电压放大电路;R_c、VD_1 和 VD_2 为其集电极负载;VD_1 和 VD_2 在静态时正偏导通,为 VT_2 和 VT_3 提供偏置电压,使 VT_2 和 VT_3 处于微导通状态,即处于甲乙类工作状态。此外,VD_1 和 VD_2 还有温度补偿作用,使 VT_2 和 VT_3 的静态电流基本不随温度的变化而变化。

输入交流信号时,由于二极管的动态电阻很小,可以忽略不计,其工作原理与乙类 OCL 功放类似,输出功率、效率和管耗等参数的计算也与乙类 OCL 功放近似。

值得注意的是,甲乙类功放静态工作点的设置应尽可能接近乙类,否则静态电流过大会导致电路效率降低。

【例 2-12】 甲乙类互补对称功放电路如图 2-62 所示。其中,$V_{CC}=12V$,$R_L=35\Omega$,两个功放管的 $U_{CES}=2V$。试求:

(1) 最大不失真输出功率;

(2) 电源供给的最大功率;

(3) 最大输出功率时的效率;

(4) 若电路中 VD_1 或 VD_2 开路,可能出现什么问题?

解:(1) 求最大不失真输出功率

$$P_{omax} = \frac{(V_{CC} - U_{CES})^2}{2R_L} = \frac{(12-2)^2}{2 \times 35} = 1.43(\text{W})$$

(2) 求电源供给的最大功率

$$P_{Gmax} = \frac{2V_{CC}(V_{CC} - U_{CES})}{\pi R_L} = \frac{2 \times 12 \times (12-2)}{3.14 \times 35} = 2.2(\text{W})$$

(3) 求最大输出功率时的效率

$$\eta_{max} = \frac{\pi}{4} \times \frac{V_{CC} - U_{CES}}{V_{CC}} \times 100\% = \frac{3.14 \times (12-2)}{4 \times 12} \times 100\% = 65.4\%$$

(4) 若电路中 VD_1 或 VD_2 开路,则电路的直流通路如图 2-63 所示。从 $+V_{CC}$ 经 R_c、VT_2 发射结、VT_3 发射结、VT_1 集电极、VT_1 发射极、R_e 到 $-V_{CC}$ 形成一条电流通路,使 VT_2 和 VT_3 的基极电流大大增加,从而导致 VT_2 和 VT_3 因功耗过大而损坏。

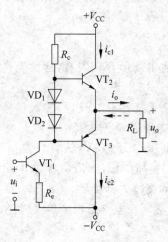

图 2-62 甲乙类 OCL 功放电路

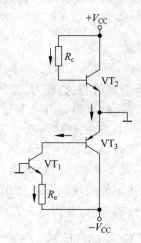

图 2-63 VD_1 或 VD_2 开路时的直流通路

2.3.3 单电源互补对称功率放大器

由于双电源互补对称 OCL 电路静态时的输出端电位为 0,负载可以直接连接,不需要耦合电容,所以该电路具有低频响应好、输出功率大以及便于集成等优点,但需要双电源供电,给使用带来不便。对于可以采用单电源供电的互补对称功率放大电路,只需在两个功放管的发射极与负载之间接入一个大容量的电容器 C 构成 OTL 功放电路。

1. 单电源互补对称功率放大器(OTL 功放电路)的工作原理

甲乙类 OTL 功放电路如图 2-64 所示。图中,R_1 和 R_2 为偏置电阻。适当调节 R_1 和

R_2 的阻值,可以使两管静态时的发射极电位为 $\dfrac{V_{CC}}{2}$,电

容 C 两端的电压也在直流状态下充电至 $\dfrac{V_{CC}}{2}$,即静态时

A 点电位 $V_A = \dfrac{V_{CC}}{2}$,等于电源电压的一半。通常将 A 点

称为中点。这样,两个功放管的集、射极之间如同分别

加上了 $+\dfrac{V_{CC}}{2}$ 和 $-\dfrac{V_{CC}}{2}$ 的电源电压。

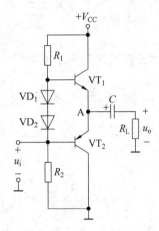

图 2-64 甲乙类 OTL 功放电路

输入信号正半周时,VT_1 导通,VT_2 截止,VT_1 以射极输出器的形式将正半周信号送给负载,同时对电容 C 充电;输入信号负半周时,VT_1 截止,VT_2 导通,电容 C 放电,充当 VT_2 的直流工作电源,使 VT_2 也以射极输出器的形式将负半周信号送给负载。这样,负载就获得了一个完整的输出信号。

应当指出,电容器 C 的容量应选得足够大,使电容器 C 的充放电时间常数远大于信号周期。这样,在 VT_2 导通期间,电容器 C 放电,由于电容器的时间常数比较大,所以在信号变化过程中,电容器两端的电压基本维持不变。同时,对耦合输出信号而言,C 的容量选得大,容抗接近于零,能无衰减地把信号传送给负载。

2. OTL 功放电路的参数计算

在 OCL 功放电路中,每个功放管的工作电压为 V_{CC};在 OTL 功放电路中,每个功放管的工作电压为 $\dfrac{V_{CC}}{2}$,所以在 OTL 功放电路的计算中,只要将 OCL 功放的计算公式中的

V_{CC} 用 $\dfrac{V_{CC}}{2}$ 代替即可。

(1) 最大不失真输出功率 P_{omax}

$$P_{omax} = \frac{\left(\dfrac{V_{CC}}{2}\right)^2}{2R_L} = \frac{V_{CC}^2}{8R_L} \tag{2-83}$$

(2) 电源功率 P_{Gmax}

在获得最大不失真输出功率时,电源提供的功率为:

$$P_{Gmax} = \frac{2\left(\dfrac{V_{CC}}{2}\right)^2}{\pi R_L} = \frac{V_{CC}^2}{2\pi R_L} \tag{2-84}$$

（3）效率

理想情况下的最大效率为：

$$\eta_{max} = \frac{P_{omax}}{P_{Gmax}} \times 100\% = \frac{\dfrac{V_{CC}^2}{8R_L}}{\dfrac{V_{CC}^2}{2\pi R_L}} \times 100\% = \frac{\pi}{4} \times 100\% \approx 78.5\% \tag{2-85}$$

（4）管耗

最大管耗为：

$$P_{cmax} = 0.2P_{omax} \tag{2-86}$$

以上分析均没有考虑功放管的饱和压降。若需要考虑，则公式调整为：

$$P_{omax} = \frac{\left(\dfrac{V_{CC}}{2} - U_{CES}\right)^2}{2R_L} \tag{2-87}$$

$$P_{Gmax} = \frac{V_{CC}\left(\dfrac{V_{CC}}{2} - U_{CES}\right)}{\pi R_L} \tag{2-88}$$

$$\eta_{max} = \frac{\pi}{4} \times \frac{\dfrac{V_{CC}}{2} - U_{CES}}{\dfrac{V_{CC}}{2}} \times 100\% \tag{2-89}$$

$$P_{cmax} = 0.2P_{omax} \tag{2-90}$$

【例 2-13】 在图 2-64 所示电路中，已知 $V_{CC}=12V$，$R_L=8\Omega$，求最大不失真输出功率 P_{omax} 和最大管耗 P_{cmax}。若要获得最大不失真输出功率 $P_{omax}=9W$，在相同的负载下，应改用多大的直流电源？

解：根据式(2-83)，最大不失真输出功率为：

$$P_{omax} = \frac{V_{CC}^2}{8R_L} = \frac{12^2}{8 \times 8} = 2.25(W)$$

再根据式(2-86)，最大管耗为：

$$P_{cmax} = 0.2P_{omax} = 0.2 \times 2.25 = 0.45(W)$$

若要获得最大不失真输出功率 $P_{omax}=9W$，则

$$9 = \frac{V_{CC}^2}{8R_L} = \frac{V_{CC}^2}{8 \times 8}$$

所以

$$V_{CC} = 24V$$

与 OCL 功放电路相比，OTL 功放电路少用了一个直流电源，但由于输出端的耦合电容容量大，所以电容器内铝箔卷绕圈数多，呈现的电感效应大，对于不同频率的信号会产生不同的相位移，使得输出信号有附加失真。这是 OTL 电路的缺点。

3. OTL 实用电路

从前面的分析可知，C 两端的直流电压作为 VT_2 管的工作电源，若 C 两端电压不稳

定,势必影响到 VT_2 的工作。因此,在实际应用中采用如图 2-65 所示的电路。

图 2-65 中, VT_1 是激励级,它为由 VT_2 和 VT_3 组成的互补对称电路提供激励信号。R_{P1} 既是 VT_1 的偏置电阻,通过调节 R_{P1} 的大小可以使 A 点电位达到中点电压 $\dfrac{V_{CC}}{2}$;同时,R_{P1} 引入直流负反馈,使各管的静态工作点稳定。假如由于某种原因使 A 点的电位升高,即 $V_A > \dfrac{V_{CC}}{2}$,那么,直流负反馈使 VT_1 的基极电位升高,集电极电位下降,从而使 A 点的电位降低,回到正常值 $\dfrac{V_{CC}}{2}$。

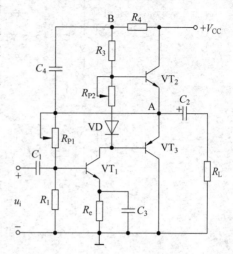

图 2-65　OTL 实用电路

电阻 R_{P2} 与二极管 VD 串联加在 VT_2 和 VT_3 的基极之间,当 VT_1 的集电极电流流经 R_{P2} 与 VD 时,形成合适的偏压,以消除交越失真。若交越失真不能完全消除,可以通过调节 R_{P2} 来增大 VT_2 和 VT_3 的基极电位差。

R_4 和 C_4 组成自举电路,当输出正半周电压向 V_{CC} 接近时,VT_2 管的基极电流较大,在偏置电阻 R_3 上产生较大的压降,使 VT_2 管的基极电位低于电源电压 V_{CC},因而限制了其发射极输出电压的幅度,使之达不到理论值 V_{CC}。接入电容 C_4 后,只要 C_4 足够大,它上面的交流电压就很小,因而 B 点电位随 A 点电位的变化而变化,相当于 VT_2 管的供电电压自动升高,确保 VT_2 管的输出电压幅度。R_4 为隔离电阻,将电源与 C_4 隔开,使 C_4 上举的电压不被 V_{CC} 吸收。

4. 采用复合管的 OTL 电路

输出功率大的电路,必须采用大功率三极管。由于大功率管的电流放大系数 β 一般较小,而且在互补对称电路中选用对称管也比较困难,在实际应用中,常采用复合管来解决这两个问题。

（1）复合管的构成原则

所谓复合管,是指用两个或多个三极管按一定的规律组合,等效成一只三极管。四种常见的复合管如图 2-66 所示。其中,图 2-66(a)和(d)所示是由两只相同类型的三极管构成的复合管;图 2-66(b)和(c)所示是由两只不同类型的三极管构成的复合管。

复合管的构成原则是:

① 必须保证两只管子的各极电流都能顺着各个管子的正常方向流动。

② 前管的 c、e 极只能与后管的 c、b 极连接,而不能与后管的 b、e 极连接,否则前管的 U_{BE} 电压会受到后管的 U_{BE} 的钳制,无法使两管有合适的工作电压。

复合管的主要特点是:

① 复合管的电流放大系数 β 近似为两管电流放大系数之积,即 $\beta \approx \beta_1 \cdot \beta_2$。

② 复合管的类型与第一管相同。

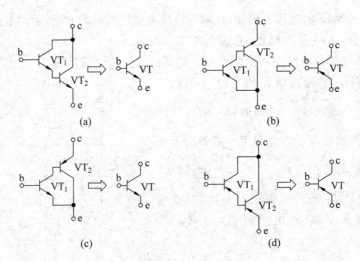

图 2-66 复合管的组合方式

【**例 2-14**】 判断图 2-67 所示复合管的组成是否合理。若不合理,请改正第二管的连接方式,使之合理;若合理,请画出等效的三极管。

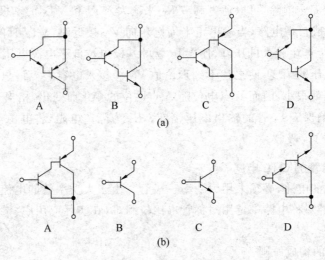

图 2-67 例 2-14 图

解:在图 2-67(a)中,A 不合理。第一管的 c、e 极接到第二管的发射结了,应将第二管的基极接到第一管的集电极。

B 合理,等效为一个 PNP 型管。

C 合理,等效为一个 NPN 型管。

D 不合理。前、后管连接处电流不通畅,应将第二管的基极接到第一管的发射极,并交换发射极与集电极的位置。

以上电路的修改结果如图 2-67(b)所示。

(2) 复合管构成的 OTL 电路举例

图 2-68 所示的是用复合管组成的实用功放电路。图中,VT_1 和 VT_3 复合等效成一

个 NPN 型管,用于放大输入信号的负半周(输入信号经 VT_5 反相放大后输入功放级);VT_2 和 VT_4 复合等效成一个 PNP 型管,用于放大输入信号的正半周;它们组成 OTL 功放电路。R_6 和 R_8 用于稳定静态工作点,并减小复合管的穿透电流。R_7 和 R_9 分别是 VT_3 和 VT_4 的发射极负反馈电阻,用于稳定静态工作点,减小非线性失真。C_3 和 C_4 分别为 VT_5、VT_2 的交流负反馈电容,用于消除自激振荡。C_2 和 R_5 组成自举电路,用于扩大放大器的动态范围。R_2、VD_1 和 VD_2 是前级激励管 VT_5 的集电极负载,又是 VT_1 和 VT_2 的基极偏置电路,以减小交越失真。

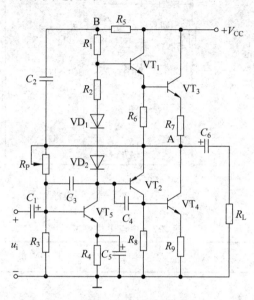

图 2-68 复合管构成的 OTL 电路

实训 功率放大器的测试

一、实训目的

1. 了解功率放大器的工作原理

2. 掌握功率放大器静态工作点、最大输出功率的测量方法。

3. 掌握功率放大器幅频特性的测试方法。

二、实训器材

数字万用表、稳压电源、毫伏表、低频信号发生器、示波器。

三、实训步骤

实训电路如图 2-69 所示。

1. 静态检测

连接电源+12V,数字万用表红表棒接 C_2 正极,黑色表棒接 GND,开启电源,调节 R_P 至万用表读数为 $6±0.2V$,记录万用表读数(填入表 2-7)。

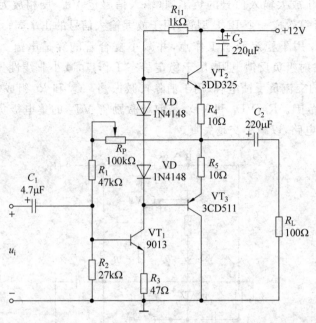

图 2-69　功率放大器实训电路

表 2-7　中点电位测试

工作点调试	电源电压	$V_{CC} =$　　V	中点电位	$V_A =$　　V

2. 动态检测

(1) 最大不失真功率的测试

① 低频信号发生器输出 1kHz 正弦波信号，调节信号输出幅度至输出波形临界削波失真。

② 用毫伏表测量输出 U_o(10V 档)读数，填入表 2-8 中。

③ 计算最大不失真功率 $P_{omax} = U_o^2 \div R_L = U_o^2 \div 100\Omega$，记录 P_{omax} 值。

表 2-8　最大不失真功率测试

最大不失真功率测试	输出电压	$U_o =$　　V	信号频率	$f =$　　Hz	最大输出功率	$P_{omax} =$　　W

(2) 电压放大倍数的测试

① 将毫伏表接至输入端。

② 观察毫伏表，记录 U_i 读数，填入表 2-9 中。

③ 计算电压放大倍数 $A_u = U_o \div U_i$，记录数值。

表 2-9　电压放大倍数测试

电压放大倍数测试	输入电压	$U_i =$　　V	信号频率	$f =$　　Hz	电压放大倍数	$A_u =$

（3）测绘放大器幅频曲线

① 低频信号输出 1kHz 正弦波信号，调节低频信号输出幅度，使 U_o 读数为 2V，记录数值。保持低频信号输出幅度不变，频率调整为 10Hz、20Hz、50Hz、100Hz、200Hz、5kHz、1MHz、5MHz，分别记录 U_o 读数，填入表 2-10。

② 根据 U_o 数值，画出幅频曲线。

表 2-10　测绘放大器幅频曲线

频率响应	信号频率	20Hz	100Hz	200Hz	1kHz	5kHz	1MHz	5MHz
	输出电压							

四、实训操作

可以通过扫右侧二维码观看本实验的操作步骤。

功率放大器
的测试

思考与练习

一、判断题（对的打"√"，错的打"×"）

（　　）1. 功率放大器之所以比电压放大器输出功率大，是由于功放的功率放大倍数较大。

（　　）2. 功放电路的效率主要与电路的工作状态有关。

（　　）3. 为了使功率放大器有足够的输出功率，允许功放三极管工作在极限状态。

（　　）4. 推挽功率放大器输入交流信号时，总有一只功放管是截止的，所以输出波形必然失真。

（　　）5. 在推挽功率放大器中，当两只晶体三极管有合适的偏流时，就可以消除交越失真。

（　　）6. 功率放大器的主要任务就是向负载提供足够大的不失真的功率信号。

（　　）7. 乙类功放电路在输出功率最大时，功放管的消耗功率最大。

（　　）8. 对于乙类功率放大器，当输入信号为零时，输出功率也为零，电源提供给电路的功率最小。

（　　）9. OCL 功率放大电路实际上是两个三极管交替工作的共集电极放大器构成的。

（　　）10. 功放电路负载上获得的输出功率包括直流功率和交流功率两部分。

二、选择题

1. 与乙类功放比较，甲乙类功放器的主要优点是（　　）。

　　A. 放大倍数大　　　　B. 效率高　　　　C. 无交越失真

2. 与甲类功放比较，乙类功放器的主要优点是（　　）。

　　A. 放大倍数大　　　　B. 效率高　　　　C. 无交越失真

3. 乙类推挽功率放大电路的理想效率是（　　）%。

　　A. 50　　　　　　　　B. 60　　　　　　　C. 78

4. OTL 电路中将大电容作输出电容,存在的缺点是(　　)。

A. 交越失真　　　　　　B. 耗电量太大

C. 在输出端呈现的电感效应大,输出信号有附加失真

5. 对于 OCL 电路,其静态工作点设置在(　　),以克服交越失真。

A. 放大区　　　　　B. 饱和区　　　　　C. 截止区　　　　　D. 微导通状态

6. 在单电源 OTL 电路中,接入电容是为了(　　)。

A. 提高输出波形的幅度　　　　　　B. 提高输出波形的正半周幅度

C. 提高输出波形的负半周幅度　　　D. 加强信号的耦合

7. OCL 电路采用的电源是(　　)。

A. 取极性为正的直流电源

B. 取极性为负的直流电源

C. 取两个电压大小相等且极性相反的正、负直流电源

8. 图中(　　)组合构成 PNP 型复合管。

A.　　　　　　　B.　　　　　　　C.　　　　　　　D.

9. 某 OCL 功放电源电压为 $\pm 9V$,$R_L = 9\Omega$,设中点电压为 3V,则 R_L 获得的最大不失真输出功率为(　　)W。

A. 4.5　　　　　B. 2　　　　　C. 1　　　　　D. 0.125

10. 在甲类、乙类和甲乙类三种实际功放电路中,效率最高的是(　　)。

A. 甲类　　　　　B. 乙类　　　　　C. 甲乙类　　　　　D. 不能确定

三、填空题

1. 功率放大器是在_____信号下工作的,常用的分析方法是_____。

2. 甲类单管功率放大器效率低的主要原因是_____。

3. 在乙类推挽功率放大电路中,存在着_____失真的缺点。为此,应采用_____推挽功率放大电路。

4. 在互补对称双电源功率放大电路中,互补对称的含义是_____。

5. 在功率放大电路中,OCL 表示_____,OTL 表示_____。

6. 甲类放大电路的放大管的导通角为_____;乙类放大电路的放大管的导通角为_____;甲乙类放大电路的放大管的导通角为_____。

7. 对于乙类低频放大器,在输入信号的整个周期内,晶体三极管半个周期工作在_____状态,另半个周期工作在_____状态。

四、分析与计算题

1. 什么是功率放大器?它有什么特点?功率放大器与电压放大器有什么相同之处

和不同之处？

2．功率放大器按静态工作点的不同可以分为哪几类？各类分别有什么特点？

3．什么是交越失真？产生交越失真的原因是什么？怎样消除交越失真？

4．OTL的输出电容有何作用？

5．OCL电路如题图2-12所示。已知 $u_i = 5\sqrt{2}\sin\omega t \, (V)$，$V_{CC} = 9V$，$R_L = 8\Omega$，忽略 VT_1、VT_2 的饱和压降 U_{CES}。

（1）分别定性画出 i_{c1}、i_{c2}、i_o 和 u_o 的波形。

（2）求输出功率 P_o。

（3）若输入信号足够大，电路的最大不失真输出功率 P_{omax} 为多少？求此时的电源功率、管耗和输入信号的幅度。

6．对于一个OCL电路，已知 $R_L = 8\Omega$，最大不失真输出功率 $P_{omax} = 560mW$，功放管饱和压降 $U_{CES} = 1V$。求：电源电压 V_{CC} 和最大管耗 P_{cmax}。

7．在OTL电路中，设 $R_L = 8\Omega$，最大不失真输出功率 $P_{omax} = 6W$。

（1）忽略功放管的饱和压降 U_{CES}，求电源电压 V_{CC}；

（2）设 $U_{CES} = 1V$，求电源电压 V_{CC}。

8．在题图2-13所示电路中，试问：

（1）该电路是何种功率放大电路？

（2）R_{P1}、R_{P2}、C_4、C_1 和 C_2 各起什么作用？

（3）在静态时，A点电位应为多少？

（4）若A点电位过高，应调节哪个元器件？如何调节？

（5）若电路产生交越失真，应调节哪个元器件？如何调节？

（6）已知：$V_{CC} = 12V$，$R_L = 8\Omega$，求电路的最大输出功率 P_{omax}、此时的电源提供功率 P_G、管耗 P_C、电路的最大管耗 P_{Cmax}。

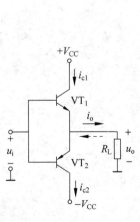

题图　2-12

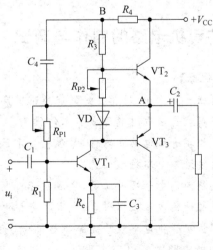

题图　2-13

9. 判断题图 2-14 所示复合管的连接是否合理。如有错，请改正 VT_2 的连接，并指出组成的复合管的类型。

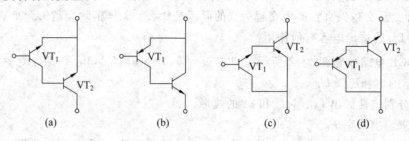

(a)　　　　　　(b)　　　　　　(c)　　　　　　(d)

题图　2-14

10. 题图 2-15 所示是一个未画全的功率放大电路。要求：

(1) 画上三极管 $VT_1 \sim VT_4$ 的发射极箭头，使之构成一个完整的互补 OTL 功放电路。

(2) 若电路的最大输出功率 $P_{omax} = 4W$，估算 VT_3 和 VT_4 的饱和压降。

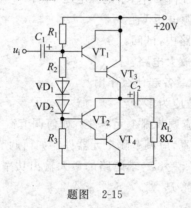

题图　2-15

2.4　扩音机电路的制作与调试

【学习目标】

(1) 增强专业意识，培养良好的职业道德和职业习惯。

(2) 理解扩音机电路的组成与工作原理。

(3) 认识扩音机电路元器件，掌握相关元器件的测量。

(4) 熟练绘制电路接线工艺图。

(5) 熟练使用电子焊接工具，完成扩音机电路的焊接装配。

(6) 熟练使用电子仪器仪表，完成扩音机电路的功能检测。

(7) 掌握扩音机电路故障的分析与排除方法。

扩音机的电路图如图 2-70 所示。

该电路是一个三级放大电路，VT_1 和 VT_2 构成两级共射放大电路作为前置放大器，VT_3 和 VT_4 构成第三级 OTL 功率放大电路。

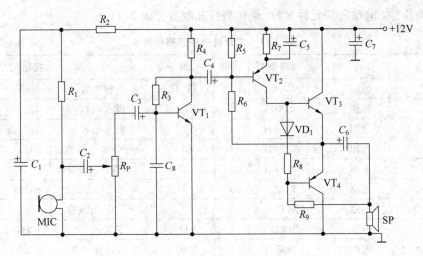

图 2-70 扩音机电路

MIC 是驻极体话筒,直流电源通过 R_1 给它提供工作电压。电阻 R_2 和电解电容 C_1 为滤波去耦电路,能避免自激,保证电路稳定工作。耦合电容 C_2 将话筒的输出信号送入下一级。电位器 R_P 是音量调节器,可用于调节输入放大器的信号强度。

C_3 是第一级放大电路的输入耦合电容,C_8 是为了滤除杂波所设置的;R_3 不仅是 VT_1 的直流偏置电阻,而且为 VT_1 引入了电压并联负反馈,以稳定 VT_1 的静态工作点和电压放大倍数。

信号经第一级放大电路放大后由级间耦合电容 C_4 送入第二级;R_5 和 R_6 构成分压式偏置;R_7 为 VT_2 的发射极反馈电阻,保证了 VT_2 静态工作点的稳定;C_5 是 VT_2 发射极旁路电容,为交流信号提供通路,使交流信号不受反馈的影响。

VD_1 和 R_8 既是 VT_2 的集电极负载,又是功放电路的直流偏置,使 VT_3 和 VT_4 在静态时处于微导通状态,避免交越失真的出现。

C_7 是电源滤波电容,防止直流电源中的杂波影响电路工作。

实训 扩音机电路的制作与调试

一、工作任务

1. 读懂扩音机电路原理图。

2. 画出布线图。

3. 根据布线图制作扩音器电路。

4. 完成扩音机电路功能检测和故障排除。

5. 小组讨论完成电路详细分析及编写项目实训报告。

二、设备与器件

装配工具:电烙铁、焊锡丝、钳子、起子、电路板。

调试设备:万用表、示波器。

实训器件：电路所需元件名称、规格型号和数量见表 2-11。

表 2-11   扩音机电路元器件清单

编　号	名　称	规格型号	数量	编　号	名　称	规格型号	数量
R_1	电阻	100kΩ	1	C_2、C_3、C_4	电解电容	10μF	3
R_2	电阻	22kΩ	1	C_6、C_7	电解电容	470μF	2
R_3	电阻	750kΩ	1	C_8	瓷片电容	4700pF	1
R_4	电阻	4.7kΩ	1	VT_1	NPN 三极管	9014	1
R_5	电阻	5.6kΩ	1	VT_2	PNP 三极管	9015	1
R_6	电阻	27kΩ	1	VT_3	NPN 功放管	8050	1
R_7	电阻	47Ω	1	VT_4	PNP 功放管	8550	1
R_8	电阻	100Ω	1	VD_1	二极管	1N4148	1
R_9	电阻	1kΩ	1	MIC	驻极体话筒		
R_P	电位器	51kΩ	1	SP	扬声器	8Ω	1
C_1、C_5	电解电容	47μF	2				

三、元器件的检测

1. 驻极体话筒的检测

（1）极性的判断

驻极体话筒由声能转换部分和专用场效应管两部分组成。在内部的场效应管的栅极和源极间接有一只二极管，可以利用二极管的单向导电性来判断驻极体话筒的漏极与源极。即把模拟万用表拨至 $R×1k$ 挡，将黑表笔接任意一电极，红表笔接另一电极，测得一个阻值；交换两支表笔，又测得一个阻值。比较两次的测量结果，所得结果较小时，黑表笔接的是源极，红表笔接的是漏极。

（2）质量的判别

将模拟万用表拨至 $R×1k$ 挡，黑表笔接话筒漏极（D），红表笔接话筒源极（S），然后用嘴吹话筒，并观察万用表的指针。若万用表指针不动，说明话筒已失效；有指示，表明话筒正常，指示范围的大小表示话筒灵敏度的高低。

2. 扬声器的检测

（1）测量直流电阻

用 $R×1Ω$ 挡测量扬声器两个管脚之间的直流电阻，正常时应比铭牌扬声器阻抗略小。例如，8Ω 扬声器测量的电阻正常为 7Ω 左右。测量阻值为无穷大或远大于它的标称阻抗值，说明扬声器已经损坏。

（2）听"咔嗒咔嗒"响声

测量直流电阻时，将万用表的一支表笔固定，另一支表笔断续接触管脚。正常情况下应该能听到扬声器发出"咔嗒咔嗒"响声，响声越大越好；无此响声，说明扬声器音圈被卡死或音圈损坏。

3. 三极管的检测

三极管的检测请参考项目 1 中三极管的测试与判别。

四、电路的安装

1. 电路安装的基本步骤

（1）绘制元件装配图。

（2）手工绘制印制板图、制作 PCB 板。

（3）元件插装与电路焊接。

2. 电路安装的工艺要求

（1）电路的插装、焊接要严格执行工艺规范。

（2）元件布置必须美观、整洁、合理。

（3）所有焊点必须光亮、圆润、无毛刺、无虚焊、错焊和漏焊。

（4）连接导线应正确、无交叉，走线美观、简洁。

（5）特别注意电容器、二极管的极性，三极管的管脚不能接错。

五、电路的调试

1. 仔细检查、核对电路与元件，确认无误后接入 +12V 直流电源。

2. 将驻极体话筒输出端短路，然后测试电路中各三极管的各极电位并予以记录，查看三极管的静态设置是否正常，特别注意功放电路的中点电压是否为 6V。如果不是，调整 R_6 的阻值。测量电路的工作电路，以 5mA 左右为宜，如果电流不合适，改变 R_8 来实现调节。

3. 去除驻极体话筒输出端的短路线，对话筒喊话，用示波器观测话筒的输出波形，看话筒是否将声音转换成了电信号。此时输出的信号应为较弱的不规则信号。

4. 如果话筒输出信号正常，则用示波器分别观测第一级、第二级和第三级放大电路的输出信号是否正常，有否失真。

5. 在整机调试时，应将话筒和扬声器的朝向相反，以免电路产生振荡而出现啸叫声。

六、故障分析与排除

1. 话筒输出信号有故障

可能的问题：话筒的输出引线在焊接时与外壳短接；话筒接反了；话筒已坏。

2. 各级放大电路有故障

（1）首先检查有没有输入。若没有，则问题出在耦合电容上，应对耦合电路进行故障排除。

（2）如果输入正常，但没有信号被放大，是该级放大电路出现故障。此时，应着重检查该级放大电路的工作点设置是否合适。

3. 扬声器输出电路有故障

可能的问题：输出功率过低，无法驱动扬声器工作，可提高工作电压或选用额定功率较小的扬声器；扬声器已坏。

七、编写项目报告书

项目报告书的内容包括：

（1）项目目的。

（2）项目使用的仪器清单。

（3）画出项目电路图，标明元件数值，并列出元器件清单。

（4）画出项目电路接线工艺图及印制板图。

（5）列出电路制作过程或步骤。

（6）测试结果与分析。

（7）心得体会。

八、项目评价

项目评价表如表 2-12 所示。

表 2-12　项目评价表

考核项目	考核内容	配分	得分
职业素养	1. 遵时守纪、工作积极 2. 团结协作精神 3. 踏实勤奋、严谨求实	10	
安全操作	1. 安全操作规程的遵守情况 2. 无安全事故发生	10	
元器件的识别与检测	1. 能正确识别元器件 2. 会用万用表检测三极管、驻极体话筒和扬声器	15	
电路的安装	1. 元器件排列整齐 2. 焊点符合工艺要求	25	
电路的调试	1. 仪器仪表使用正确 2. 能正确判断和排除电路故障。	20	
项目报告书完成情况	1. 格式标准，内容充实 2. 测试结果记录与分析详细	20	
合计		100	

九、项目参考

印制电路板图如图 2-71 所示。

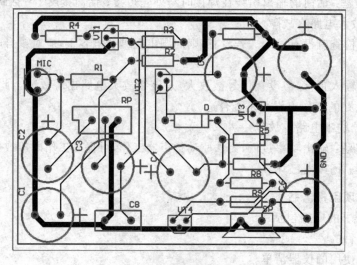

图 2-71　实训印制电路板图

知识链接——电子音响发展趋势

近年来,随着智能终端的普及,音响使用场景的增加,消费者对音质、外观、使用便携性要求的提高,以及音频和数码技术的发展,音响产品呈现以下发展趋势。

1. 小型化、便携化

随着笔记本电脑、iPad/iPhone/iPod、平板电脑、平板电视、智能手机等新型音频消费类电子产品的快速发展,传统音响有朝小型化方向发展的趋势。音响产品小型化,用户可以随身携带,在运动、差旅、聚会或者其他场景都能适用,获得比原来充当台式电脑、笔记本电脑周边设备的音箱更好的用户体验。

2. 无线化

随着音源产品的变化,音响也一直为适应新的音源而变化,如从传统的 3.5MM 接口、RCA 接口、USB 接口到支持 iPod/iPhone/iPad Docking 的接口。

蓝牙技术在 1998 年便开始应用在实际产品中,近几年逐步应用于无线音频领域,新的 2.4G 无线技术采用自动跳频技术,其抗干扰性更强、功耗更低、传输距离更远。

近年来,音响产品的连接方式从早期的有线连接扩展到蓝牙、WiFi、NFC 等多种方式,如蓝牙无线音箱、wifi 音箱、无线 SoundBar 等。音响产品通过无线方式连接一定程度上提高了产品的便携性和使用便利性。

根据 Transparency Market Research(TMR)的报告,近年来包括蓝牙音箱、无线耳机、无线麦克风、车载无线音频设备、相关 APP 应用等在内的无线音响产品市场迎来高速发展阶段,TMR 的数据显示,2014 年无线音响产品市场规模约 69 亿美元,到 2022 年将增长到 385 亿美元,2014—2022 年复合增长率将达到 24%。

3. 智能化

随着数码科技的发展,越来越多的新技术应用于音响产品,无线音频、数字音频、数字功放、数字音频中心等新技术将推动音箱市场的发展。音箱将由之前单一的回放设备,变为整合多种功能的设备,一些产品甚至可以连接互联网,直接从网上获取音乐文件或收听网络电台。

此外,近年来消费者越来越重视音响产品的理念设计以及外观设计,甚至某些消费者对音响产品的需求可能并不仅仅是为了获得好的声音表现,其充当做装饰的意义远远要大于本身的音质。这在运动、户外市场表现尤为明显,这些消费者在购买音响产品的时候首先会关注外观,而不仅仅是它的音质以及是否能够满足自己的聆听需求。

项目小结

1. 用来对电信号实现放大的电路称为放大电路。放大电路的性能指标主要有放大倍数、输入电阻和输出电阻等。放大倍数是衡量放大能力的指标;输入电阻是衡量放大电路对信号源影响的指标;输出电阻是衡量放大电路带负载能力的指标。

2. 在晶体三极管放大电路中,只研究直流电源作用下电路各直流量的大小而进行的分析称为直流分析(也叫静态分析),当外电路接上交流信号后,为了确定各交流量而进行的分析称为交流分析(也叫动态分析)。直流分析通常用来进行静态工作点的估算,小信号交流分析时采用微变等效电路,用来分析放大电路的放大倍数、输入电阻和输出电阻等。

3. 三极管放大电路有共发射极、共集电极和共基极三种基本组态。共发射极放大电路的输出信号与输入信号相位相反,输入、输出电阻适中,有较强的电压、电流放大能力;共集电极放大电路的输出信号与输入信号相位相同,电压放大倍数略小于1,输入电阻大,输出电阻小;共基极放大电路的输出信号与输入信号相位相同,电压放大倍数较大,输入电阻很小,输出电阻较大。

4. 将放大电路的输出信号的一部分或全部通过一定方式送回输入端的过程称为反馈。按反馈极性分有正反馈和负反馈;按采样方式分有电压反馈和电流反馈;按叠加方式分有串联反馈和并联反馈;按反馈量性质分有直流反馈和交流反馈。

5. 直流负反馈可以稳定放大电路的静态工作点。交流负反馈可以使放大电路的放大倍数下降但稳定性得到提高,可以减小放大电路的非线性失真,展宽频带,改变输入输出电阻。

6. 功率放大电路在电源电压确定的情况下,应在非线性失真允许的范围内高效率地获得尽可能大的输出功率。功放管常工作于极限状态,要考虑功放管工作的安全性。功放电路研究的主要性能指标是最大不失真输出功率、效率和管耗。

7. 功率放大电路根据功放管静态工作点的不同可分为甲类、乙类和甲乙类。为了提高效率、避免产生交越失真,功率放大电路常采用甲乙类的互补对称结构(OCL、OTL)。

人体红外探测报警器的
制作与调试

 项 目 概 述

　　人体红外报警器主要由光学系统、热释电红外传感器、信号滤波和放大、信号处理和报警电路等几部分组成,其结构框图如图3-1所示。图中,光学系统中所采用的菲涅尔透镜可以将人体辐射的红外线聚焦到热释电红外探测元上,同时产生交替变化的红外辐射高灵敏区和盲区,以适应热释电探测元要求信号不断变化的特性;热释电红外传感器是报警器设计中的核心器件,它可以把人体的红外信号转换为电信号,供信号处理部分使用;信号处理主要是把传感器输出的微弱电信号进行放大、滤波、延迟、比较,为报警功能的实现打下基础。

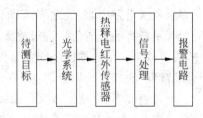

图 3-1　人体红外探测报警器的组成框图

　　本项目通过对人体红外探测报警器的制作与调试,达到以下教学目标。

 知 识 目 标

　　(1) 掌握差分放大电路的结构及性能特点。

　　(2) 掌握集成运算放大电路实现基本运算的方法。

　　(3) 理解电压比较器电路结构与阈值电压的含义。

　　(4) 了解集成运算放大器的主要参数、性能特点及其使用方法。

　　(5) 会计算差模放大倍数、输入电阻和电压比较器的门限电压。

 技 能 目 标

　　(1) 学会独立查阅二极管、三极管、热释电红外传感器等元器件的资料。

（2）掌握差分放大电路的技术指标测试与集成运放运算电路的实现。

（3）理解差模放大倍数、共模放大倍数的测试方法。

（4）掌握人体红外探测报警器电路中重要元器件的选择及参数测试。

（5）能针对电路特点，采取有效措施来提高共模抑制比。

（6）熟练掌握人体红外探测报警器的安装、调试与检测。

（7）能对人体红外探测报警器电路的常见故障进行简单分析与检修。

3.1 直流放大器

【学习目标】

（1）理解零点漂移的成因及抑制方法。

（2）熟悉差分放大电路的结构及性能特点。

（3）掌握共模信号、差模信号的含义及分析方法。

（4）掌握各种差分放大电路的工作原理及分析方法。

3.1.1 直流放大器的问题

1. 直流放大器的概念

实际应用中，对于信号的放大，一般多采用多级放大电路，以达到较高的放大倍数。在多级放大电路中，各级之间的耦合方式有三种，即阻容耦合、变压器耦合和直接耦合。对于频率较高的交流信号进行放大时，常采用阻容耦合或变压器耦合。但是，在生产实际中，需要放大的信号往往是变化缓慢的信号，甚至是直流信号。对于这样的信号，不能采用阻容耦合和变压器耦合，只能采用直接耦合方式。

所谓直接耦合，就是放大器前级输出端与后级输入端以及放大器与信号源或负载直接连接起来，或者经电阻等能通过直流的元件连接起来。由于直接耦合放大器可用来放大直流信号，所以也称为直流放大器。在集成电路中要制作耦合电容和电感元件相当困难，因此集成电路的内部电路都采用直接耦合方式。实际上，直接耦合放大器不仅能放大直流信号，也能放大交流信号。所以，随着集成电路的发展，直接耦合放大器得到了越来越广泛的应用。

2. 直接耦合存在的问题

在多级放大器中采用直接耦合存在两个特殊问题：一是前、后级的电位配合问题，二是零点漂移问题。

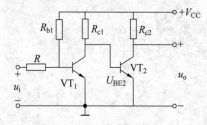

图 3-2 简单的直接耦合电路

（1）前、后级的电位配合问题

图 3-2 所示是一个直接耦合方式的放大电路，可以看出 VT_1 的集电极和 VT_2 的基极是同电位的。由于 VT_2 发射结压降 U_{BE2} 很小，所以 VT_1 的集电极电位一定很低，工作点接近饱和区，工作范围大受限制。由此可知，这种耦合方式中，前、后级电位不能合理配合，应设法改进。

（2）零点漂移问题

若将图 3-2 所示电路的输入端对地短路，在输出端接一个电压表，从理论上讲，电压表的指针应该停留在某个数值不变，此值称为放大器输出端电压的起始值。但实际上，它会离开起始值，出现忽大忽小、忽快忽慢的不规则摆动。

直流放大器在输入信号为零时，输出电压偏离其起始值的现象称为零点漂移，简称零漂。造成零漂的原因是电源电压的变动和三极管参数随温度而变化。一般情况下，温度的变化是主要原因。

放大器级数越多，输出端零点偏移越严重。但衡量零漂的大小，需要将放大器输出的零漂电压折算到输入端再进行比较。当漂移电压的大小可以和需要放大的有效信号相比拟时，无法分辨是有用信号电压还是漂移电压，即有用信号淹没在漂移信号之中，造成直耦放大器不能正常工作，所以抑制零漂对直耦放大器来说是个突出的问题。减小零漂的主要措施有：采用高稳定度的稳压电源；采用高质量的电阻、晶体管；采用温度补偿电路；采用差分放大电路等。其中，采用差分放大电路是目前应用最广泛的能有效抑制零漂的方法。

3.1.2 差分放大电路

差分放大电路又称差动放大电路，它的输出电压与两个输入电压之差成正比，由此得名，广泛应用于集成电路中。

1. 基本差分放大电路

（1）电路组成及静态分析

图 3-3(a)所示是基本的差分放大电路，它由两个完全相同的单管放大器组成。由于两个三极管 VT_1 和 VT_2 的特性完全一样，外接电阻也完全对称相等，两边各元件的温度特性也都一样，因此两边电路是完全对称的。输入信号从两管的基极输入，输出信号从两管的集电极之间输出。R_e 为差分放大电路的公共发射极电阻，用来抑制零点漂移并决定晶体管的静态工作点电流。R_c 为集电极负载电阻。

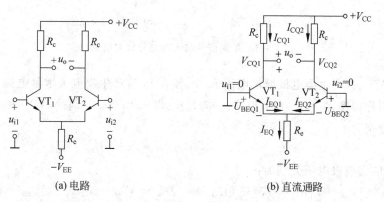

(a) 电路　　　　　　　　(b) 直流通路

图 3-3　基本差分放大器

静态时，输入信号为零，即 $u_{i1} = u_{i2} = 0$，其直流通路如图 3-3(b)所示。由于电路左右对称，所以 $I_{BQ1} = I_{BQ2}$，$I_{CQ1} = I_{CQ2}$，$I_{EQ1} = I_{EQ2}$。根据基尔霍夫电流定律可知，流过 R_e 的电

流 I_{EQ} 为 I_{EQ1} 与 I_{EQ2} 之和。由图 3-2(b)可得：

$$V_{EE} = U_{BEQ1} + I_{EQ}R_e \tag{3-1}$$

所以

$$I_{EQ} = \frac{V_{EE} - U_{BEQ1}}{R_e} \tag{3-2}$$

因此,两管的集电极电流均为：

$$I_{CQ1} = I_{CQ2} \approx \frac{V_{EE} - U_{BEQ}}{2R_e} \tag{3-3}$$

两管集电极对地电压为：

$$V_{CQ1} = V_{CC} - I_{CQ1}R_c, \quad V_{CQ2} = V_{CC} - I_{CQ2}R_c \tag{3-4}$$

可见,静态时,两管集电极之间的输出电压为零,即

$$u_o = V_{CQ1} - V_{CQ2} = 0$$

(2) 动态分析

① 差模输入与差模特性。在差分放大电路输入端分别输入大小相等、极性相反的信号,这种输入方式称为差模输入。所输入的信号称为差模输入信号。如图 3-4(a)所示,此时 $u_{i1} = -u_{i2}$。两个输入端之间的电压用 u_{id} 表示,称为差模输入电压,则

$$u_{id} = u_{i1} - u_{i2} = 2u_{i1} \tag{3-5}$$

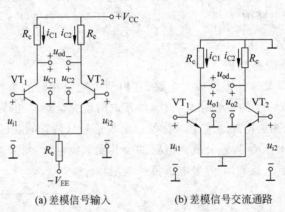

(a) 差模信号输入   (b) 差模信号交流通路

图 3-4　差模信号输入的差分放大电路

u_{i1} 使 VT$_1$ 管产生集电极增量电流 i_{c1},u_{i2} 使 VT$_2$ 管产生集电极增量电流 i_{c2}。由于差分电路的对称特性,i_{c1} 和 i_{c2} 大小相等、方向相反,即 $i_{c2} = -i_{c1}$。因此,VT$_1$ 和 VT$_2$ 管的集电极电流分别为

$$i_{C1} = I_{CQ1} + i_{c1}, \quad i_{C2} = I_{CQ2} + i_{c2} = I_{CQ1} - i_{c1} \tag{3-6}$$

此时,两管的集电极电压分别为：

$$\left.\begin{array}{l} u_{C1} = V_{CC} - i_{c1}R_c = V_{CC} - (I_{CQ1} + i_{c1})R_c = V_{CQ1} - i_{c1}R_c = V_{CQ1} + u_{o1} \\ u_{C2} = V_{CQ2} - i_{c2}R_c = V_{CQ2} + u_{o2} \end{array}\right\} \tag{3-7}$$

式中,$u_{o1} = -i_{c1}R_c$,$u_{o2} = -i_{c2}R_c$,分别为 VT$_1$ 和 VT$_2$ 管集电极的增量电压,而且 $u_{o2} = -u_{o1}$。这样,两管集电极之间的差模输出电压 u_{od} 为：

$$u_{od} = u_{C1} - u_{C2} = u_{o1} - u_{o2} = 2u_{o1} \tag{3-8}$$

当电源波动或温度变化时,会引起两管集电极电流变化。由于集电极增量电流大小相等、方向相反,流过 R_e 时相互抵消,所以流经 R_e 的电流不变,仍等于静态电流 I_{EQ},也就是说,在差模输入信号的作用下,R_e 两端压降几乎不变,即 R_e 对于差模信号来说相当于"短路"。由此画出差模信号交流通路如图 3-4(b)所示。

双端差模输出电压 u_{od} 与双端输入电压 u_{id} 之比称为差分放大电路的差模电压放大倍数 A_{ud},即

$$A_{ud} = \frac{u_{od}}{u_{id}} \tag{3-9}$$

将式(3-5)和式(3-8)代入式(3-9),得

$$A_{ud} = \frac{u_{o1} - u_{o2}}{u_{i1} - u_{i2}} = \frac{2u_{o1}}{2u_{i1}} = \frac{u_{o1}}{u_{i1}} = A_{ud1} \tag{3-10}$$

式(3-10)表明,差分放大电路双端输出时的差模电压放大倍数 A_{ud} 等于单管的差模电压放大倍数 A_{ud1}。由图 3-4(b)不难知道

$$A_{ud} = \frac{-\beta R_c}{r_{be}} \tag{3-11}$$

若在图 3-4(a)所示电路中,两个集电极之间接负载电阻 R_L,VT_1 和 VT_2 管的集电极电位一增一减,且变化量相等,负载电阻 R_L 的中点电位始终不变,为交流零电位,则每边电路的交流等效负载电阻 $R'_L = R_c // (R_L/2)$。这时,差模电压放大倍数变为:

$$A_{ud} = \frac{-\beta R'_L}{r_{be}} \tag{3-12}$$

从差分放大电路的两个输入端看进去所呈现的等效电阻,称为差分放大电路的差模输入电阻 R_{id}。由图 3-4(b)可得:

$$R_{id} = 2r_{be} \tag{3-13}$$

差分放大电路中,两管的集电极之间对差模信号所呈现的等效电阻称为差模输出电阻 R_o,由图 3-4(b)可得:

$$R_o \approx 2R_c \tag{3-14}$$

【例 3-1】 在图 3-3(a)所示差分放大电路中,已知 $V_{CC} = V_{EE} = 12V$,$R_c = 10k\Omega$,$R_e = 20k\Omega$,晶体管 $\beta = 80$,$r_{bb'} = 200\Omega$,$U_{BEQ} = 0.6V$,两个输出端之间外接负载电阻 $20k\Omega$。试求:

① 静态工作点。

② A_{ud}、R_{id} 和 R_o。

解: ① 求静态工作点

$$I_{CQ1} = I_{CQ2} = \frac{V_{EE} - U_{BEQ}}{2R_e} = \frac{12 - 0.6}{2 \times 20} = 0.285(\text{mA})$$

$$V_{CQ1} = V_{CQ2} = V_{CC} - I_{CQ1}R_c = 12 - 0.285 \times 10 = 9.15(\text{V})$$

② 求 A_{ud}、R_{id} 和 R_o

$$r_{bee} = r_{bb'} + (1 + \beta)\frac{26}{I_{EQ}} = 200 + 81 \times \frac{26}{0.285} = 7.59(\text{k}\Omega)$$

$$A_{ud} = -\frac{\beta R_L'}{r_{be}} = -\frac{80 \times \frac{10 \times 10}{10 + 10}}{7.59} = -52.7$$

$$R_{id} = 2r_{be} = 2 \times 7.59 = 15.2(\text{k}\Omega)$$

$$R_o = 2R_c = 2 \times 10 = 20(\text{k}\Omega)$$

② 共模输入与共模抑制比。在差分放大电路输入端分别输入大小相等、极性相同的信号,这种输入方式称为共模输入。如图 3-5(a)所示,此时 $u_{i1} = u_{i2} = u_{ic}$。在共模信号的作用下,VT_1 和 VT_2 管的发射极电流同时增加(或减小)。由于电路的对称特性,电流的变化量 $i_{e1} = i_{e2}$,则流过 R_e 的电流增加 $2i_{e1}$(或 $2i_{e2}$),R_e 两端压降的变化量为 $u_e = 2i_{e1}R_e = i_{e1}(2R_e)$,也就是说,$R_e$ 对每个晶体管的共模信号有 $2R_e$ 的负反馈效果,由此得到图 3-5(b)所示共模信号交流通路。

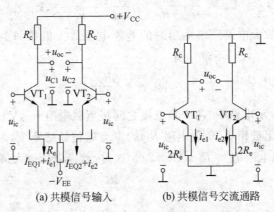

(a) 共模信号输入　　　　(b) 共模信号交流通路

图 3-5　共模信号输入的差分放大电路

由于差分放大电路中两管的电路对称,对于共模输入信号来说,两管集电极电位的变化相同,即 $u_{C1} = u_{C2}$,因此双端共模输出电压

$$u_{oc} = u_{C1} - u_{C2} = 0 \tag{3-15}$$

在实际电路中,两管电路不可能完全相同,因此 u_{oc} 不等于零,但要求 u_{oc} 越小越好。双端共模输出电压 u_{oc} 与共模输入电压 u_{ie} 之比,定义为差分放大电路的共模电压放大倍数 A_{uc},即

$$A_{uc} = \frac{u_{oc}}{u_{ic}} \tag{3-16}$$

显然,对于完全对称的差分放大电路,$A_{uc} = 0$。

由于电源电压波动或温度变化引起两管集电极电流的变化是相同的,因此可以把它们的影响等效地看做差分放大电路输入端加入共模信号的结果,所以差分放大电路对温度的影响具有很强的抑制作用。另外,伴随输入信号一起引入到两管基极的相同的外界干扰信号也都可以看做是共模输入信号而被抑制。

实际应用中,差分放大电路的两个输入信号中既有差模输入信号成分,又有无用的共模输入信号成分。

设差分放大电路的两个输入信号为 u_{i1} 和 u_{i2},我们定义差模信号为两输入信号的

差,即

$$u_{id} = u_{i1} - u_{i2} \tag{3-17}$$

定义共模信号为两个输入信号的算术平均值,即

$$u_{ic} = \frac{u_{i1} + u_{i2}}{2} \tag{3-18}$$

则,两输入信号 u_{i1} 和 u_{i2} 可以表示为

$$u_{i1} = u_{ic} + \frac{u_{id}}{2}$$

$$u_{i2} = u_{ic} - \frac{u_{id}}{2}$$

也就是说,任意的输入信号 u_{i1} 和 u_{i2} 中包含了一对大小相等相位相同的共模信号,一对大小相等相位相反的差模信号。

差分放大电路应该对差模信号有良好的放大能力,而对共模信号有较强的抑制能力。为了表征差分放大电路的这种能力,通常采用共模抑制比 K_{CMR} 这一指标来表示,它是差模电压放大倍数 A_{ud} 与共模电压放大倍数 A_{uc} 之比的绝对值,即

$$K_{CMR} = \left| \frac{A_{ud}}{A_{uc}} \right| \tag{3-19}$$

若用分贝作为单位,则为

$$K_{CMR}(dB) = 20\lg \left| \frac{A_{ud}}{A_{uc}} \right| \tag{3-20}$$

K_{CMR} 值越大,表明电路抑制共模信号的性能越好。当电路两边理想对称、双端输出时,由于 A_{uc} 等于零,故 K_{CMR} 趋于无限大。一般差分放大电路的 K_{CMR} 约为 60dB,较好的可达 120dB。

【例 3-2】 已知差分放大电路的输入信号 $u_{i1} = 1.01V$,$u_{i2} = 0.99V$,试求差模和共模输入电压;若 $A_{ud} = -50$,$A_{uc} = -0.05$,试求该差分放大电路的输出电压 u_o 及 K_{CMR}。

解:① 求差模和共模输入电压。

差模输入电压:

$$u_{id} = u_{i1} - u_{i2} = 1.01 - 0.99 = 0.02(V)$$

因此,VT_1 管的差模输入电压等于 $u_{id}/2 = 0.01(V)$,VT_2 管的差模输入电压等于 $-u_{id}/2 = -0.01(V)$。

共模输入电压:

$$u_{ic} = (u_{i1} + u_{i2}) \div 2 = (1.01 + 0.99) \div 2 = 1(V)$$

由此可见,当用共模和差模信号表示两个输入电压时,有

$$u_{i1} = u_{ic} + \frac{u_{id}}{2} = 1 + 0.01 = 1.01(V)$$

$$u_{i2} = u_{ic} - \frac{u_{id}}{2} = 1 - 0.01 = 0.99(V)$$

② 求输出电压。

差模输出电压 u_{od}:

$$u_{od} = A_{ud}u_{id} = -50 \times 0.02 = -1(V)$$

共模输出电压 u_{oc}：

$$u_{oc} = A_{uc}u_{ic} = -0.05 \times 1 = -0.05(\text{V})$$

在差模和共模信号同时存在的情况下，对于线性放大电路来说，可以利用叠加定理来求总的输出电压 u_o，即

$$u_o = A_{ud}u_{id} + A_{uc}u_{ic} = -1 - 0.05 = -1.05(\text{V})$$

共模抑制比 K_{CMR} 等于

$$K_{CMR}(\text{dB}) = 20\lg\left|\frac{A_{ud}}{A_{uc}}\right| = 20\lg\frac{50}{0.05} = 20\lg1000 = 60(\text{dB})$$

2. 差分放大电路的几种接法

（1）双端输入、双端输出差分放大电路如图 3-4(a) 所示。

（2）双端输入、单端输出差分放大电路如图 3-6 所示。

由于只从 VT_1 管的集电极输出，所以输出电压只有双端输出的一半，即差模电压放大倍数为

$$A_{ud1} = \frac{1}{2}A_{ud} = -\frac{1}{2}\frac{\beta R_c}{r_{be}} \tag{3-21}$$

如果从 VT_2 管的集电极输出，仅是 u_o 的相位与前者相反，差模电压放大倍数的表达式去掉"－"号即可。

差模输入电阻为：

$$R_{id} = 2r_{be} \tag{3-22}$$

差模输出电阻为：

$$R_o \approx R_c \tag{3-23}$$

（3）单端输入、双端输出差分放大电路如图 3-7 所示。

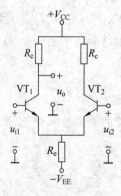
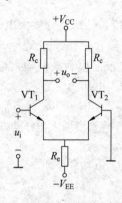

图 3-6　双端输入、单端输出差分放大电路　　　图 3-7　单端输入、双端输出差分放大电路

差模电压放大倍数、差模输入电阻和输出电阻的表达式同双端输入的一样。

（4）单端输入、单端输出差分放大电路如图 3-8 所示。

图 3-8(a) 所示电路的差模电压放大倍数的表达式同式(3-20)，即

$$A_{ud1} = \frac{1}{2}A_{ud} = -\frac{1}{2} \times \frac{\beta R_c}{r_{be}} \tag{3-24}$$

式中的"－"号表示输出电压与输入电压反相。

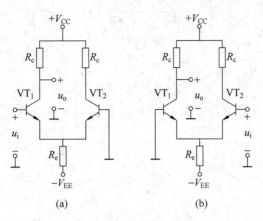

图 3-8 单端输入、单端输出差分放大电路

图 3-8(b)所示电路的差模电压放大倍数的表达式为：

$$A_{ud2} = \frac{1}{2}A_{ud} = \frac{1}{2} \times \frac{\beta R_c}{r_{be}} \qquad (3-25)$$

式中无"－"号，表示输出电压与输入电压同相。

差模输入电阻为：

$$R_{id} = 2r_{be} \qquad (3-26)$$

差模输出电阻为：

$$R_o \approx R_c \qquad (3-27)$$

比较四种不同的输入、输出方式的差分放大电路可以看出，差模电压放大倍数的大小与输入方式无关，只取决于输出方式；其相位关系既与输入方式有关，也与输出方式有关。

在实际应用中，可根据是否需要对地平衡输入（出）及对地不平衡输入（出）来选择相应的双端输入（出）或单端输入（出）的差分放大电路。

实训 差分放大器的测试

一、实训目的
1. 通过实验进一步理解差分放大电路的工作原理。
2. 掌握差分放大电路的测试方法。

二、实训器材
直流稳压电源、万用表、实验线路板

三、实训步骤
差分放大电路实验电路如图 3-9 所示。

1. 测量静态工作点
(1) 将 u_{i1}、u_{i2} 短路接地（⊥）。
(2) 将 ±12V 电源接入电路。

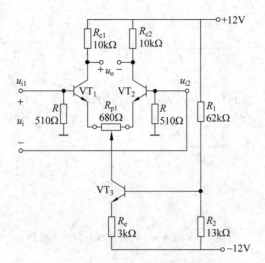

图 3-9　差分放大电路实验电路图

（3）调节 R_{p1} 使 $u_o = 0V$，此后 R_{p1} 不再变动，以保证电路的对称性。
（从万用表 20V 直流电压档开始调节，然后减小到 2V 档）

（4）测量各有关点对地电压，记入表 3-1 中。

表 3-1　差分放大电路静态测试

测量项目	V_{CQ1}	V_{CQ2}	V_{CQ3}	V_{BQ1}	V_{BQ2}	V_{BQ3}	V_{EQ1}	V_{EQ2}	V_{EQ3}
测量值									

2. 测量差模电压增益

在 u_{i1}、u_{i2} 上分别加上 $+0.1V$ 和 $-0.1V$ 直流电压，按表 3-2 要求测量并记录，由测量数据计算出单端和双端输出的差模电压放大倍数。（注意：直流电压源先分别接入 u_{i1}、u_{i2} 端，然后调节直流电压源使其输出为 $+0.1V$ 和 $-0.1V$）。

表 3-2　差模电压增益测试

	V_{C1}（测量值）	V_{C2}（测量值）	u_o（测量值）	A_{ud1}（计算值）	A_{ud2}（计算值）	A_{ud}（计算值）
$u_{i1} = +0.1V$ $u_{i2} = -0.1V$						

3. 测量共模电压增益

将 u_{i1}、u_{i2} 并接，后加入 $+0.1V$ 直流电压至 u_{i1} 两端。测量此时的 V_{C1}，V_{C2} 和 u_o，填入表 3-3 中。

表 3-3　共模电压增益测试

	V_{C1}（测量值）	V_{C2}（测量值）	u_o（测量值）	A_{uc1}（计算值）	A_{uc2}（计算值）	A_{uc}（计算值）
$u_{i1} = u_{i2} = +0.1V$						

4. 计算上述单端、双端输出各种情况下的共模抑制比,填入表 3-4 中。

表 3-4 共模抑制比计算

单 端 输 出		双 端 输 出
$K_{CMR1} = \left\| \dfrac{A_{ud1}}{A_{uc1}} \right\|$	$K_{CMR2} = \left\| \dfrac{A_{ud2}}{A_{uc2}} \right\|$	$K_{CMR} = \left\| \dfrac{A_{ud}}{A_{uc}} \right\|$

5. 单端输入差放电路测试

将电路图中的 u_{i2} 接地,组成单端输入差分放大电路,u_{i1} 接直流电源 $\pm 0.1V$,测量单端和双端输出电压值填入表 3-5,计算单端和双端输出的电压放大倍数。并与双端输入时的单端和双端输出差模电压放大倍数进行比较。

表 3-5 单端输入差模电压增益测试

	V_{C1} (测量值)	V_{C2} (测量值)	u_o (测量值)	A_{ud} (计算值)
$u_{i1} = +0.1V$				
$u_{i1} = -0.1V$				

四、实训操作
可以通过扫右侧二维码观看本实验的操作步骤。

差分放大器
的测试

思考与练习

一、判断题(对的打"√",错的打"×")

( )1. 所谓共模输入信号,是指加在差分放大器的两个输入端的电压之和。

( )2. 差分放大器有单端输出和双端输出两大类,它们的差模电压放大倍数是相等的。

( )3. 直接耦合放大器可以放大直流信号,不能放大交流信号。

( )4. 差分放大器有 4 种接法,而放大器的差模放大倍数只取决于输出端的接法,与输入端的接法无关。

( )5. 差分放大电路中的公共发射极电阻对共模信号和差模信号都存在影响,因此,这种电路是靠牺牲差模电压放大倍数来换取对共模信号的抑制作用的。

二、选择题

1. 差分放大电路比非差分直接耦合放大电路以多用一个晶体三极管为代价,换取( )。

A. 高的电压放大倍数　　B. 使电路放大信号时减少失真　　C. 抑制零点漂移

2. 差分放大电路有差模放大倍数 A_{ud} 和共模放大倍数 A_{uc},性能好的差分放大电路应当( )。

A. A_{ud} 等于 A_{uc}　　　　B. A_{ud} 大而 A_{uc} 要小　　　　C. A_{ud} 小而 A_{uc} 要大

3. 有公共发射极电阻 R_e 的差分放大电路中,电阻 R_e 的作用是(　　)。

　　A. 提高差模信号放大能力

　　B. 对共模信号构成负反馈,以提高抑制零点漂移的能力

　　C. 加强电路的对称性

4. 差分放大电路(不接负载时)由双端输出变为单端输出,其差模电压放大倍数(　　)。

　　A. 增加 1 倍　　　　　　　　　B. 减少 1 倍　　　　　　　　　C. 保持不变

三、填空题

1. 决定差分放大电路性能的好坏,应同时考虑它的_____和_____。

2. 共模抑制比 K_{CMR} 等于_____之比,电路的 K_{CMR} 越大,表明电路_____能力越强。

3. 差模输入信号电压的两个输入信号电压分别为 u_{i1} 和 u_{i2},则共模信号大小为_____,差模信号大小为_____。当 $u_{i1} = 20\text{mV}$, $u_{i2} = 10\text{mV}$ 时,$u_{id} = $_____,$u_{ic} = $_____。

四、分析与计算题

1. 如题图 3-1 所示,电路参数完全对称,已知 $\beta_1 = \beta_2 = 60$,$U_{BEQ1} = U_{BEQ2} = 0.7\text{V}$,设 $r_{be1} = r_{be2} = 2.2\text{k}\Omega$,$V_{CC} = V_{EE} = 12\text{V}$,$R_c = 10\text{k}\Omega$,$R_e = 6.8\text{k}\Omega$。试问:

(1) 输入信号是差模信号还是共模信号?

(2) 差模电压放大倍数 A_{ud} 等于多少?

(3) 共模抑制比 K_{CMR} 等于多少?

2. 差分放大电路如题图 3-2 所示,若 $\beta = 100$,试求:

(1) 静态时 V_{CQ};

(2) 差模电压放大倍数 A_{ud};

(3) 差模输入电阻 R_{id} 和输出电阻 R_o。

3. 差分放大电路如题图 3-3 所示,已知三极管的 $\beta = 60$,$r_{bb'} = 200\Omega$,$U_{BEQ} = 0.7\text{V}$。试求:

(1) 静态工作点;

(2) 差模电压放大倍数;

(3) 差模输入电阻和输出电阻。

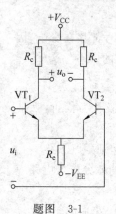

题图 3-1

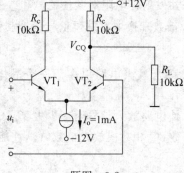

题图 3-2

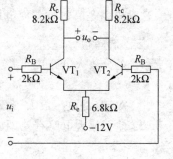

题图 3-3

3.2 集成运算放大器

【学习目标】
(1) 熟悉集成运算放大器的组成及特点。
(2) 掌握集成运放线性应用与非线性应用的特点。
(3) 掌握各种线性运算电路的分析方法。
(4) 掌握电压比较器的电路结构特点、阈值电压的计算和电压传输特性曲线的绘制。

3.2.1 集成运放的基本知识

集成运算放大器简称集成运放。集成运放最早应用于信号的运算,所以又称为运算放大器。随着电子技术的发展,目前集成运放的应用几乎渗透到电子技术的各个领域,成为组成电子系统的基本功能单元。

1. 集成运算放大器概述

运算放大器实际上就是一个高增益的多级直接耦合放大器,由于它最初主要用做模拟计算机的运算放大,故至今仍保留这个名字。集成运算放大器是利用集成工艺,将运算放大器的所有元件集成制作在同一块硅片上,再封装在管壳内。

为了更好地学习集成运放的具体电路,先简单介绍集成电路中的元件及其特点。集成电路除了体积小、元件集成度高外,还有以下特点。

(1) 所有元件都是在同一硅片上,在相同的条件下,采用相同的工艺流程制造,因而各元件参数具有同向偏差,性能比较一致。利用这一特点,可以制造像差分放大器那样对称性要求很高的电路。实际上,集成电路的输入级通常采用差分放大电路,以充分利用电路对称性,使输出的零漂得到较好的抑制。

(2) 由于电阻元件是由硅半导体的体电阻构成的,高阻值电阻在硅片上占用面积很大,难以制造,而晶体管在硅片上所占面积较小。所以,常采用三极管恒流源代替所需要的高阻值电阻。

(3) 集成电路工艺不宜制造几十微法以上的电容,更难制造电感元件。由于直接耦合可以减少或避免使用大电容及电感,所以集成电路中基本上都采用这种耦合方式。

(4) 集成电路中需要的二极管也常用三极管的发射结来代替,只要将三极管的集电极与基极短接即可。这主要是因为这样制作的"二极管"的正向压降的温度系数与同类型三极管的 U_{BE} 的温度系数非常接近,提高了温度补偿性能。

2. 集成运算放大器的组成及其符号

(1) 集成运算放大器的基本组成

集成运放内部实际上是一个高增益的直接耦合放大器,其内部组成原理框图如图 3-10 所示,它由输入级、中间级、输出级和偏置电路 4 个部分组成。

图 3-10 集成运算放大器内部组成原理框图

① 输入级。输入级是提高运算放大器质量的关键部分,要求其输入电阻高。为了能减少零点漂移和抑制共模干扰信号,输入级都采用具有恒流源的差分放大电路,也称差分输入级。

② 中间级。中间级的主要作用是提供足够大的电压放大倍数,故也称电压放大级。要求中间级本身具有较高的电压增益。为了减少前级的影响,还应具有较高的输入电阻。另外,中间级还应向输出级提供较大的驱动电流,并能根据需要实现单端输入、双端差分输出,或者双端差分输入、单端输出。

③ 输出级。输出级的主要作用是输出足够的电流以满足负载的需要,同时需要有较低的输出电阻和较高的输入电阻,起到将放大级和负载隔离的作用。输出级一般由射极输出器组成,以降低输出电阻,提高带负载能力。

④ 偏置电路。偏置电路的作用是为各级提供合适的工作电流,一般由各种恒流源电路组成。

此外,还有一些辅助环节,如电平移动电路、过载保护电路以及高频补偿环节等。

(2) 集成运算放大器的封装形式、图形符号和管脚功能

集成运放的封装形式主要有两类:金属圆帽封装和双列直插封装。图 3-11(a)所示为金属圆帽封装管脚排列图。金属圆帽封装是以圆帽边缘上的凸点作为定位标志的,一般以对准定位标志的管脚定为最大的管脚号。在早期产品中,有的对准管脚 1 或管脚 1 与最大脚间的空位。管脚排列以底视图顺时针方向顺序编号。图 3-11(b)所示为双列直插封装管脚排列图。双列直插器件的定位标志一般是在器件正表面上的一端设凹坑或标志点。管脚排列顺序是以顶视图,按逆时针方向从定位标志开始的第一管脚顺序排列。

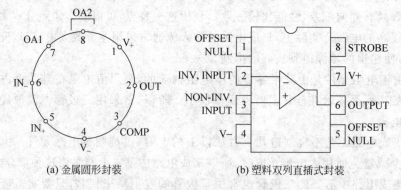

(a) 金属圆形封装　　　　　　(b) 塑料双列直插式封装

图 3-11　集成运放的两种封装

集成运放符号用图 3-12(a)、(b)简化表示。在手册中,各厂生产的集成运放均列有各管脚功能。图 3-12(c)所示为 LM741 的主要管脚,管脚 7 和 4 分别接电源 $+V_{CC}$ 和 $-V_{EE}$,管脚 3 和 2 框内的"+"、"−"号分别表示同相输入端和反相输入端,管脚 6 为输出端,管脚 1 和 5 外接调零电位器。在以后讨论的所有集成运放电路中,均采用图 3-12(a)或图 3-12(b)所示的简化符号表示,省略电源端子以及其他功能端的表示。

3. 集成运算放大器的主要技术指标

集成运放的性能指标较多,这些指标可以帮助我们了解运放的性能,便于正确地选择

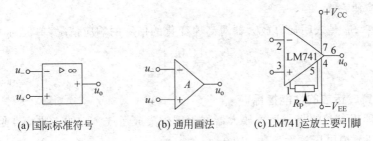

(a) 国际标准符号　　　　　(b) 通用画法　　　　(c) LM741运放主要引脚

图 3-12　集成运放的符号

和应用。下面介绍常用的几种性能指标。

(1) 开环差模电压增益 A_{uo}

A_{uo} 是表示集成运放无负反馈电路,且工作在线性状态时的差模电压增益,常用 $20\lg|A_{uo}|$ 表示,单位为 dB。该数值越大,集成运放的性能越好。

(2) 输入失调电压 U_{io} 及失调电压温漂 $\dfrac{dU_{io}}{dT}$

由于运算放大器的输入级不可能做到完全对称,当输入电压为零时,输出电压并不为零。为了使输出电压为零,在输入端人为地加上一个补偿电压,即失调电压 U_{io}。该电压一般在 10mV 以下。输入失调电压随温度、电源电压的变化而变化。通常将输入失调电压对温度的平均变化率称为输入失调电压温度漂移,用 $\dfrac{dU_{io}}{dT}$ 表示。这两个数值越小,运放的性能越高。

(3) 输入失调电流 I_{io} 及失调电流温漂 $\dfrac{dI_{io}}{dT}$

在静态时,放大器两个输入端的基极电流之差称为输入失调电流 I_{io},$I_{io}=|I_{B1}-I_{B2}|$。输入失调电流反映了两个输入管的参数匹配情况。输入失调电流对温度的平均变化率称为输入失调电流温漂,用 $\dfrac{dI_{io}}{dT}$ 表示。

(4) 差模输入电阻 R_{id}

R_{id} 是指运算放大器的两个输入端之间的动态电阻,它反映了运算放大器从信号源索取电流的大小。R_{id} 越大越好。

(5) 输出电阻 R_o

R_o 是指运算放大器在开环状态时,从输出端看进去的等效电阻,它反映了运算放大器的带负载能力。R_o 越小,电路带负载能力越强。

(6) 共模抑制比 K_{CMR}

$$K_{CMR}(dB) = 20\lg\left|\frac{A_{ud}}{A_{uc}}\right|$$

它反映了集成运放对共模信号的抑制能力。K_{CMR} 越大,运放的质量越好。

(7) 截止频率 f_H

截止频率 f_H 是指运算放大器的 A_{uo} 下降 3dB 时的信号频率,又叫运算放大器的 3dB 带宽,是表征运算放大器的信号频率特性的参数。

（8）转换速率 S_R

转换速率 S_R 是表明运算放大器对高速变化的信号的响应情况，单位为 $V/\mu s$。

$$S_R = \frac{du_o}{dt}\bigg|_{max}$$

4. 理想集成运放的性能指标

把具有理想参数的集成运算放大器称为理想集成运放。它的主要特点是：

（1）开环差模电压放大倍数 $A_{uo} \to \infty$。

（2）输入电阻 $R_{id} \to \infty$。

（3）输出电阻 $R_o \to 0$。

（4）共模抑制比 $K_{CMR} \to \infty$。

（5）器件的频带为无限宽，没有失调现象等。

5. 集成运放的传输特性

（1）传输特性

集成运放是一个直接耦合的多级放大器，它的传输特性如图 3-13 中的曲线①所示。图中，BC 段为集成运放工作的线性区，AB 段和 CD 段为集成运放工作的非线性区（即饱和区）。由于集成运放的电压放大倍数极高，BC 段十分接近纵轴。在理想情况下，认为 BC 段与纵轴重合，所以它的理想传输特性可以由图中曲线②表示。$B'C'$ 段表示集成运放工作在线性区，AB' 和 $C'D$ 段表示运放工作在非线性区。

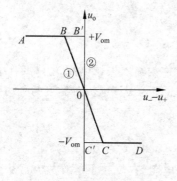

图 3-13　运放传输特性图

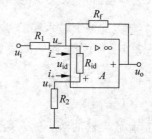

图 3-14　带有负反馈的运放电路

（2）工作在线性区的集成运放

当集成运放电路的反相输入端和输出端有通路时（称为负反馈），如图 3-14 所示，一般情况下，可以认为集成运放工作在线性区。由图 3-13 中的曲线②可知，在这种情况下，理想集成运放具有两个重要特点。

① 集成运放两个输入端之间的电压通常接近于 0，即 $u_{id} = u_+ - u_- \approx 0$。若把它理想化，则有 $u_{id} = 0$，但不是短路，故称为"虚短"。由此得出

$$u_- \approx u_+ \tag{3-27}$$

② 流入集成运放的净输入电流近似为 0，即 $i_{id} \approx 0$。若把它理想化，则有 $i_{id} = 0$，但不是断开，故称为"虚断"。由此得出

$$i_- = i_+ \approx 0 \tag{3-28}$$

式(3-28)说明,集成运放同相端和反相端的电流近似为 0。

利用"虚短"和"虚断"的概念分析工作于线性区的集成运放电路将十分简便。

（3）工作在非线性区的集成运放

集成运放处于开环状态,或运放的同相输入端和输出端有通路时(称为正反馈),如图 3-15 和图 3-16 所示,集成运放工作在非线性区。它具有如下特点:对于理想集成运放而言,当反相输入端 u_- 与同相输入端 u_+ 不等时,输出电压是一个恒定的值,极性可正可负,即

$$\left. \begin{array}{l} u_- > u_+, \quad u_o = -V_{om} \\ u_- < u_+, \quad u_o = +V_{om} \end{array} \right\} \tag{3-29}$$

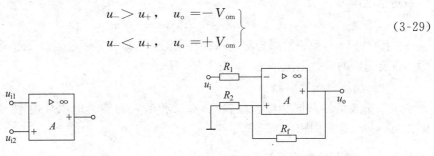

图 3-15　运放开环状态　　　　图 3-16　带有正反馈的运放电路

式中,$\pm V_{om}$ 是集成运放输出正向和负向饱和电压的最大值。其工作特性如图 3-13 中 AB' 和 $C'D$ 段所示。

值得注意的是,由于集成运放的输入电阻 $R_{id} \rightarrow \infty$,工作在非线性区的集成运放的净输入电流仍然近似为 0,即 $i_- = i_+ \approx 0$,"虚断"的概念仍然成立。

3.2.2　集成运放的线性应用

由集成运放和外接电阻、电容构成的比例、加减、积分和微分运算电路称为基本运算电路。此时,集成运放工作在线性区。在分析这些电路的输出与输入运算关系或电压放大倍数时,将集成运放看成理想运放,因此可根据"虚短"和"虚断"的特点来分析,比较简便。

1. 比例运算电路

（1）反相比例运算电路

图 3-17 所示电路是反相比例运算电路。输入信号从反相输入端输入,同相输入端通过电阻接地。根据"虚短"和"虚断"的特点,即 $u_- \approx u_+$,$i_- = i_+ \approx 0$,可得 $u_+ = 0$,故 $u_- = 0$。这表明,当运放反相输入端与地等电位,但又不是真正接地,称为"虚地",$i_1 = \dfrac{u_i}{R_1}$,$i_f = \dfrac{u_- - u_o}{R_f} = -\dfrac{u_o}{R_f}$。又因 $i_- = 0$,故 $i_1 = i_f$,可得

$$u_o = -\frac{R_f}{R_1} u_i \tag{3-30}$$

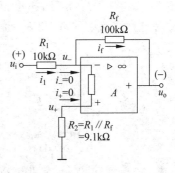

图 3-17　反相比例运算电路

该式表明，u_o 与 u_i 符合比例关系，式中的负号表示输出电压与输入电压的相位相反。电压放大倍数为：

$$A_{uf} = \frac{u_o}{u_i} = -\frac{R_f}{R_1} \tag{3-31}$$

改变 R_f 和 R_1 比值，即可改变其放大倍数。

由图 3-17 中所示参数，可计算出

$$A_{uf} = \frac{u_o}{u_i} = -\frac{R_f}{R_1} = -\frac{100}{10} = -10$$

输出电压为：

$$u_o = -A_{uf}u_i = -10u_i$$

在图 3-17 中，运放的同相输入端接有电阻 R_2，称为平衡电阻。要求两个输入端外接静态直流通路的等效电阻平衡，即 $R_2 = R_1 // R_f$。

（2）同相比例运算电路

如果输入信号从同相输入端输入，而反相输入端通过电阻接地，并引入负反馈，如图 3-18 所示，称为同相比例运算电路。

由虚短、虚断的性质可知 $u_- = \dfrac{R_1}{R_1 + R_f}u_o = u_+ = u_i$，即

$$u_o = \left(1 + \frac{R_f}{R_1}\right)u_i \tag{3-32}$$

则电压放大倍数为：

$$A_{uf} = \frac{u_o}{u_i} = 1 + \frac{R_f}{R_1} \tag{3-33}$$

式（3-32）表明，该电路与反相比例运算电路一样，u_o 与 u_i 也符合比例关系，但是输出电压与输入电压相位相同。

根据图 3-18 中的参数可计算出

$$A_{uf} = 1 + \frac{R_f}{R_1} = 1 + \frac{100}{10} = 11$$

$$u_o = A_{uf}u_i = 11u_i$$

在图 3-18 中，若去掉 R_1，如图 3-19 所示，这时

$$u_o = u_- = u_+ = u_i$$

表明 u_o 与 u_i 大小相等，相位相同，即 $u_o = u_i$，起到电压跟随作用，故该电路称为电压跟随器。这种电路中的 R_f 和 R_2 也可用直线连接取代，其电压放大倍数为：

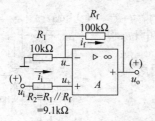

图 3-18　同相比例运算电路

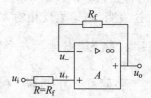

图 3-19　电压跟随器

$$A_{uf} = \frac{u_o}{u_i} = 1 \tag{3-34}$$

2. 加减运算电路

(1) 加法电路

图 3-20 所示是对两个信号求和的电路,信号由反相输入端引入,同相端通过一个电阻接地。前面已经指出,反相比例电路的反相输入端为虚地。根据虚断和虚地的概念,由

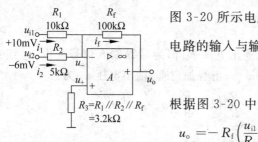

图 3-20 加法电路

图 3-20 所示电路可得 $i_1 + i_2 = i_f$,即 $\frac{u_{i1}}{R_1} + \frac{u_{i2}}{R_2} = \frac{0 - u_o}{R_f}$。因此,电路的输入与输出的关系为:

$$u_o = -R_f \left(\frac{u_{i1}}{R_1} + \frac{u_{i2}}{R_2} \right) \tag{3-35}$$

根据图 3-20 中所示的参数可计算出

$$u_o = -R_f \left(\frac{u_{i1}}{R_1} + \frac{u_{i2}}{R_2} \right) = -100 \times \left(\frac{10}{10} + \frac{-6}{5} \right) = 20 (\text{mV})$$

同时,平衡电阻

$$R_3 = R_1 /\!/ R_2 /\!/ R_f = 3.2 (\text{k}\Omega)$$

当 $R_1 = R_2 = R$ 时,

$$u_o = -\frac{R_f}{R} (u_{i1} + u_{i2}) \tag{3-36}$$

(2) 减法电路

运放电路的反相输入端和同相输入端分别加入信号 u_{i1} 和 u_{i2},如图 3-21 所示。这种输入方式的电路称为差分运算电路。

利用叠加定理,并根据式(3-30)和式(3-33),得

$$u_o = \left(1 + \frac{R_f}{R_1} \right) u_+ - \frac{R_f}{R_1} u_{i1}$$

式中,$u_+ = \frac{R_3}{R_2 + R_3} u_{i2}$,则输出电压为:

$$u_o = \frac{R_1 + R_f}{R_1} \cdot \frac{R_3}{R_2 + R_3} u_{i2} - \frac{R_f}{R_1} u_{i1} \tag{3-37}$$

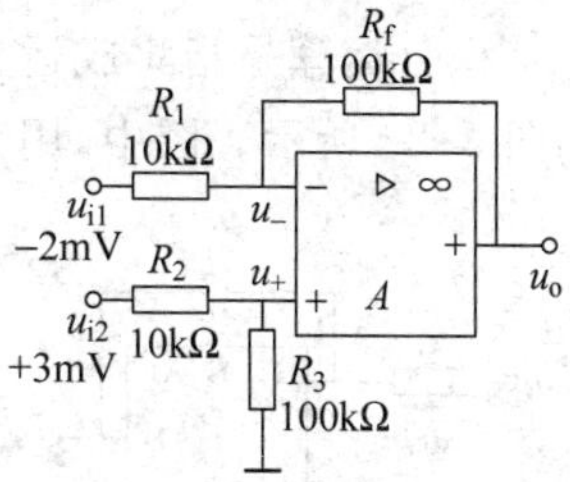

若 $R_1 = R_2$,$R_f = R_3$,可以得出输出电压为:

$$u_o = \frac{R_f}{R_1} (u_{i2} - u_{i1}) \tag{3-38}$$

图 3-21 减法电路

式(3-38)表明,适当选择电阻参数,使输出电压与两个输入电压的差值成比例,故称为减法运算电路。根据图 3-21 所示参数可计算输出电压

$$u_o = \frac{R_f}{R_1} (u_{i2} - u_{i1}) = \frac{100}{10} \times (3 + 2) = 50 (\text{mV})$$

【例 3-3】 写出图 3-22 所示二级运算电路的输入、输出关系。

解:在图 3-22 中,A_1 组成同相比例运算电路,故

$$u_{o1} = \left(1 + \frac{R_2}{R_1} \right) u_{i1}$$

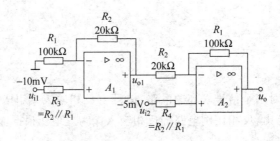

图 3-22 例 3-3 的电路

由于理想运放输出电阻 $R_o = 0$，故前级输出电压 u_{o1} 即为后级输入信号。由 A_2 组成差分放大电路的两个输入信号分别为 u_{o1} 和 u_{i2}。由叠加定理，输出电压 u_o 为：

$$u_o = -\frac{R_1}{R_2}u_{o1} + \left(1 + \frac{R_1}{R_2}\right)u_{i2} = -\frac{R_1}{R_2}\left(1 + \frac{R_2}{R_1}\right)u_{i1} + \left(1 + \frac{R_1}{R_2}\right)u_{i2}$$

$$= \left(1 + \frac{R_1}{R_2}\right)(u_{i2} - u_{i1})$$

上式表明，图 3-22 电路是一个减法电路。

根据图 3-22 中所示的参数可计算出：

$$u_o = \left(1 + \frac{R_1}{R_2}\right)(u_{i2} - u_{i1})$$

$$= \left(1 + \frac{100}{20}\right)(-5 + 10) = 30(\text{mV})$$

3. 积分与微分电路

（1）积分电路

积分运算是指集成运放的输出电压与输入电压的积分成比例的运算。积分运算电路如图 3-23 所示。图中，用 C_f 代替 R_f 构成反馈电路。

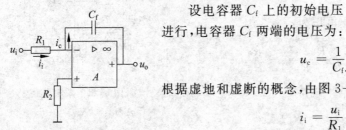

图 3-23 积分运算电路

设电容器 C_f 上的初始电压 $U_C(0) = 0$，随着充电过程的进行，电容器 C_f 两端的电压为：

$$u_c = \frac{1}{C_f}\int i_c \, \mathrm{d}t$$

根据虚地和虚断的概念，由图 3-23 可知

$$i_i = \frac{u_i}{R_1} = i_c$$

故

$$u_o = -u_c = -\frac{1}{R_1 C_f}\int u_i \, \mathrm{d}t \tag{3-39}$$

式(3-39)表明，输出电压 u_o 为输入电压 u_i 对时间 t 的积分，且相位相反。

若输入电压 u_i 是恒定的直流电压 U_i，则有

$$u_o = \frac{U_i}{R_1 C_f}t \tag{3-40}$$

这时，输出电压与积分时间成正比。因此，即使输入电压很小，经过一段时间后，输出

电压也会积累到一定数值。这种特性在自动调节系统和测量系统中应用广泛。

积分电路可以将输入的方波变换成三角波，如图 3-24 所示。

（2）微分电路

微分运算是积分运算的逆运算。在积分电路中，电阻 R_1 与电容 C_f 的位置对调，即得微分电路，如图 3-25 所示。

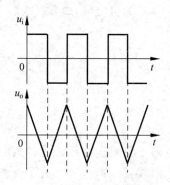

图 3-24 积分电路变换波形示意图

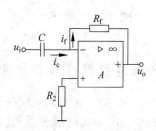

图 3-25 微分运算电路

由图 3-25 可知

$$i_c = C \frac{\mathrm{d}u_c}{\mathrm{d}t} = C \frac{\mathrm{d}u_i}{\mathrm{d}t}$$

$$i_f = -\frac{u_o}{R_f} = i_c$$

故

$$u_o = -i_c R_f = -CR_f \frac{\mathrm{d}u_i}{\mathrm{d}t} \qquad (3\text{-}41)$$

式（3-41）表明，输出电压 u_o 正比于输入电压 u_i 对时间 t 的微分。若 u_i 是恒定的直流电压，则 $u_o = 0$。

微分电路可以将输入的方波变换成尖峰波，如图 3-26 所示。

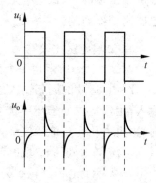

图 3-26 微分电路变换波形示意图

【例 3-4】 电路如图 3-27 所示。

① 试写出输入、输出关系式。

② 若 $u_i = 1V$，电容器的初始电压为 0，问输出电压何时达到 0V？

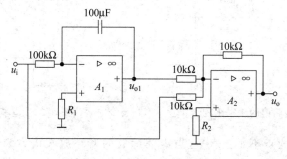

图 3-27 例 3-4 的电路

解: ① 经分析可知,A_1 为积分电路,A_2 为反相加法器,u_i 经积分后与 u_i 进行反相求和运算。由此可得:

$$u_{o1} = -\frac{1}{RC}\int_{t_0}^{x} u_i \mathrm{d}t + u_c \mid_{t_0 = 0}$$

$$u_o = -u_{o1} - u_i$$

② 设 t_1 时刻 u_o 达到 0V,因 $u_c \mid_{t_0 = 0} = 0$V,$u_i = 1$V 为恒定值,故有

$$u_o = \frac{u_i}{RC}t_1 - u_i = 0$$

将图 3-25 中的参数代入,得

$$t_1 = RC = 1 \times 10^5 \times 1 \times 10^{-4} = 10(\mathrm{s})$$

3.2.3　集成运放的非线性应用

电压比较器是集成运放非线性应用的典型电路。集成运放用做比较器时,工作于开环状态,只要两端输入电压有差别(差动输入),输出端就立即饱和。为了改善输入、输出特性,常在电路中引入正反馈。电压比较器的基本功能是比较两个或多个模拟量的大小,并由输出端的高、低电平来显示比较结果。它分为单门限(简称单限)电压比较器和滞回电压比较器两类。

1. 单限电压比较器

图 3-28(a)所示是一个简单的单限比较器电路图。

图中,运放的同相输入端接基准电位(或称参考电位)V_{REF},被比较信号从反相输入端输入,集成运放处于开环状态。当 $u_i > V_{REF}$ 时,输出电压为负饱和值 $-V_{om}$;当 $u_i < V_{REF}$ 时,输出电压为正饱和值 $+V_{om}$。其传输特性如图 3-28(b)所示。可见,只要输入电压在基准电压 V_{REF} 处稍有变化,输出电压 u_o 就在负最大值到正最大值之间变化。比较器的输出电压从一个电平翻转到另一个电平时对应的输入电压值称为阈值电压或门限电压,用 V_{TH} 表示。

特别地,当 $V_{REF} = 0$V,即集成运放的同相输入端接地时,基准电压为 0V,这时的比较器称为过零比较器。当过零比较器的输入信号 u_i 为正弦波时,输出电压 u_o 为正、负宽度相同的矩形波,如图 3-29 所示。

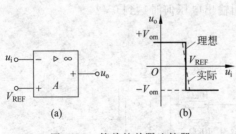

图 3-28　简单的单限比较器

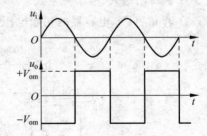

图 3-29　过零比较器波形图

单限比较器有两点不足:第一,当集成运放的开环放大倍数 A_{uo} 不是非常大时,其传输特性将如图 3-28(b)虚线所示,高、低电平转换部分的陡度减小。例如,设 $A_{uo} = 10^3$,

$V_{om}=10V$，则 u_i 需比 V_{REF} 低 10mV，输出才能达到 $+V_{om}$；u_i 需比 V_{REF} 高 10mV，输出才能达到 $-V_{om}$。也就是说，当 $|u_i-V_{REF}|<10mV$ 时，该比较器不能很好地判断 u_i 与 V_{REF} 的大小。第二，这种比较器抗干扰能力差，特别是输入电压处于基准电压附近时，若输入信号中混有噪声，输出电压会随噪声在正、负最大值之间来回翻转，无法稳定。

2. 滞回电压比较器

对于上面介绍的电压比较器，其状态翻转的门限电压是在某一固定值上，在实际应用时，如果实际测得的信号存在外界干扰，过零电压比较器容易出现多次误翻转。解决方法是采用滞回电压比较器。

（1）电路特点

滞回电压比较器（又叫迟滞电压比较器）如图 3-30(a) 所示。它是在过零比较器的基础上，从输出端引一个电阻分压支路到同相输入端，形成正反馈。这样，同相端电压 u_+ 不再是固定的，而是由输出电压和参考电压共同作用叠加而成，因此集成运放的同相端电压 u_+ 也有两个。

当输出为正向饱和电压 $+V_{om}$ 时，将集成运放的同相端电压称为上门限电平，用 V_{TH1} 表示，有

$$V_{TH1} = u_+ = V_{REF}\frac{R_f}{R_f+R_2} + V_{om}\frac{R_2}{R_f+R_2} \qquad (3-42)$$

当输出为负饱和电压 $-V_{om}$ 时，将集成运放的同相端电压称为下门限电平，用 V_{TH2} 表示，有

$$V_{TH2} = u_+ = V_{REF}\frac{R_f}{R_f+R_2} - V_{om}\frac{R_2}{R_f+R_2} \qquad (3-43)$$

通过式(3-42)和式(3-43)可以看出，上门限电平 V_{TH1} 的值比下门限电平 V_{TH2} 的值大。

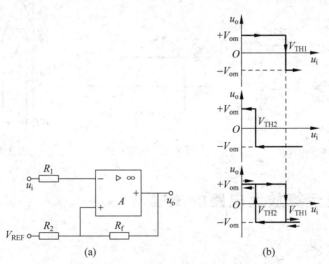

图 3-30 滞回电压比较器

（2）传输特性和回差电压 ΔV_{TH}

滞回比较器的传输特性如图 3-30(b) 所示。当输入信号 u_i 从零开始增加时，电路输

出为正饱和电压＋V_{om}，此时集成运放同相端对地电压为 V_{TH1}。当 u_i 逐渐增加到刚超过 V_{TH1} 时，电路翻转，输出变为负向饱和电压－V_{om}。这时，同相端对地电压变为 V_{TH2}，若 u_i 继续增大，输出保持－V_{om} 不变。

若 u_i 从最大值开始下降，当下降到上门限电压 V_{TH1} 时，输出并不翻转，只有下降到略小于下门限电压 V_{TH2} 时，电路才发生翻转，输出变为正向饱和电压＋V_{om}。

由以上分析可以看出，该比较器具有滞回特性。

上门限电压 V_{TH1} 与下门限电压 V_{TH2} 之差称为回差电压，用 ΔV_{TH} 表示，有

$$\Delta V_{TH} = V_{TH1} - V_{TH2} = 2V_{om} \frac{R_2}{R_2 + R_f} \tag{3-44}$$

回差电压的存在，大大提高了电路的抗干扰能力。只要干扰信号的峰值小于半个回差电压，比较器就不会因为干扰而误动作。

【例 3-5】 滞回电压比较器如图 3-31 所示，试计算其门限电压 V_{TH1}、V_{TH2} 和回差电压 ΔV_{TH}，画出传输特性；当 $u_i = 6\sin\omega t$（V）时，试画出该电路的输出电压 u_o 的波形。

解：$V_{TH1} = V_{REF} \dfrac{R_f}{R_f + R_2} + V_Z \dfrac{R_2}{R_f + R_2} = 2 \times \dfrac{10}{10+10} + 6 \times \dfrac{10}{10+10} = 4V$

$V_{TH2} = V_{REF} \dfrac{R_f}{R_f + R_2} - V_Z \dfrac{R_2}{R_f + R_2} = 2 \times \dfrac{10}{10+10} - 6 \times \dfrac{10}{10+10} = -2V$

$\Delta V_{TH} = V_{TH1} - V_{TH2} = 8V$

传输特性如图 3-32 所示。

当 $u_i = 6\sin\omega t$（V）时，该电路的输出电压 u_o 的波形如图 3-33 所示。

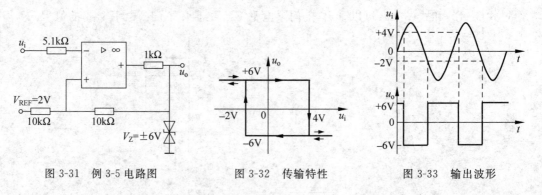

图 3-31　例 3-5 电路图　　　　图 3-32　传输特性　　　　图 3-33　输出波形

实训　集成运算放大电路的测试

一、实训目的：

通过 LM 741 运算电路的测试，验证：

1. 反相比例运算　　　　$u_o = -R_f/R \cdot u_i$；

2. 减法比例运算　　　　$u_o = R_f/R(u_{i2} - u_{i1})$；

3. 加法比例运算　　　　$u_o = -R_f/R(u_{i1} + u_{i2} + u_{i3})$。

二、实训器材

直流稳压电源、万用表、小型可调直流电源、实验线路板、电阻元件板。

三、实训步骤

1. 验证反相输入比例运算电路

（1）将实验线路板和电阻元件板连接成如图 3-34 所示反相输入比例运算电路；

（2）将 ±12V 电源接入实验板，先把 u_i 端接地，调节 R_P 使 $u_o=0$；

（3）再输入 u_i，测出 u_o 后填入表 3-5。

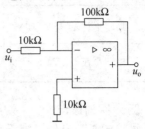

图 3-34　反相输入比例运算电路

表 3-5　验证反相输入比例运算电路

输入电压 u_i(mV)		30	100	300	1000	3000
输出电压 u_o(mV)	理论值(mV)					
	实测值(mV)					
	误差					

2. 验证减法比例运算放大电路

（1）将实验线路板和电阻元件板连接成如图 3-35 所示减法比例运算放大电路；

（2）分别输入 u_{i1} 和 u_{i2}，测出 u_o 值，并将数据填入表 3-6 中。

表 3-6　验证减法比例运算放大电路

输入电压(V)	u_{i1}	1	2	0.2
	u_{i2}	0.5	1.8	−0.2
输出电压 u_O(V)	理论值			
	实测值			

3. 验证加法比例运算放大器

（1）将实验线路板和电阻元件板连接成如图 3-36 所示的加法比例运算放大器；

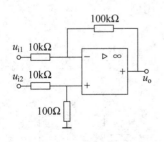

图 3-35　减法比例运算放大电路

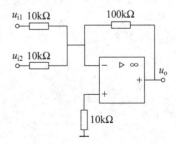

图 3-36　加法比例运算放大器

(2) 分别输入 u_{i1}，u_{i2}，测出 u_o 值，填入表 3-7。

表 3-7　验证加法比例运算放大器

输入电压(V)	u_{i1}	0.3	−0.3
	u_{i2}	0.2	0.2
输出电压 u_o (V)	理论值		
	实测值		

四、实训操作

可以通过扫右侧二维码观看本实验的操作步骤。

集成运算放大
电路的测试

思考与练习

一、判断题（对的打"√"，错的打"×"）

(　　)1. 反相运算放大器是一种电压并联负反馈放大器。

(　　)2. 同相运算放大器是一种电压串联负反馈放大器。

(　　)3. 集成运放组成运算电路时，它的反相输入端均为虚地。

(　　)4. 单限比较器比滞回比较器抗干扰能力强，而滞回比较器比单限比较器灵敏度高。

二、选择题

1. (　　)比例运算电路的输入电流基本上等于流过反馈电阻的电流，而(　　)比例运算电路的输入电流几乎等于零。

　　A. 同相　　　　　　B. 反相

2. 如题图 3-4 所示电路，当 $R_1 = R_2 = R_3$ 时，u_o 为(　　)。

　　A. $-(u_{i1} + u_{i2})$　　B. $-(u_{i1} - u_{i2})$　　C. $+(u_{i1} + u_{i2})$　　D. $+(u_{i1} - u_{i2})$

3. 运算放大器要进行调零，是由于(　　)。

　　A. 温度的变化　　　B. 存在输入失调电压　　　C. 存在偏置电流

4. 反相比例运算电路的输入电阻较(　　)，同相比例运算电路的输入电阻较(　　)。

　　A. 高　　　　　　　B. 低　　　　　　　　C. 不变

5. (　　)运算电路可将方波电压转换成三角波电压。

　　A. 微分　　　　　　B. 积分　　　　　　　C. 比例

6. 电路如题图 3-5 所示，u_o 和 u_i 的关系为(　　)。

　　A. $u_o = -u_i$　　　B. $u_o = u_i$　　　C. $u_o = -\dfrac{R_2}{R_1} u_i$　　D. $u_o = \left(1 + \dfrac{R_2}{R_1}\right) u_i$

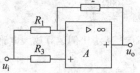

题图　3-4　　　　　　　　　　　　　　　题图　3-5

三、填空题

1. 理想运算放大器的开环差模电压放大倍数 A_{uo} 可认为_____,输入电阻 R_{id} 为_____,输出电阻 R_o 为_____。

2. 当集成运算放大器处于_____状态时,可运用_____和_____概念。

3. 集成电路是把_____、_____和_____等集中制造在一小块基片上,使包含许多元件的复杂电路变成单一的器件。

4. 由集成运算放大器组成的电压比较器,其关键参数门限电压是指使输出电压发生_____时的电压值。只有一个门限电压的比较器电路称为_____比较器,具有两个门限电压的比较器电路称为_____比较器或者_____。

四、分析与计算题

1. 由理想运放构成的电路如题图 3-6 所示。试计算输出电压 u_o 的值。

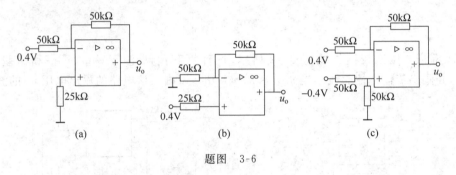

题图　3-6

2. 电路如题图 3-7 所示,已知 $R_f=5R_1$, $u_i=10mV$,求 u_o 的值。

3. 电路如题图 3-8 所示,试求输出电压 u_o 的值。

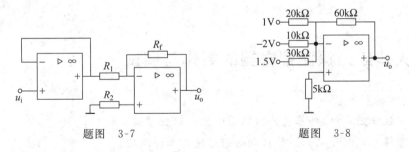

题图　3-7　　　　　　　　题图　3-8

4. 积分电路如题图 3-9(a) 所示。已知输入电压如题图 3-9(b) 所示,且 $t=0$ 时,$u_c=0$。试分别画出电路的输出电压波形。

5. 如果要求运算电路的输出电压 $u_o=-5u_{i1}+2u_{i2}$,已知反馈电阻 $R_f=50k\Omega$,试画出电路图并求出各电阻值。

6. 试画出如题图 3-10 所示各电压比较器的传输特性曲线。

7. 滞回电压比较器如题图 3-11 所示,试画出该电路的传输特性。当输入电压 $u_i=4\sin\omega t(V)$ 时,画出该电路的输出电压 u_o 的波形。

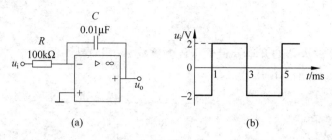

题图　3-9

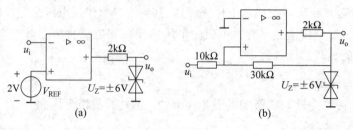

题图　3-10

8. 滞回电压比较器如题图 3-12 所示，试计算其门限电压 V_{TH1}、V_{TH2} 和回差电压 ΔV_{TH}，并画出传输特性曲线。当 $u_i = 4\sin\omega t$ (V)时，试画出该电路的输出电压 u_o 的波形。

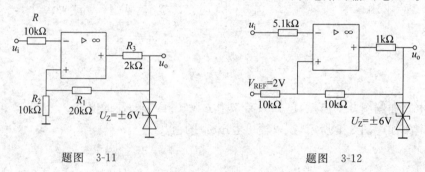

题图　3-11　　　　　　　　　　　　题图　3-12

3.3　人体红外探测报警器的制作与调试

【学习目标】

(1) 增强专业意识，培养良好的职业道德和职业习惯；

(2) 理解人体红外探测报警器电路的组成与工作原理；

(3) 认识人体红外探测报警器元器件，掌握相关元器件的测量；

(4) 熟练使用电子 CAD 软件绘制电路原理图；

(5) 熟练使用电子焊接工具，完成人体红外探测报警器电路的焊接装配；

(6) 熟练使用电子仪器仪表，完成人体红外探测报警器电路的功能检测；

(7) 了解人体红外探测报警器电路常见故障的分析与排除方法。

图 3-37 所示的人体红外探测报警器来源于苏州润本电子科技有限公司的智能安防系统产品中的部分电路。

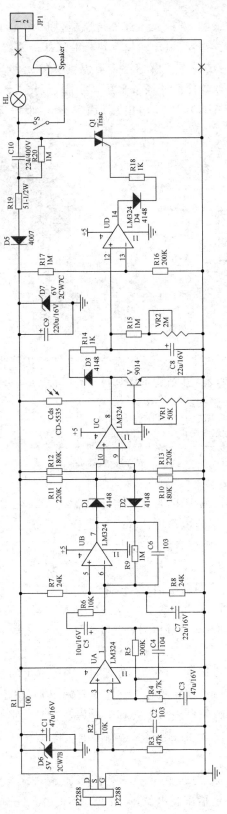

图 3-37 人体红外探测报警器电路图

热释电传感器是一种传感器,别称人体红外传感器,用于生活的防盗报警、来客告知等,原理是将释放电荷经放大器转为电压输出。热释电红外传感器由滤光片、热释电探测元和前置放大器组成,补偿型热释电传感器还带有温度补偿元件,图 3-38 所示为热释电传感器的内部结构。热释电红外传感器通常采用 3 引脚金属封装,各引脚分别为电源供电端(内部开关管 D 极,DRAIN)、信号输出端(内部开关管 S 极,SOURCE)、接地端(GROUND)。实物图如图 3-39 所示。

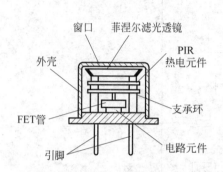

图 3-38　热释电红外传感器的结构

图 3-39　热释电红外传感器的实物图

人体红外探测报警器电路主要由光学系统、热释电红外传感器、信号滤波和放大电路、信号处理和报警电路等组成。其结构框图如图 3-40 所示。

图 3-40　人体红外探测报警器结构框图

项目中采用国内外最流行的 PIR 人体热释电传感器 P2288 作信号探测器,灵敏度高,探测距离可达 10 米以上,其俯视角可达 86°,水平视角可达 120°。因它仅对人体释放的、特定波长的红外光最敏感,搭配旁路电容,抗干扰能力强,因而误动作极小。

P2288 为人体红外感应传感器,上方带有一个菲涅尔镜片。探测到前方人体辐射出的红外线信号时,由 S 脚输出微弱的电信号,不能驱动后续电路工作,必须使信号放大到后续电路所需的值。该放大电路采用两级放大。当有人在其探测区域内以 0.3～10Hz 的频率活动时,它就能感生出微弱的电信号,经 U-A、U-B 两级放大后,从 U-B⑦脚输出 0.5～5.5V 的强信号。

D1、D2、R10～R13 及 U-C 组成双门限比较器,因 PIR 感生的信号电压可正可负,故 U-B⑦脚输出的电压亦可正可负(对中心电压 3V 而言)。当其输出的电压达到 4.1V 以上时,通过 D1 施加于 U-C⑩脚的电压高于⑨脚的电压(3.3V),使 U-C⑧脚输出高电位;而当 U-B⑦脚输出的电位低于 2V 时,则 U-C⑨脚的电压将通过 D2 下降至 2.7V 以下,其⑧脚也输出高电位。

平时无信号时,由于 U-C⑨脚的电位(3.3V 高于⑩脚(2.7V),故⑧脚无输出。当 PIR 接收到信号时,⑧脚就一定输出高电位,通过 D3、R14 给 C8 充电,使 U-D⑫脚电位高于⑬脚，其⑭脚输出高电位触发双向可控硅导通，点亮电灯。

由于 C8 所储电能通过 R15、VR2 放电需时约 2 分钟，故在此 2 分钟内灯一直亮着。当 C8 上的电压低于⑬脚电压(1V)时，⑭脚无输出，可控硅关闭，灯自动熄灭。

在夜间入眠或家中无人时，可将开关 S 闭合，一旦有小偷潜入探测区域内，在灯亮的同时会伴随着铃声大作，可以将小偷吓跑，起到防盗的作用。

光敏电阻 CdS 及三极管 V 等组成光控电路，白天因光敏电阻的阻值很小(10kΩ 以下)，三极管 V 饱和导通，将 U-C⑧脚钳位至 0.3V 左右，故无论有无感应信号，可控硅均不能导通，灯不能点亮；到了夜晚，因光敏电阻的阻值变大到几兆欧，三极管 V 导通截止，U-C⑧脚不再受其钳位，一旦 PIR 人体红外感应传感器接收到信号，⑧脚就立即输出高电平，使可控硅导通，将灯点亮。

实训　人体红外探测报警器的制作与调试

一、工作任务

1. 读懂人体红外探测报警器电路原理图。
2. 画出印制电路板布线图。
3. 根据布线图制作人体红外探测报警器电路。
4. 完成人体红外探测报警器电路功能检测和故障排除。
5. 分小组讨论进行分析总结，编写项目实训报告。

二、设备与器件

1. 装配工具：电烙铁、焊锡丝、钳子、起子、电路板。
2. 调试设备：数字电压表、双踪示波器。
3. 实训器件：电路所需元件名称、规格型号和数量见表 3-8 所示。

表 3-8　人体红外探测报警器电路元件清单

编号	名称	型号	数量	编号	名称	型号	数量
R1	电阻	100	1	C1\C3	电解电容	47u/16V	2
R2\R6	电阻	10K	2	C2\C6	涤纶电容	103	2
R3	电阻	47K	1	C4	涤纶电容	104	1
R4	电阻	4.7K	1	C5	电解电容	10u/16V	1
R5	电阻	300K	1	C7\C8	电解电容	22u/16V	2
R7\R8	电阻	24K	2	C9	电解电容	220u/16V	1
R9\R15\R17\R20	电阻	1M	4	C10	电解电容	224u/400V	1
R10\R12	电阻	180K	2	D1\D2\D3\D4	普通二极管	IN4148	4
R11\R13	电阻	220K	2	D5	整流二极管	IN4007	1
R14\R18	电阻	1K	2	V	晶体三极管	9014	1
R16	电阻	200K	1	Q1	双向可控硅	TRIAC	1
R19	电阻	51-1/2w	1	P2288	红外传感器	P2288	1

续表

编　号	名　　称	型号	数量	编　　号	名　　称	型号	数量
U	运算放大器	LM324	1	Speaker	电磁讯响器	Speaker	1
D6\D7	稳压二极管	2CW7B\C 5V\6V	2	T	电源变压器	12V 5W	1
				S	钮子开关		1
VR1\VR2	电位器	50K\2M	2	HL	灯泡	HL	1
CdS	光敏电阻	CD-5535	1				

三、元器件的检测

1. LM324 集成电路芯片的检测

（1）不在路检测

这种方法是在 LM324 集成电路芯片未焊入电路时进行检测的一种方法，一般情况下可用万用表测量各引脚对应于接地引脚之间的正反向电阻值，然后与完好的集成电路芯片进行比较。

（2）在路检测

这是一种通过万用表检测 LM324 集成电路芯片各引脚在集成电路直流电阻、对地交直流电压以及总工作电流的检测方法。这种方法克服了代换实验法需要有可代换集成电路芯片的局限性和拆卸集成电路芯片的麻烦，是检测集成电路芯片最常用和实用的方法。

2. 扬声器的检测

扬声器的检测请参考项目二中的检测方法。

3. 三极管的检测

三极管的检测请参考项目一中三极管的测试与判别。

四、电路的安装

1. 电路安装的基本步骤

（1）绘制元件装配图。

（2）手工绘制印制板图、制作 PCB 板。

（3）元件插装与电路焊接。

2. 电路安装的工艺要求

（1）电路的插装，焊接要严格执行工艺规范。

（2）元件布置必须美观、整洁、合理。

（3）所有焊点必须光亮、圆润、无毛刺、无虚焊、错焊和漏焊。

（4）连接导线应正确、无交叉，走线美观简捷。

（5）特别注意电容器、二极管的极性、三极管的引脚不能接错。

五、电路的调试

1. 仔细检查、核对电路与元件，确认无误后接入电源。

2. 在 PIR 人体红外传感器的前面安装菲涅尔透镜，这是由于人体的活动频率范围为

$0.1—10H_z$,所以需要用菲涅尔透镜对人体活动频率倍增。

3. 电路安装无误后,接上电源进行调试,让人在探测器前方 $7—10m$ 处走动,调整电路中的电阻,使电路中的报警电路正常工作即可。其他的元器件只要焊接无误,质量完好,几乎不用调试即可正常工作。

4. 本机静态工作电流约 $10mA$,接通电源约 1 分钟后进入守候状态,只要有人进去相应区域便会报警,人离开后约 1 分钟停止报警。

六、 故障分析与排除

1. 报警器发生误报的情况

可能的问题:安装的位置和方式不合理。正确的安装应该是:

(1) 报警器离地面一定的距离。

(2) 报警器应远离空调、冰箱火炉等空气、温度变化比较敏感的地方。

(3) 探测器报警范围内不得有隔屏、家具、大型盆景等隔离物。

(4) 报警器不要直对窗口,否则窗外的热气流和人员走动也会引起误报。

2. 放大电路有故障

(1) 首先检查有没有输入,若没有,则问题出在耦合电容,此时应对耦合电路进行故障排除。

(2) 如果输入正常,但没有信号被放大,则是该级放大电路出现故障,此时应着重检查该级放大电路的工作点设置是否合适。

3. 扬声器输出电路有故障

可能的问题:(1)输出功率过低,无法驱动扬声器工作,此时可提高工作电压或选用额定功率较小的扬声器;(2)扬声器已坏。

七、 编写项目报告书

1. 项目目的。

2. 项目使用仪器清单。

3. 画出项目电路图,标明元件数值,并列出元器件清单。

4. 画出项目电路接线工艺图、印制板图。

5. 列出电路制作过程或步骤。

6. 测试结果与分析。

7. 心得体会。

八、 项目评价

项目评价见表3-9。

表3-9　项目评价

考 核 项 目	考 核 内 容	配分	得分
职业素养	1. 遵时守纪、工作积极; 2. 团结协作精神; 3. 踏实勤奋、严谨求实。	10	

续表

考核项目	考核内容	配分	得分
安全操作	1. 安全操作规程的遵守情况; 2. 无安全事故发生。	10	
元器件的识别与检测	1. 能正确识别元器件; 2. 会用万用表检测三极管、驻极体话筒和扬声器。	15	
电路的安装	1. 元器件排列整齐; 2. 焊点符合工艺要求。	25	
电路的调试	1. 仪器仪表使用正确; 2. 能正确判断和排除电路故障。	20	
项目报告书完成情况	1. 格式标准,内容充实; 2. 测试结果记录与分析详细	20	
合　计		100	

九、项目参考

人体红外探测报警器印制电路板图如图 3-41 所示。

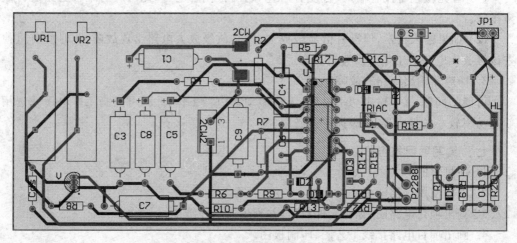

图 3-41　人体红外探测报警器印制电路板图

知识链接——红外报警器之入侵探测器

入侵探测器是入侵报警系统中的前端装置,由各种探测器组成,是入侵报警系统的触觉部分,相当于人的眼睛、鼻子、耳朵、皮肤等,感知现场的温度、湿度、气味、能量等各种物理量的变化,并将其按照一定的规律转换成适于传输的电信号。

1. 振动式入侵探测器

振动探测器可分为:机械式振动探测器、惯性棒电子式振动探测器、电动式振动探测器、压电晶体振动探测器、电子式全面型振动探测器等多种类型。根据其工作特性,我们主要用于 ATM 机、金库等场所。

振动探测器属于面控制型探测器,室内明装、暗装均可,通常安装于可能入侵的墙壁、天花板、地面或保险柜上;探测器安装要牢固,振动传感器应紧贴安装面,安装面应为干燥的平面;安装于墙体时,距地面高 2—2.4m 为宜,探测器垂直于墙面;振动探测器不宜用于附近有强震动干扰源的场所;安装的位置应远离振动源(如旋转的电机、变压器、风扇、空调),如无法避开震动源,则视振动源震动情况,距离振动源 1—3 米;注意在振动探测器频率范围内的高频震动、超声波的干扰容易引起误报。

2. 红外入侵探测器

红外入侵探测器分为主动红外入侵探测器和被动红外入侵探测器两类。

(1) 主动红外入侵探测器报警原理

主动红外探测器是一种红外线光束遮挡型报警器,发射机中的红外发光二极管在电源的激发下,发出一束经过调制的红外光束经过光学系统的作用变成平行光发射出去。此光束被接收机接收,由接收机中的红外光电传感器把光信号转换成信号,经过电路处理后传给报警控制器。由发射机发射出的红外线经过防范区到达接收机,构成了一条警戒线。正常情况下,接收机收到的是一个稳定的光信号,当有人入侵该警戒线时,红外光束被遮挡,接收机收到的红外信号发生变化,提取这一变化,经放大和适当处理,控制器发出的报警信号。

(2) 被动红外入侵探测器报警原理

被动红外探测技术是一种应用比较广泛的探测系统,这种系统是专门用来检测物体辐射红外线的方式进行工作的。在自然界中,任何高于绝对零度($-273.15o$)的物体都可以辐射出红外线,而且辐射能量的大小与物体表面温度有关.被动红外探测器采用热释电人体红外传感器(PIR)作为信号捡取装置,热释电人体红外传感器(PIR)单元对红外线感受表现在敏感单元的温度,而温度变化导致电信号的变化,因热释电人体红外传感器(PIR)的特定结构(PIR 由敏感单元、阻抗变换管、滤光窗、等组成),决定了它具有二维识别的特性,也就是说满足于这种探测器的条件有两个:第一、必须是生物体,第二、物体必须要运动。

3. 复合入侵探测器

微波和被动红外复合入侵探测器就是采用二种及二种以上技术的一种探测器,也称作复合入侵探测器。常用的有:微波和被动红外复合入侵探测器。

微波探测器是以多普勒效应为基础。多普勒效应内容为:由于波源和接收者之间有存在相互运动而造成接收者接收到的频率与波源发出的频率之间发生变化。由发射机发出高频电磁波,在监视空间范围建立起三维的交变电磁场。接收机与发射机安装在同一机壳内,用于接收从监视区内反射回来的反射波,并将反射波的频率与发射波频率进比较作出判断。反应灵敏,对温度的变化,空气流的扰动和噪声等的干扰均不敏感,能穿透墙,玻璃等物体。微波探测器检测运动方向为径向运动方向,对横向方向运动的物体检测能力则比较差。

综合上述分析被动红外的缺点刚好微波可以弥补,微波的缺点刚好红外可以弥补。

被动红外检测方向为横向,而微波检测方向为径向,构成一个相当完善的三维空间,大大减少了监视死角。

项目小结

1. 直接耦合放大电路存在零点漂移问题,需要采用差分放大电路实现零点漂移的抑制。差分放大电路借助于电路的对称性和射极电阻的作用,可以减小温漂、抑制共模和进行差模放大。差分放大电路有四种接法,分别是:双端输入、双端输出;双端输入、单端输出;单端输入、双端输出;单端输入、单端输出。通常采用共模抑制比来衡量差分放大电路性能的优劣,该值越大越好。

2. 集成运算放大器实质上是一个高增益的直接耦合多级放大电路。它一般由输入级、中间级、输出级和偏置电路等构成。应用中通常将集成运算放大器特性理想化,即 $A_{uo} \to \infty$, $R_{id} \to \infty$, $R_o \to 0$, $K_{CMR} \to \infty$;理想集成运算放大器在线性应用时,有 $u_- = u_+$、$i_- = i_+$;在非线性应用,其输出只有 $\pm V_{om}$ 两种状态。

3. 集成运算放大器在线性应用时可以构成比例、加法、减法、微分、积分等基本运算电路。在这些基本运算电路中必须引入负反馈使集成运算放大器工作在线性状态。

4. 集成运算放大器工作在开环或正反馈状态下时为非线性应用,用作电压比较器。电压比较器的工作状态在门限电压处翻转,单门限电压比较器中运算放大器通常工作在开环状态,加上正反馈的比较器称为滞回电压比较器,有上、下两个门限电压。

信号发生器的制作与调试

 项目概述

信号发生器也称振荡电路(或振荡器),是一种能量转换装置,它无须外加信号,就能自动地将直流电能转换成具有一定频率、一定幅度的交流信号。振荡器有着非常广泛的应用,尤其是正弦波振荡器,其输出波形是正弦波,可用做各种信号发生器、本机振荡、载波振荡等。其结构框图如图 4-1 所示。

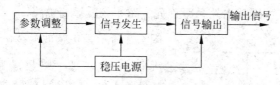

图 4-1 信号发生器的结构框图

本项目通过对信号发生器的制作与调试,达到以下教学目标。

 知识目标

(1) 掌握正弦波振荡电路的振荡条件、RC 串并联网络及 LC 并联网络的选频特点。
(2) 熟悉振荡电路的组成和基本原理,掌握判断振荡电路是否振荡的分析方法。
(3) 了解石英晶体振荡电路的特点。
(4) 理解方波发生电路的工作原理。
(5) 会计算振荡电路的振荡频率。

 技能目标

(1) 学会独立查阅三极管、电位器和集成电路芯片等元器件的资料。
(2) 掌握三极管、电位器和集成电路芯片等元器件的检测及选取方法。
(3) 理解正弦波、三角波和方波波形的测试方法。

(4) 掌握信号发生器电路的工作原理。

(5) 能针对电路特点,采取有效措施来减小电路中出现的振荡波形失真。

(6) 熟练掌握信号发生器的安装、调试与检测。

(7) 学会信号发生器电路的故障分析与检修。

4.1　正弦波信号产生电路

【学习目标】

(1) 理解正弦波自激振荡的工作原理。

(2) 掌握正弦波信号发生器的组成、起振条件、稳幅原理及振荡频率的计算。

(3) 掌握 RC 正弦波产生电路的工作原理,正确理解 LC 正弦波产生电路的工作原理,了解一般石英晶体振荡电路,会判别电路是否振荡。

4.1.1　正弦波自激振荡的基本原理

1. 振荡条件

振荡电路(或者叫自激振荡电路)是一种不需要外接输入信号就能将直流电能转换成具有一定频率、一定幅度和一定波形的交流电能的电子线路。按振荡波形可以分为正弦波振荡电路和非正弦波振荡电路。下面先介绍正弦波振荡电路。

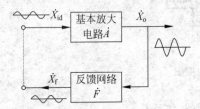

图 4-2　正弦波振荡电路的方框图

图 4-2 所示为正弦波振荡电路的方框图。$\dot{A}$ 是基本放大电路的电压放大倍数,$\dot{F}$ 是反馈网络的反馈系数。从结构上看,正弦波振荡电路是一个没有输入信号的带选频网络的正反馈放大电路。如果 $\dot{X}_{id}$ 为一个外接一定频率、一定幅度的正弦波信号,经基本放大电路放大后,输出 $\dot{X}_o$,再通过反馈网络输出反馈信号 $\dot{X}_f$。如果 $\dot{X}_f$ 与 $\dot{X}_{id}$ 这两个信号大小相同,相位相同,那么 $\dot{X}_f$ 可以取代原有外加信号 $\dot{X}_{id}$,构成闭环系统,电路就能维持稳定输出。这样,由 $\dot{X}_f = \dot{X}_{id}$,便可引出自激振荡条件。由图可知

$$\dot{X}_o = \dot{A}\dot{X}_{id}$$

反馈输出为:

$$\dot{X}_f = \dot{F}\dot{X}_o$$

当 $\dot{X}_f = \dot{X}_{id}$ 时,有

$$\dot{A}\dot{F} = 1 \tag{4-1}$$

式(4-1)就是振荡电路的自激振荡条件。该条件实质包含下列两个条件。

(1) 幅值平衡条件

$$|\dot{A}\dot{F}| = 1 \tag{4-2}$$

即放大倍数与反馈系数乘积的模为 1。

（2）相位平衡条件

$$\varphi_A + \varphi_F = 2n\pi, \quad n = 0,1,2,\cdots \tag{4-3}$$

即放大电路的相移与反馈网络的相移之和为 $2n\pi$，其中 n 是整数，这也是正反馈的条件。

对于一个正弦波振荡电路，它只在一个频率下满足相位平衡条件，这个频率称为振荡频率，用 f_0 表示。这就要求在振荡电路中包含一个具有选频特性的网络，简称选频网络。它可以包含在放大电路中，也可以在反馈网络中；它可以用 R、C 元件组成，也可以用 L、C 元件组成。用 R、C 元件组成选频网络的振荡电路称为 RC 振荡电路，一般用来产生 1Hz～1MHz 的低频信号；L、C 元件组成选频网络的振荡电路称为 LC 振荡电路，一般用来产生 1MHz 以上的高频信号。

欲使振荡电路自行建立振荡，必须满足 $|\dot{A}\dot{F}| > 1$ 的起振条件。这样，在接通电源后，振荡电路就有可能自行起振，或者说自激，最后趋于稳态平衡。

2. 振荡电路的组成及分析方法

由上可知，正弦波振荡电路由基本放大电路、正反馈网络、选频网络和稳幅电路四部分组成。其中，稳幅电路使振幅稳定并改善波形。由此可见，要判断一个正弦波振荡电路是否能正常工作，首先检查电路是否包含了上述四个基本组成部分，再检查基本放大电路是否能正常工作，即是否有合适的静态工作点，交流信号是否正常流通，然后利用瞬时极性法判断电路是否引入正反馈满足相位平衡条件，最后检查幅值平衡条件。

4.1.2 RC 正弦波振荡电路

RC 正弦波振荡电路有桥式振荡电路、双 T 网络式和移相式振荡电路等类型。这里重点讨论 RC 桥式振荡电路，因为它具有波形好、振幅稳定、频率调节方便等优点，应用广泛。其电路主要结构是采用 RC 串并联网络作为选频网络和反馈网络。在分析正弦波振荡电路时，关键是了解选频网络的频率特性，这样才能进一步理解振荡电路的工作原理。

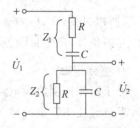

图 4-3 RC 串并联选频网络

1. RC 串并联选频网络

由相同的 R、C 组成的串并联选频网络如图 4-3 所示，它在 RC 串并联正弦波振荡电路中作为具有选频特性的正反馈网络。

由图 4-3 可得 RC 串并联选频网络的电压传输系数 $\dot{F}_u$ 为：

$$\dot{F}_u = \frac{\dot{U}_2}{\dot{U}_1} = \frac{R \mathbin{/\mkern-5mu/} \dfrac{1}{j\omega C}}{R + \dfrac{1}{j\omega C} + R \mathbin{/\mkern-5mu/} \dfrac{1}{j\omega C}}$$

$$= \frac{1}{3 + j\left(\omega RC - \dfrac{1}{\omega RC}\right)} = \frac{1}{3 + j\left(\dfrac{\omega}{\omega_0} - \dfrac{\omega_0}{\omega}\right)} \tag{4-4}$$

式中

$$\omega_0 = \frac{1}{RC}$$

根据式(4-4)可得 RC 串并联选频网络的幅频特性和相频特性分别为：

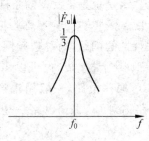

$$|\dot{F}_u| = \frac{1}{\sqrt{3^2 + \left(\dfrac{\omega}{\omega_0} - \dfrac{\omega_0}{\omega}\right)^2}} \qquad (4\text{-}5)$$

$$\varphi_F = -\arctan \frac{\dfrac{\omega}{\omega_0} - \dfrac{\omega_0}{\omega}}{3} \qquad (4\text{-}6)$$

作出幅频特性曲线和相频特性曲线如图 4-4 所示。由图可见，当 $\omega = \omega_0$ 时，$|\dot{F}_u|$ 达到最大值并等于 1/3，相移 φ_F 为 $0°$，输出电压与输入电压同相，所以 RC 串并联网络具有选频作用。

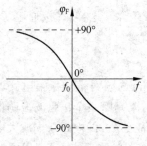

图 4-4　RC 串并联网络的幅频特性和相频特性

2. RC 桥式振荡电路

（1）电路组成

RC 桥式振荡电路（又称文氏电桥振荡器）如图 4-5 所示，它由放大电路、反馈网络两部分组成。这里的反馈网络同时又是选频网络。振荡信号由集成运放的同相输入端输入，故构成同相比例运算放大器。

（2）起振条件

输出电压 $\dot{U}_o$ 与输入电压 $\dot{U}_i$ 同相，其闭环放大倍数 $\dot{A}_{uf} = \dot{U}_o / \dot{U}_i = 1 + R_f / R_1$。对于 RC 串并联选频网络，根据幅值平衡条件，当 $\omega = \omega_0$ 时，$|\dot{F}_u|$ 达到最大值并等于 1/3，相移 φ_F 为 $0°$，所以只要 $|\dot{A}_{uf}| = 1 + R_f / R_1 > 3$，即 $R_f > 2R_1$，振荡电路就能满足自激振荡的振幅和相位起振条件，产生自激振荡。

3. 振荡频率

由于同相比例放大电路的输出阻抗可视为零，而输入阻抗远比 RC 串并联网络的阻抗大得多，因此，电路的振荡频率 f_0 可以认为只由串并联网络选频特性的参数 R 和 C 决定，即

$$f_0 = \frac{\omega_0}{2\pi} = \frac{1}{2\pi RC} \qquad (4\text{-}7)$$

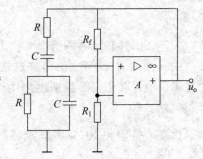

图 4-5　RC 桥式振荡电路

4. 稳幅措施

因为开始振荡以后，振荡器的振幅会不断增加，又由于受运放最大输出电压的限制，输出波形将产生非线性失真。为此，只要设法使输出电压的幅值增大到一定程度时，$|\dot{A}\dot{F}|$ 适当减小（反之增大），就可以维持 $\dot{U}_o$ 的幅值基本不变。

通常利用二极管和稳压管的非线性特性、场效应晶体管的可变电阻性以及热敏电阻等非线性特性,来自动地稳定振荡器输出的幅值。

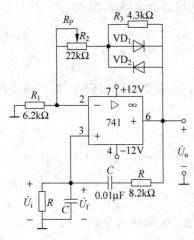

图 4-6 实用 RC 桥式振荡电路

【例 4-1】 图 4-6 所示为实用 RC 桥式振荡电路。

(1) 求振荡频率 $f_0 =$?

(2) 说明二极管 VD_1 和 VD_2 的作用。

(3) 说明 R_P 如何调节。

解:(1) 由式(4-7)可求得振荡频率为:

$$f_0 = \frac{1}{2\pi \times 8.2 \times 10^3 \times 0.01 \times 10^{-6}}$$
$$= 1.94(\text{kHz})$$

(2) 图中,二极管 VD_1 和 VD_2 用来改善输出电压波形,稳定输出幅度。起振时,由于 U_0 很小,VD_1 和 VD_2 接近于开路,此时 $|\dot{A}_{uf}| = 1 + (R_P + R_3)/R_1 > 3$,电路产生振荡。随着 U_0 增大,VD_1 和 VD_2 导通,R_3、VD_1 和 VD_2 并联电路的等效电阻减小,$|\dot{A}_{uf}|$ 随之下降,使 $|\dot{A}_{uf}| = 3$,U_0 的幅度趋于稳定。

(3) R_P 可用来调节输出电压的波形和幅度。为了保证起振,由 $R_P + R_3 > 2R_1$,可得 R_P 的值必须满足 $R_P > 2R_1 - R_3$。也就是说,R_P 过小,电路有可能停振。调节 R_P 使 R_P 略大于 $2R_1 - R_3$,起振后的振荡幅度较小,但输出波形比较好。调节 R_P 使 R_P 增大,输出电压的幅度增大,但输出电压波形失真也增大。为了使输出电压波形不产生严重的失真,要求 R_P 必须小于 $2R_1$。由此可见,为了使电路容易起振,又不产生严重的波形失真,应调节 R_P 使 R_P 满足 $2R_1 > R_P > 2R_1 - R_3$。

4.1.3 LC 正弦波振荡电路

采用 LC 谐振回路作为选频网络的振荡电路称为 LC 正弦波振荡电路。根据反馈形式的不同,分为变压器反馈式振荡电路和三点式振荡电路。

1. 变压器反馈式 LC 振荡电路

(1) 电路组成

变压器反馈式 LC 正弦波振荡电路如图 4-7 所示。

(2) 振荡条件

① 相位平衡条件。判断该电路是否满足相位平衡条件,只要将图中的反馈端 P 点断开,引入一个频率为 f_0 的输入信号 u_i。假定极性为正,根据瞬时极性法,三极管集电极电位极性与基极相反,为负,故变压器绕组 N_1 的上端极性为正;由于变压器二次与一次绕组同名端的极性相同,故绕组 N_2 的上端极性也为正,即 u_f 为正。因此,u_i 与 u_f 极性相同,满足正弦波振荡的相位平衡条件,为正反馈。

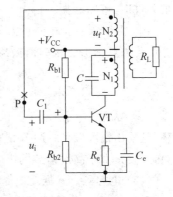

图 4-7 变压器反馈式 LC 正弦波振荡电路

② 幅值平衡条件。一般选用 $\beta \geqslant 50$ 的晶体三极管及增加变压器耦合程度就能满足。

（3）振荡频率

变压器反馈式振荡电路的振荡频率取决于 LC 并联回路的谐振频率，为

$$f_0 \approx \frac{1}{2\pi\sqrt{LC}} \tag{4-8}$$

（4）特点

LC 正弦波振荡电路易起振，输出电压较大；调频方便，且调频范围较宽，工作频率在几兆赫兹左右。

2. 三点式 LC 振荡电路

三点式振荡电路的特点是电路中 LC 并联谐振回路的三个端子分别与放大器的三个端子相连。

（1）电感三点式振荡电路

在电感三点式振荡电路中，L_1、L_2 和 C 组成振荡回路，起选频和反馈作用，实际就是一个具有抽头的电感线圈，类似自耦变压器。电感 L_1 和 L_2 的三个端子分别与三极管的三个电极连接，所以称为电感三点式振荡电路，又称哈特莱振荡电路。其反馈电压取自电感 L_2 两端，故又称为电感反馈式振荡电路。

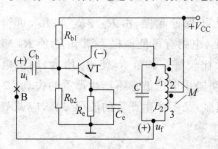

图 4-8　电感三点式振荡电路

① 相位条件。将图 4-8 所示电路中的 B 点断开，在输入端加上一个频率为 f_0 的正极性信号，将在三极管的集电极得到一个负极性信号。这样，1 端对地为负，3 端对地为正，反馈到输入端是正反馈。因此，u_f 与 u_i 同相，电路满足相位条件。通常，反馈线圈 L_2 的匝数为线圈 L_1 和 L_2 总匝数的 $1/8 \sim 1/4$。

② 幅值条件。从图 4-8 可以看出，反馈电压是取自 L_2 两端，加到三极管 B、E 间的，所以改变线圈中间抽头的位置，即改变 L_2 的大小，就可以调节反馈电压的大小。当满足 $|\dot{A}\dot{F}| > 1$ 的条件时，电路起振。

③ 振荡频率。在分析振荡频率和起振条件时，可以认为 LC 回路的 Q 值很高，且电路产生并联谐振。根据谐振条件，电路的振荡频率为：

$$f_0 = \frac{1}{2\pi\sqrt{LC}} = \frac{1}{2\pi\sqrt{(L_1 + L_2 + 2M)C}} \tag{4-9}$$

④ 特点。由于 L_1 和 L_2 耦合很紧，容易起振；改变抽头位置可获得较好的正弦波振荡，且输出幅度较大；调节频率可采用可调电容，操作方便；不足之处是输出波形不理想，主要是由于高次谐波的影响，而且振荡频率的稳定性较差。

（2）电容三点式振荡电路

电容三点式振荡电路如图 4-9 所示。由于在 LC 并联回路中，电容 C_1 和 C_2 的三个端子分别与三极管的三个电极相连，故称为电容三点式振荡电路，又称科尔皮兹振荡电路。

其反馈电压取自于电容 C_2 两端的电压,因而又称为电容反馈式振荡电路。

① 相位条件。当 LC 回路谐振时,回路呈电阻性,u_o 与 u_i 反相,而 u_f 与 u_o 反相,所以 u_f 与 u_i 同相,电路满足相位条件。其分析方法与电感三点式振荡电路相同。

② 振荡频率。与电感三点式振荡电路一样,电路的谐振频率为:

$$f_0 = \frac{1}{2\pi\sqrt{LC}} = \frac{1}{2\pi\sqrt{L\dfrac{C_1 C_2}{C_1 + C_2}}} \qquad (4\text{-}10)$$

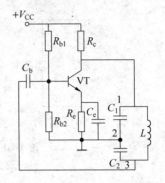

图 4-9　电容三点式振荡电路

③ 特点。由于反馈电压取自电容,它对高次谐波分量的阻抗较小,因此振荡波形较好,频率稳定性较高;不足之处是频率调节不便,调节范围较小。为此,常在 L 支路中串联一个容量较小的可调电容,用它来调节振荡频率。

4.1.4　石英晶体正弦波振荡电路

工程应用中,通常要求振荡频率有一定的稳定度,一般用频率的相对变化量 $\Delta f/f_0$ 来表示。$\Delta f = f - f_0$ 为频率偏移,f 为实际振荡频率,f_0 为标称振荡频率。频率的相对变化量越小,频率稳定度越高。

无线电广播发射机的频率稳定度为 10^{-5},无线电通信的发射机频率稳定度要求达到 $10^{-8} \sim 10^{-10}$ 数量级,前面所讲的电路难以达到这种要求。如果采用石英晶体代替选频电路,就变成了石英晶体振荡电路,可以达到频率稳定度很高的要求。

1. 石英晶体的压电效应、符号及等效电路

（1）石英晶体的压电效应

石英晶体是一种各向异性的结晶体,其化学成分是二氧化硅（SiO_2）。从石英晶体上按一定方位切割下来的薄片叫石英晶片,不同切向的晶片其特性是不同的。

晶片常常装在支架上,并引出接线。支架有分夹式和焊接式两种。为了保护晶片,把它密封于金属或玻璃壳内。

石英晶片之所以能做成谐振器,是基于它的压电效应。若在晶片两面施加机械力,沿受力方向将产生电场,晶片两面产生异号电荷,这种效应称为正向压电效应;若在晶片处加一电场,晶片将产生机械变形,这种效应称为反向压电效应。事实上,正、反压电效应同时存在,电场产生机械形变,机械形变产生电场,两者相互限制,最后达到平衡。

在石英谐振器的两个极板上加交变电压,晶片将随交变电压周期性地机械振动;当交变电压频率与晶片固有谐振频率相等时,振荡交变电流最大,这种现象称为压电谐振。

（2）石英晶体的符号及等效电路

石英晶体的符号如图 4-10（a）所示,等效电路如图 4-10（b）所示,图 4-10（c）所示为石英晶体谐振器忽略 R 以后的电抗频率特性。

由等效电路可见,石英谐振器有两个谐振频率。当 L、C、R 串联支路发生谐振时,它的等效阻抗最小(等于 R),串联谐振频率为:

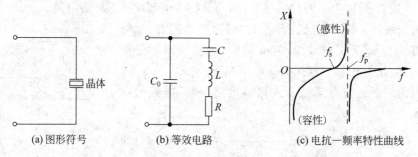

(a)图形符号　　　(b)等效电路　　　(c)电抗—频率特性曲线

图 4-10　石英晶体的符号、等效电路和电抗频率特性

$$f_s = \frac{1}{2\pi\sqrt{LC}} \tag{4-11}$$

当频率高于 f_s 时，L、C、R 支路呈感性，与电容 C_0 发生并联谐振，并联谐振频率为：

$$f_p = \frac{1}{2\pi\sqrt{L\dfrac{CC_0}{C+C_0}}} = f_s\sqrt{1+\frac{C}{C_0}} \tag{4-12}$$

通常 $C_0 \gg C$。比较以上两式可见，两个谐振频率非常接近，且 f_p 稍大于 f_s。

　　由图 4-10(c)可知，频率很低时，两个支路的容抗起主要作用，电路呈容抗性；随着频率增加，容抗减小；当 $f = f_s$ 时，L、C 串联谐振，阻抗最小，呈电阻性；当 $f > f_s$ 时，L、C 支路电感起主要作用，呈电感性；当 $f = f_p$ 时，并联谐振，阻抗最大且呈电阻性；当 $f > f_p$ 时，C_0 支路起主要作用，电路又呈容抗性。图 4-10 表明，在晶体振荡电路中，常把石英谐振器当做一个电感元件，由于 Q 值大，所以振荡电路的频率稳定度高。

2. 石英晶体振荡电路

　　石英晶体振荡电路的形式是多种多样的，但其基本电路只有两类，即并联晶体振荡电路和串联晶体振荡电路。前者，石英晶体以并联谐振的形式出现，后者则以串联谐振的形式出现。

　　图 4-11(a)所示为并联型石英晶体振荡器。当 f_0 在 $f_s \sim f_p$ 的窄小的频率范围内时，晶体在电路中起电感作用，它与 C_1 和 C_2 组成电容反馈式振荡电路。

　　可见，电路的谐振频率 f_0 应略高于 f_s，C_1 和 C_2 对 f_0 的影响很小，电路的振荡频率由石英晶体决定，改变 C_1 和 C_2 的值可以在很小的范围内微调 f_0。

　　图 4-11(b)所示为串联型石英晶体振荡器。当电路中的石英晶体工作于串联谐振频率 f_s 时，晶体呈现的阻抗最小，且为纯电阻性，因此电路的正反馈电压幅度最大，且相移 $\varphi_F = 0°$。VT_1 采用共基极接法，VT_2 为射极输出器，VT_1 和 VT_2 组成的放大电路的相移 $\varphi_A = 0°$，所以整个电路满足振荡的相位平衡条件。至于偏离 f_s 的其他信号电压，晶体的等效阻抗增大，且 $\varphi_F \neq 0°$，所以都不满足振荡的条件。由此可见，该电路只能在 f_s 这个频率上产生自激振荡。图 4-10(b)中的电位器是用来调节反馈量的，使输出的振荡波形失真较小且幅度稳定。

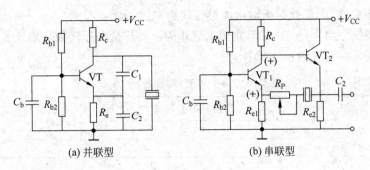

图 4-11 石英晶体振荡电路

实训 LC 正弦波振荡器

一、实训目的

1. 熟悉 LC 正弦波振荡器的组成。

2. 掌握振荡条件对振荡的影响。

3. 熟练测试静态工作点和振荡频率。

二、实训器材

直流稳压电源、万用表、双踪示波器、实验线路板

三、实训步骤

实验电路如图 4-12 所示。

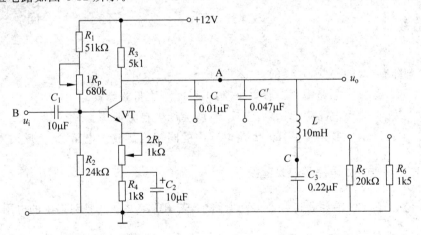

图 4-12 LC 正弦波振荡电路

1. 振荡频率测量

① 按上图连接电路，接入 12V 电源电压，令 $2R_p=0$，调节 $1R_p$ 使三极管 VT 的集电极电位为 6V。

② 接通 B、C 两点，将 $C=0.01\mu F$ 接入电路，用示波器观察输出电压波形，调节 $2R_p$

使输出波形不失真,测量此时的输出波形振荡频率。

③ 将电容改为 $C'=0.047\mu F$,重复上述步骤。将测量的振荡频率填入表 4-1 中,并与计算得到的振荡频率理论值作比较。

表 4-1 振荡频率测量

类 别	振荡频率测量值	振荡频率理论值
$C=0.01\mu F$		
$C'=0.047\mu F$		

2. 振荡幅值条件研究

① 在上述形成稳定振荡的基础上,测量电路的输入信号、输出信号、反馈信号的峰峰值,填入表 4-2。

② 计算 $A_U \cdot F$,验证振荡幅值条件。

表 4-2 振荡幅值条件研究

输入信号峰峰值	输出信号峰峰值	放大倍数 A_U	反馈信号峰峰值	反馈系数 F	$A_U \cdot F$

③ 在输出波形不失真的情况下,调 $2R_p$ 使之减小,观察振荡波形的变化。

④ 在正常振荡的情况下,在 A 点分别接入 20k、1k5 负载电阻,观察波形的输出变化。

四、实训操作

可以通过扫右侧二维码观看本实验的操作步骤。

LC 正弦波振荡器

思考与练习

一、判断题(对的打"√",错的打"×")

( )1. 若放大电路中存在着负反馈,不可能产生自激振荡。

( )2. 在放大电路中,只要有正反馈,就会产生自激振荡。

( )3. 在 RC 串并联正弦波振荡电路中的同相比例放大电路,其负反馈支路的反馈系数 $|\dot{F}| = \dfrac{\dot{U}_f}{\dot{U}_o}$ 越小,电路越容易起振。

( )4. 在 RC 串并联正弦波振荡电路中,若 RC 串并联选频网络中的电阻均为 R,电容均为 C,则其振荡频率 $f_0 = \dfrac{1}{RC}$。

( )5. 凡是振荡电路中的集成运算放大器均工作在线性区。

二、选择题

1. 正弦波振荡电路的幅值平衡条件是( )。

    A. $|\dot{A}\dot{F}| > 1$ B. $|\dot{A}\dot{F}| = 1$ C. $|\dot{A}\dot{F}| < 1$

2. 变压器反馈式 LC 振荡器的特点是(　　)。

   A. 共基极接法不如共发射极接法

   B. 起振容易,但调频范围较窄

   C. 便于实现阻抗匹配,调频方便

3. 电感三点式 LC 振荡器的优点是(　　)。

   A. 振荡波形较好

   B. 起振容易,调频范围宽

   C. 可以改变线圈抽头位置,使 L_2/L_1 尽可能增加

4. 石英晶体振荡器的主要优点是(　　)。

   A. 振幅稳定　　　　　　B. 频率稳定性高　　　　　　C. 频率高

5. 题图 4-1 所示的文氏电桥和放大器组成一个正弦波振荡电路,应按下述方法(　　)来连接。

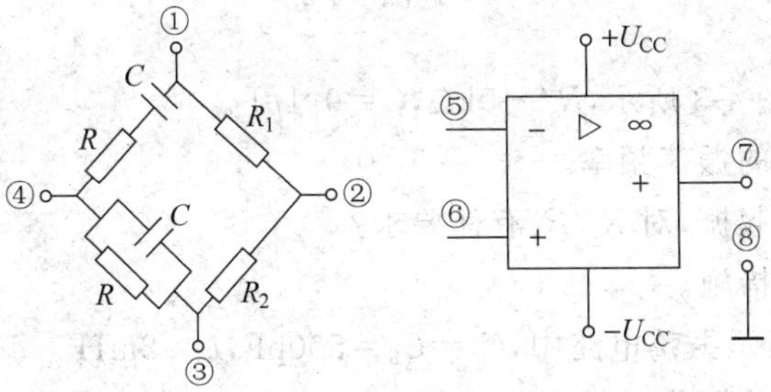

题图　4-1

   A. ①—⑦,②—⑧,③—⑤,④—⑥　　　　　　B. ①—⑤,②—⑥,③—⑦,④—⑥

   C. ①—⑦,②—⑥,③—⑧,④—⑤　　　　　　D. ①—⑦,③—⑧,④—⑥,②—⑤

6. 已知某振荡电路的正反馈系数 $F=0.02$,为保证电路能起振并获得良好的波形,则最合适的放大倍数是(　　)。

A. 50　　　　　　　　B. 70　　　　　　　　C. 100

三、填空题

1. 在正弦波振荡电路的振荡条件中,幅值平衡条件是指_____,相位平衡条件是指_____,后者实质上要求电路满足_____反馈。

2. 对于 RC 串并联网络的频率特性,当外加信号频率 f 达到电路的固有频率 $f_0=$_____时,其输出电压是输入电压的_____,其相位差为_____。因此,组成 RC 串并联正弦波振荡电路时,必须配备电压放大倍数 $A_u\geqslant$_____的_____相放大电路。

3. 根据选频网络和反馈结构的不同,LC 正弦波振荡器的三种基本形式为_____、_____和_____。

4. 通常,振荡器的频率稳定度用频率变化的_____量来表示,其表达式为_____。

5. 正弦波振荡电路由_____、_____、_____和_____四部分组成。在电路中,_____和_____往往用同一网络。

四、分析与计算题

1. 试判断题图 4-2(a)所示电路是否有可能产生振荡。若不可能产生振荡,请指出电路中的错误,然后画出一种正确的电路,并写出电路振荡频率表达式。

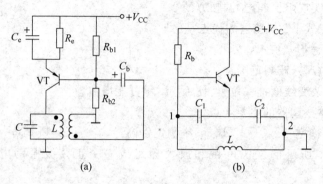

题图　4-2

2. 设电路如题图 4-3 所示,$R=10\text{k}\Omega$,$C=0.1\mu\text{F}$。

(1) 试求振荡器的振荡频率。

(2) 为保证电路起振,对 R_f/R_1 有何要求?

(3) 试提出稳幅措施。

3. 在题图 4-4 所示振荡电路中,$C_1=C_2=500\text{pF}$,$L=2\text{mH}$。

(1) 计算该电路的振荡周期。

(2) 说明此振荡电路的名称。

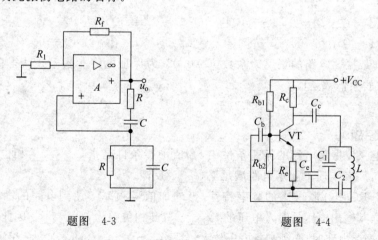

题图　4-3　　　　　　　　题图　4-4

4.2　非正弦信号产生电路

【学习目标】

(1) 理解电压比较器电路的结构特点及阈值电压的含义。

(2) 掌握单值和滞回电压比较器的阈值电压以及方波发生电路的振荡频率的计算。

（3）会画出单值和滞回电压比较器的电压传输特性及输出与输入波形关系。

在电子设备中，常用到一些非正弦信号，例如数字电路中用到的矩形波，示波器和电视机扫描电路中用到的锯齿波等。本模块将介绍常见的方波、三角波和锯齿波信号发生电路。

4.2.1 矩形波发生电路

图 4-13(a)所示是一种能产生矩形波的基本电路，也称为方波振荡器。由图可见，它是在滞回电压比较器的基础上，增加一条 RC 充放电负反馈支路构成的。

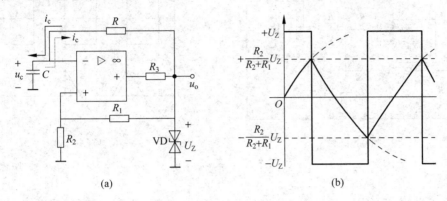

(a)   (b)

图 4-13 矩形波发生电路及其波形

1. 基本原理

如图 4-13(a)所示，电容 C 上的电压加在集成运放的反相输入端。集成运放工作在非线性区，输出只有两个值：$+U_Z$ 和 $-U_Z$。

设在刚接通电源时，电容 C 上的电压为零；输出为正饱和电压 $+U_Z$，同相端的电压为 $\dfrac{R_2}{R_1+R_2}U_Z$；电容 C 在输出电压 $+U_Z$ 的作用下开始充电，充电电流 i_c 经过电阻 R_f，如图 4-13(a)中的实线所示。

当充电电压 u_c 升至 $\dfrac{R_2}{R_1+R_2}U_Z$ 时，由于集成运放输入端 $u_- > u_+$，于是电路翻转，输出电压由 $+U_Z$ 值翻转至 $-U_Z$，同相端电压变为 $-\dfrac{R_2}{R_1+R_2}U_Z$，电容 C 开始放电，u_c 开始下降，放电电流 i_c 如图 4-13(a)中的虚线所示。

当电容电压 u_c 降至 $-\dfrac{R_2}{R_1+R_2}U_Z$ 时，由于 $u_- < u_+$，输出电压又翻转到 $u_o = +U_Z$。如此周而复始，在集成运放的输出端便得到了如图 4-13(b)所示的输出电压波形。

2. 振荡频率

电路输出的矩形波电压的周期 T 取决于充、放电的时间常数即 RC。可以证明，其周期为 $T = 2.2RC$，则振荡频率为：

$$f = \frac{1}{2.2RC} \tag{4-13}$$

改变 RC 值就可以调节矩形波的频率。

4.2.2 三角波发生电路

1. 基本原理

三角波发生电路的基本形式如图 4-14(a)所示。

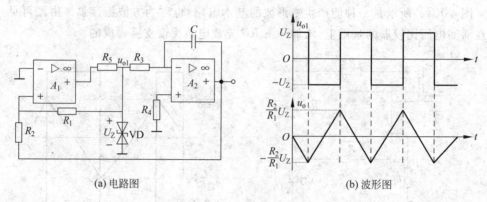

(a) 电路图   (b) 波形图

图 4-14 三角波发生电路

集成运放 A_2 构成一个积分器；集成运放 A_1 构成滞回电压比较器，其反相输入端接地。集成运放 A_1 同相输入端的电压由 u_o 和 u_{o1} 共同决定，为

$$u_+ = u_{o1}\frac{R_2}{R_1 + R_2} + u_o\frac{R_1}{R_1 + R_2}$$

当 $u_+ > 0$ 时，$u_{o1} = +U_Z$；当 $u_+ < 0$ 时，$u_{o1} = -U_Z$。

在电源刚接通时，假设电容器初始电压为零，集成运放 A_1 的输出电压为正饱和电压值 $+U_Z$，积分器输入为 $+U_Z$，电容 C 开始充电，输出电压 u_o 开始减小，u_+ 值随之减小。当 u_o 减小到 $-\frac{R_2}{R_1}U_Z$ 时，u_+ 由正值变为零，滞回电压比较器 A_1 翻转，集成运放 A_1 的输出 $u_{o1} = -U_Z$。

当 $u_{o1} = -U_Z$ 时，积分器输入负电压，输出电压 u_o 开始增大，u_+ 值随之增大。当 u_o 增加到 $\frac{R_2}{R_1}U_Z$ 时，u_+ 由负值变为零，滞回电压比较器 A_1 翻转，集成运放 A_1 的输出 $u_{o1} = +U_Z$。

此后，前述过程周而复始，便在 A_1 的输出端得到幅值为 U_Z 的矩形波，在 A_2 输出端得到三角波。

2. 振荡频率

电路输出三角波的振荡频率为：

$$f = \frac{R_1}{4R_2R_3C} \tag{4-14}$$

可以通过改变 R_1、R_2 和 R_3 的值来改变频率；也可以采用在积分器的输入端加电位器的方法来改变输出波形的频率，如图 4-15 所示。

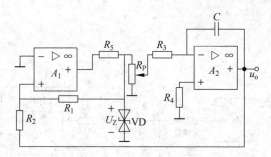

图 4-15 频率可调的三角波发生电路

4.2.3 锯齿波发生电路

锯齿波发生电路能够提供一个与时间呈线性关系的电压或电流波形,这种信号在示波器和电视机扫描电路以及许多数字仪表中得到了广泛应用。

在图 4-14 所示的三角波发生电路中,输出的是等腰三角形波。如果人为地使三角形波两边不等,输出的电压波形就是锯齿波了。简单的锯齿波发生电路如图 4-16(a) 所示。

锯齿波发生电路的工作原理与三角波发生电路基本相同,只是在集成运放 A_2 的反相输入电阻 R_3 上并联由二极管 VD_1 和电阻 R_5 组成的支路,这样,积分器的正向积分和反向积分的速度明显不同。当 $u_{o1}=-U_Z$ 时,VD_1 反偏截止,正向积分的时间常数为 R_3C;当 $u_{o1}=+U_Z$ 时,VD_1 正偏截止,反向积分的时间常数为 $(R_3 /\!/ R_5)C$。若取 $R_5 \ll R_3$,则反向积分时间小于正向积分时间,形成如图 4-16(b) 所示的锯齿波。

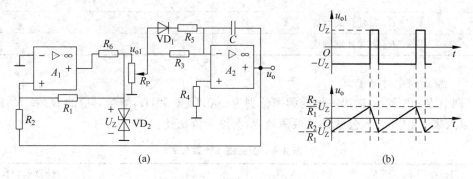

(a)　　　　　　　　　　　　　　　(b)

图 4-16 锯齿波发生电路

实训　方波-三角波发生电路的测试

一、实训目的

1. 熟悉方波-三角波发生电路的组成;
2. 掌握方波-三角波发生电路的测试;
3. 掌握方波-三角波发生电路振荡频率的调节。

二、实训器材

直流稳压电源、万用表、双踪示波器、实验线路板

三、 实训步骤

实验电路如图 4-17 所示。

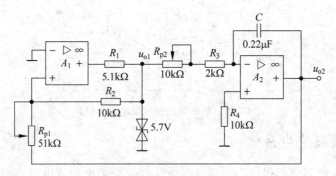

图 4-17 方波-三角波发生电路

1. 观测波形

先调节 R_{p1} 使输出三角波正峰幅值为 $0.8V$,再调节 R_{p2} 使输出三角波频率为 $100Hz$,分别用示波器 CH1 和 CH2 观察 u_{o1} 和 u_{o2} 的波形,画出 u_{o1} 波形和 u_{o2} 波形。

2. 测量三角波频率的可调范围

将 R_{p2} 调至两个极限位置,测出三角波频率的可调范围,填入表 4-3 中。

表 4-3 三角波频率的可调范围

	f（Hz）
R_{p2} 顺时针旋到底	
R_{p2} 逆时针旋到底	

3. 验证频率计算公式

调节 R_{p1} 和 R_{p2} 使输出波形的频率分别为 $200Hz$ 和 $50Hz$,测量对应的 R_{p1} 和 R_{p2} 的数值,填入表 4-4 中,代入公式计算振荡频率,与测量值比较。

表 4-4 验证频率计算公式

f(Hz)	R_{p1}	R_{p2}	C	R_2	f 计算值(Hz)
50Hz					
200Hz					

四、 实训操作

可以通过扫右侧二维码观看本实验的操作步骤。

方波-三角波发生电路的测试

思考与练习

一、判断题（对的打"√",错的打"×"）

（   ）1. 非正弦波振荡电路与正弦波振荡电路的振荡条件完全相同。

（　　）2. 能将矩形波变成三角波的电路是微分电路。

（　　）3. 非正弦波振荡电路具有选频环节。

（　　）4. 矩形波发生器输出的矩形波电压的周期 T 取决于充、放电的 RC 时间常数，则其频率为 $f = \dfrac{1}{2.2RC}$。

（　　）5. 信号产生电路是用来产生正弦波信号的。

二、选择题

1. 在如题图 4-5 所示电路中，A_1 输出的是（　　）信号，A_2 输出的是（　　）信号。

　　A. 正弦波　　　　　B. 矩形波　　　　　C. 三角波　　　　　D. 以上都不对

2. 在题图 4-5 所示电路中输出三角波的振荡频率为（　　）。

　　A. $f = \dfrac{R_1}{4R_2R_3C}$　　　B. $f = \dfrac{1}{4R_3C}$　　　C. $f = \dfrac{1}{2R_2C}$

3. 如题图 4-6 所示为某同学所接的方波发生电路，试找出其中的错误是（　　）。

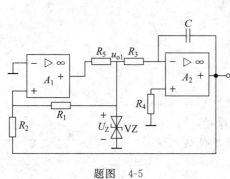
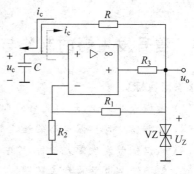

题图 4-5　　　　　　　　　　　　　　　　题图 4-6

　　A. R、C 位置接反

　　B. 输出限幅电路无限流电阻

　　C. 集成运放同相输入端与反相输入端反了

三、填空题

1. 非正弦波产生电路通常由_____、_____、_____等组成。

2. 锯齿波发生器能够提供一个与_____呈线性关系的_____或电流波形，这种信号在示波器和电视机的扫描电路中得到了广泛的应用。

3. 锯齿波发生器的工作原理与三角波发生电路基本相同，只是在三角波发生器的基础上添加了_____和_____组成的支路。这样，积分器的_____和_____速度明显不同。

四、分析与计算题

1. 方波产生电路如题图 4-7 所示。图中，二极管 VD_1 和 VD_2 特性相同，电位器 R_P 用来调节输出方波的占空比。试分析它的工作原理并定性画出当 $R' = R''$、$R' > R''$、$R' < R''$

时的振荡波形 u_o 及 u_c。

2. 三角波产生电路如题图 4-8 所示，它由滞回比较器和反相积分器组成。试分析它的工作原理并定性画出 u_{o1} 和 u_{o2} 的波形。

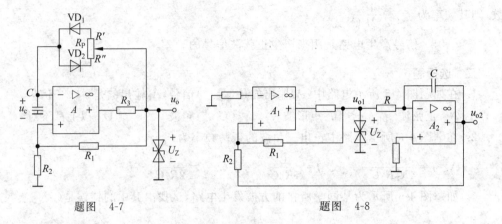

题图 4-7   题图 4-8

4.3 信号发生器的制作与调试

【学习目标】

（1）增强专业意识，培养良好的职业道德和职业习惯。

（2）理解信号发生器电路的组成与工作原理。

（3）认识信号发生器元器件，掌握相关元器件的测量。

（4）熟练绘制电路接线工艺图。

（5）熟练使用电子焊接工具，完成信号发生器电路的焊接装配。

（6）熟练使用电子仪器仪表，完成信号发生器电路的功能检测。

（7）了解信号发生器电路故障的分析与排除。

信号发生器的电路图如图 4-18 所示。

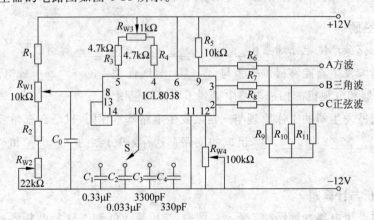

图 4-18 ICL8038 函数信号发生器电路原理图

对于用分立元件与集成运算放大器组成的函数信号发生器,其外围元件多,电路复杂,实验过程中不易调试。因此,目前厂家生产的函数信号发生器大多采用函数信号发生器的集成电路,其外围电路只需少量的电阻、电容、电位器即可获得所需的方波、三角波和正弦波函数信号。图 4-18 所示的就是以 ICL8038 为核心元件构成的一个低频函数信号发生器。

集成函数发生器 8038 是一种多用途的波形发生器,可以用来产生正弦波、方波、三角波和锯齿波,其振荡频率可通过外加的直流电压进行调节,是一种电压频率(V/F)转换电路,称为压控振荡。其振荡频率与调频电压成正比,线性度为 0.5%。调频电压的值是指 $+V_{CC}$ 端与管脚 8 之间的电压,此值不超过 $\frac{1}{3}(V_{CC}+V_{EE})$。8038 为塑封双列直插式集成电路,其管脚功能如图 4-19 所示。

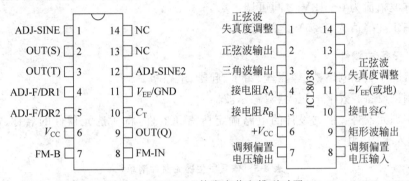

图 4-19 ICL8038 管脚中英文排列对照

ICL8038 内部电路结构如图 4-20 所示。它由电压跟随器、比较器、触发器、反相器、集电极开路门、三角波变正弦波输出器、电流源和电子开关构成,C 为外界电容。由图 4-20 可

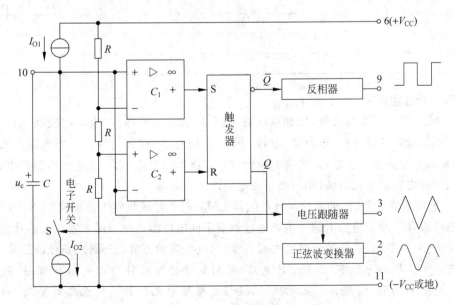

图 4-20 ICL8038 内部电路结构

见，外接电容 C 的充、放电电流由两个电流源控制，所以电容 C 两端的电压 u_C 的变化与时间呈线性关系，从而获得理想的三角波输出。另外，ICL8038 电路中含有正弦波变换器，故可以直接将三角波变成正弦波输出。

实训　自主设计和制作信号发生器

一、设计要求

请自主设计一个能产生方波、三角波、正弦波的信号发生器，要求如下：

1. 输出波形频率范围为 20Hz～20kHz 且连续可调。

2. 正弦波幅值为 0～5V 之间可调，失真度小于 2%。

3. 方波幅值为 0～12V 之间可调。

4. 三角波峰值为 0～5V 之间可调。

二、设备与器件

1. 装配工具：电烙铁、焊锡丝、钳子、起子、电路板。

2. 调试设备：数字电压表、双踪示波器。

3. 实训元器件：根据设计的电路确定所需元器件，将所选元器件的名称、规格型号和数量填入表 4-5 中。

表 4-5　信号发生器元器件清单

编号	名　称	规格型号	数量	编号	名　称	规格型号	数量

三、设计思路

1. 采用集成运算放大器（比如双运放 uA741）和分立元器件（电压比较器、积分运算电路、滤波电路、选择开关、电位器、电容、电阻、二极管等）设计信号发生器电路。依据方波、三角波和正弦波产生原理，可将电路设置成三级单元电路，第一级单元电路产生方波，第二级单元电路产生三角波，第三级单元电路产生正弦波。

2. 采用集成电路（比如高速运算放大器 LM318、单片函数发生器模块 5G8038 等）和外围电路设计信号发生器电路。主要通过调节不同电位器可调节函数发生器芯片输出振荡频率大小、占空比、正弦波信号的失真，产生精度较高的方波、三角波、正弦波信号。

注：可参考上述思路，自主设计电路，运用电子绘图软件绘制电路原理图，通过仿真软件进行仿真验证，验证正确无误后，按照电路图中元器件进行电路的安装、制作与调试。

三、电路的安装

1. 电路安装的基本步骤

(1) 绘制元件装配图。

(2) 手工绘制印制板图、制作 PCB 板。

(3) 元件插装与电路焊接。

2. 电路安装的工艺要求

(1) 电路的插装,焊接要严格执行工艺规范。

(2) 元件布置必须美观、整洁、合理。

(3) 所有焊点必须光亮、圆润、无毛刺、无虚焊、错焊和漏焊。

(4) 连接导线应正确、无交叉,走线美观简捷。

(5) 特别注意电容器、二极管的极性、三极管的引脚不能接错。

四、电路的调试

1. 仔细检查、核对电路与元件,确认无误后接入直流电源。

2. 方波对称性调节。

3. 信号的频率调节。

4. 正弦波信号的失真度调节。

五、故障分析与排除

拟可能出现的故障如下,其他故障现象及排除方法请自行总结写入项目报告书。

1. 三角波线性较差。

分析与排除:

2. 带负载能力不高。

分析与排除:

3. 正弦波信号失真明显。

分析与排除:

六、编写项目报告书

项目报告书内容包括以下几项。

(1) 项目目的。

(2) 项目使用仪器清单。

(3) 画出项目电路图,标明元件数值,并列出元器件清单。

(4) 画出项目电路接线工艺图、印制板图。

(5) 列出电路制作过程或步骤。

(6) 测试结果与分析。

(7) 心得体会。

七、项目评价

项目评价见表 4-6。

表 4-6　项目评价表

考 核 项 目	考 核 内 容	配分	得分
职业素养	1. 遵时守纪、工作积极； 2. 团结协作精神； 3. 踏实勤奋、严谨求实。	10	
安全操作	1. 安全操作规程的遵守情况； 2. 无安全事故发生。	10	
元器件的识别与检测	1. 能正确识别元器件； 2. 会用万用表检测电阻、电容、二极管、三极管、 运算放大器和集成电路芯片等。	15	
电路的安装	1. 元器件排列整齐； 2. 焊点符合工艺要求。	25	
电路的调试	1. 仪器仪表使用正确； 2. 能正确判断和排除电路故障。	20	
项目报告书完成情况	1. 格式标准，内容充实； 2. 测试结果记录与分析详细	20	
合　　计		100	

知识链接——如何选择适合自己的信号发生器

在测试、研究或调整电子电路及设备时，为测定电路的一些电参量，如测量频率响应、噪声系数，为电压表定度等，都要求提供符合所定技术条件的电信号，以模拟在实际工作中使用的待测设备的激励信号。

选用信号发生器，首先要考虑的是信号源的类型要适合应用的需要。对于业余无线电爱好者，如果主要用于调测对讲机灵敏度，就需要高频信号发生器，如果主要用于普通电器维修和基础电路实验，则普通函数信号发生器更为适合。对于维修电视机的朋友，则需要电视信号发生器，调频立体声信号源适合维修收音机之用。如果你需要用于数字信号测试，那么矢量信号源更适合你。其次，信号发生器的频率覆盖范围和调制模式以及信号输出幅度都要满足应用的需要。调 FM 对讲机的灵敏度一般要求信号发生器具备调频信号调制，频率覆盖对讲机工作频段，信号发生器的信号输出幅度最小不大于 -120dBm，能达到 -127dBm 则更好。

下面列出了选择信号发生器时可能要考虑的常见参数。

1. 带宽：信号源的带宽是信号源所能输出的最大正弦波的频率。例如 250MHz 的信号源是指他的正弦波输出频率最大能到 250MHz。

2. 通道数：在使用信号源时需要信号源能同时输出信号的路数。现在信号源的通道分为模拟波形输出通道和数字波形输出通道。不同信号源厂家的配制相差很大。

3. 采样率：信号源在输出波形时从内存中取点输出的速度为信号源的采样率。采样率越高对于波形的还原程度也越高。

4. 垂直分辨率：在混合信号发生器中，垂直分辨率与仪器 DAC 的二进制字长度（单位为位）有关，位越多，分辨率越高。DAC 的垂直分辨率决定着复现的波形的幅度精度和失真。分辨率不足的 DAC 会导致量化误差，导致波形生成不理想。尽管越高越好，但在 AWG 中，频率较高的仪器的分辨率（8 位或 10 位）通常要低于 12 位或 14 位的通用仪器。

5. 输出信号幅度：信号源的输出幅度需要根据实验人员所使用的幅度范围进行选择。例如：音响研发工程师需要的信号多为 10～100V 的大驱动信号，而医疗器械研发工程师所关注的生物电波则集中在 uV～mV 范围内。

6. 任意波可编辑长度：现在的信号源一般都叫做——函数/任意波信号源，所谓任意波就是指可以根据使用者要求自己任意编辑的波形。波形长度即用来描绘你所创建的波形所用的点的数量。描述的点越多，还原的波形越真实形态。例如：现在的示波器可以将采集的现场数据波形保存，然后在实验室里面用信号源复现。若示波器的存储深度为 1Mpts，那么信号源的任意波长度只有不小于 1Mpts 时才能将信号完美复现。

7. 相位噪声：相位噪声是指单位 Hz 的噪声密度与信号总功率之比，表现为载波相位的随机漂移，是评价频率源（振荡器）频谱纯度的重要指标。

项目小结

1. 信号产生电路通常称为振荡器，用于产生一定频率和幅值的信号。振荡电路可以分为正弦波振荡电路和非正弦波振荡电路，正弦波振荡电路又有 RC、LC 和石英晶体振荡电路等，非正弦波振荡电路又有方波、三角波产生电路等。

2. 正弦波振荡电路是利用选频网络通过正反馈产生自激振荡的。幅值平衡条件为 $|\dot{A}\dot{F}|=1$，相位平衡条件为 $\varphi_A+\varphi_F=2n\pi$。振荡频率由选频网路参数决定。RC 正弦波振荡电路的振荡频率低，常用的 RC 串并联振荡电路的振荡频率在 1MHz 以下；LC 弦波振荡电路的振荡频率高，从几十千赫到几百兆赫，常用的有变压器反馈式、电感三点式和电容三点式；石英晶体振荡电路是采用石英晶体代替 LC 谐振回路构成的，其振荡频率的准确性和稳定性很高，有并联型和串联型两种。

3. 非正弦波振荡电路通常由比较器和具有延时特性的 RC 积分电路和反馈电路构成，其状态的翻转依靠电路中电容能量的变化，改变电容的充、放电的快慢就可以调节振荡频率。

直流稳压电源的制作与调试

项目概述

　　当今社会,人们极大地享受着电子设备带来的便利,但是任何电子设备都有一个共同的电路——电源电路。大到超级计算机、小到袖珍计算器,所有的电子设备都必须在电源电路的支持下才能正常工作。当然这些电源电路的样式、复杂程度千差万别。例如超级计算机的电源电路本身就是一套复杂的电源系统。通过这套电源系统,超级计算机各部分都能够得到持续稳定、符合各种复杂规范的电源供应。袖珍计算器则是简单电池电源电路。电源电路是一切电子设备的基础,没有电源电路就不会有如此种类繁多的电子设备。

　　由于电子技术的特性,电子设备对电源电路的要求就是能够提供持续稳定、满足负载要求的电能,而且通常情况下都要求提供稳定的直流电能。提供这种稳定的直流电能的电源就是直流稳压电源。直流稳压电源在电源技术中占有十分重要的地位。

　　本项目通过对直流稳压电源的制作与调试,达到以下教学目标。

知识目标

　　(1) 了解直流稳压电源的功能和分类。

　　(2) 理解单相整流电路的组成及工作原理。

　　(3) 理解滤波电路的组成及工作原理。

　　(4) 理解串联型稳压电路的组成、工作原理和电路中各元器件的作用。

　　(5) 能正确领会直流稳压电源及其单元电路的基本特性。

　　(6) 熟悉常见的集成稳压器管脚排列及应用电路。

技能目标

　　(1) 会制作与检测单相整流电路、滤波电路。

　　(2) 进一步熟悉用万用表来检测二极管、三极管的方法。

（3）能按电路图安装和制作稳压电源，掌握调整输出电压的方法。

（4）初步具有查阅集成稳压器手册和选用器件的能力。

（5）能对直流稳压电源典型故障进行分析、判断和处理。

（6）了解电子电路的检修流程和检修方法。

5.1　整流电路

【学习目标】

（1）理解整流的概念，理解单相半波整流电路中各元器件的作用。

（2）掌握单相半波整流电路的结构并能对原理进行分析，学会计算电路的输出电压、输出电流、二极管的最大反向峰值电压。

（3）掌握单相桥式整流电路的结构并能对原理进行分析，学会计算电路的输出电压、输出电流、二极管的最大反向峰值电压。

5.1.1　单相半波整流电路

1. 整流和整流电路的概念

利用半导体二极管的单向导电性将正、负交替的交流电压变换成单向脉动的直流电压称为整流。

大多数整流电路由电源变压器、整流二极管和负载等组成。经过整流电路之后的电压已经不是交流电压，而是一种含有直流电压和交流电压的混合电压，习惯上称为单向脉动性直流电压。整流电路在直流电动机的调速、发电机的励磁调节、电解、电镀等领域应用广泛。

2. 电路组成及工作原理

（1）电路组成

半波整流电路如图 5-1(a) 所示。图中，T 为电源变压器（Power Transformer），R_L 为电阻性负载。变压器的初级接交流电源，次级所感应的交流电压接到二极管。由于流过负载的电流和加在负载两端的电压只有半个周期的正弦波，故称半波整流。

（2）工作原理

设 $u_2 = \sqrt{2}U_2 \sin\omega t$，当 u_2 处于正半周时，电源 A 端电位高于 B 端电位，二极管 VD 正向导通，电流自电源 A 端经二极管 VD 流过负载回到电源 B 端。若略去二极管正向导通时的管压降，则加在负载上的电压为 u_2 处的正半周电压。当 u_2 处于负半周时，B 端电位高于 A 端电位，二极管 VD 反向截止，电路中电流为零。这时，R_L 两端电压即输出电压等于零，所以 u_2 的负半周电压全部加在二极管上。电路的电流和电压波形如图 5-1(b) 所示。

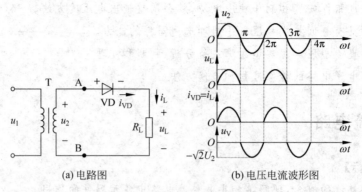

(a) 电路图　　　　　　(b) 电压电流波形图

图 5-1　单相半波整流电路

（3）主要参数

① 整流输出电压的平均值。整流输出的电压和电流用一个周期内的平均值表示。半波整流电路的直流分量（即平均值）为：

$$U_L = \frac{1}{2\pi}\int_0^\pi \sqrt{2}U_2\sin\omega t\,\mathrm{d}(\omega t) \approx 0.45 U_2 \tag{5-1}$$

② 纹波系数 S。纹波系数是描述整流输出电压脉动情况的指标，S 为交流分量总的有效值与直流分量（平均值）之比。半波整流输出电压的脉动系数为 $S=1.57$。

③ 二极管的正向平均电流。二极管的正向平均电流是指一个周期内通过二极管的平均电流。在半波整流中，有

$$I_{VD} = I_L = \frac{U_L}{R_O} \approx 0.45\frac{U_2}{R_L} \tag{5-2}$$

④ 二极管的最大反向峰值电压。二极管的最大反向峰值电压 U_{RM} 是指二极管不通电时在它两端承受的最大反向电压。单相半波整流电路二极管的最大反向峰值电压为：

$$U_{RM} = \sqrt{2}U_2 \tag{5-3}$$

（4）整流二极管的选择

在选择整流二极管时，必须满足以下两个条件。

① 二极管的额定反向电压应大于其承受的最高反向电压，即 $U_R > U_{RM}$。

② 二极管的额定整流电流应大于通过二极管的平均电流，即 $I_{VD} \leqslant I_F$。

【例 5-1】　在半波整流电路中，输出电压 $U_L = 24V$，电流 $I_L = 8A$。试选择二极管的型号。

解：因为 $U_L \approx 0.45U_2$，所以

$$U_2 \approx 2.22 U_L = 2.22 \times 24 \approx 53.3\,(V)$$

$$U_{RM} = \sqrt{2}U_2 = \sqrt{2} \times 53.3 \approx 75\,(V)$$

$$I_{VD} = I_L = 8\,(A)$$

查阅相关资料可知，型号为 2CZ58C 的整流二极管满足此电路要求。

在半波整流电路中，利用二极管的单向导电性，只在半个周期内有电流流过负载；在

另半个周期,由于二极管截止,使得电流为零。单相半波整流电路简单,元件少,但输出电压直流成分小,变压器中有直流分量流过,降低了变压器的效率;整流电流的脉动成分太大,整流效率低,对滤波电路的要求高,只适用于小电流整流电路,而在一般无线电装置中很少采用。

5.1.2 单相全波整流电路

1. 变压器中心抽头式单相全波整流电路

（1）电路组成

变压器中心抽头式单相全波整流电路如图 5-2 所示。它是由次级具有中心抽头的电源变压器 T、两个整流二极管 VD_1 和 VD_2 以及负载电阻 R_L 组成。由于流过负载的电流和加在负载两端的电压为整个周期的正弦波,故称全波整流。变压器次级电压 u_{2a} 和 u_{2b} 大小相等,相位相反,即 $u_{2a} = -u_{2b}$。

（2）工作原理

全波整流电路的工作过程是:在 u_2 的正半周($\omega t = 0 \sim \pi$),VD_1 正偏导通,VD_2 反偏截止,R_L 上有自上而下的电流流过,R_L 上的电压与 u_{2a} 相同。在 u_2 的负半周($\omega t = \pi \sim 2\pi$),VD_1 反偏截止,VD_2 正偏导通,R_L 上也有自上而下的电流流过,R_L 上的电压与 u_{2b} 相同。可画出整流波形如图 5-3 所示。由波形可知,负载上得到的也是一个单向脉动电流和脉动电压。

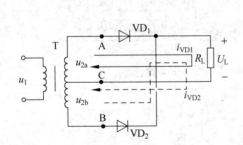

图 5-2 变压器中心抽头式单相全波
整流电路

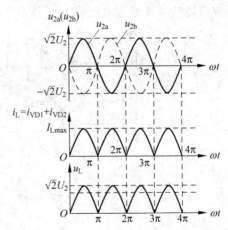

图 5-3 变压器中心抽头式单相全波整流
电路波形图

（3）主要参数

① 整流输出电压的平均值

$$U_L = 0.9U_2 \tag{5-4}$$

② 纹波系数 S

全波整流电路输出电压的脉动系数 $S \approx 0.67$。

③ 负载电流平均值

$$I_L = \frac{U_L}{R_L} = \frac{0.9U_2}{R_L} \tag{5-5}$$

④ 流过二极管的正向工作电流（平均电流）

$$I_{VD} = \frac{1}{2}I_L \tag{5-6}$$

⑤ 二极管承受的反向峰值电压

$$U_{RM} = 2\sqrt{2}U_2 \tag{5-7}$$

（4）整流二极管的选择

在选择整流二极管时，必须满足以下两个条件。

① 二极管的额定反向电压应大于其承受的最高反向电压，即 $U_R > U_{RM}$。

② 二极管的额定整流电流应大于通过二极管的平均电流，即 $I_{VD} \leqslant I_F$。

全波整流输出电压的直流成分（较半波）增大，脉动程度减小，但变压器需要中心抽头，制造麻烦，整流二极管需承受的反向电压高，故一般适用于要求输出电压不太高的场合。

2. 桥式整流电路

（1）电路组成

桥式整流电路如图 5-4(a)所示，图 5-4(b)、(c)是桥式整流电路的其他画法。它由电源变压器 T、4 个整流二极管 VD_1、VD_2、VD_3、VD_4 和负载电阻 R_L 组成。

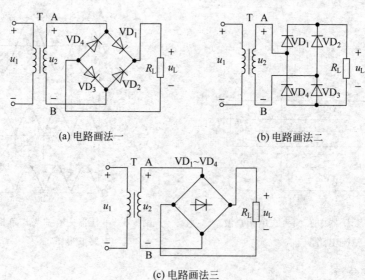

(a) 电路画法一   (b) 电路画法二

(c) 电路画法三

图 5-4　单相桥式整流电路

（2）工作原理

当 u_2 处于正半周时，VD_1 和 VD_3 正偏导通，视做短路；VD_2 和 VD_4 反偏截止，视做开路。电流由 A 端通过 VD_1 流过负载，再通过 VD_3 回到 B 端，显然此时 $u_L = u_2$。当 u_2 处于负半周时，VD_2 和 VD_4 正偏导通，视做短路；VD_1 和 VD_3 反偏截止，视做开路。电流由 B 端通过 VD_2 流过负载，再通过 VD_4 回到 A 端，显然此时 $u_L = -u_2$。可见，在整个周期中，4 个二极管分两组轮流导通，使负载上总有电流流过，波形如图 5-5 所示。

（3）主要参数

① 整流输出电压的平均值。

$$U_L = 0.9U_2 \tag{5-8}$$

② 纹波系数。全波桥式整流电路输出电压的脉动系数 $S \approx 0.67$。

③ 二极管的正向平均电流是指每一只二极管上流过的平均电流，是流过负载的平均电流的一半。

$$I_{VD} = \frac{1}{2}I_L = \frac{1}{2} \times \frac{U_L}{R_L} = 0.45\frac{U_2}{R_L} \tag{5-9}$$

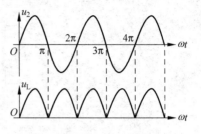

图 5-5　桥式整流电路波形图

④ 二极管的最大反向峰值电压。

$$U_{RM} = \sqrt{2}U_2 \tag{5-10}$$

（4）整流二极管的选择

在选择整流二极管时，必须满足以下两个条件。

① 二极管的额定反向电压应大于其承受的最高反向电压，即 $U_R > U_{RM}$。

② 二极管的额定整流电流应大于通过二极管的平均电流，即 $I_{VD} \leqslant I_F$。

综上所述，单相桥式整流电路的直流输出电压较高，输出电压的脉动程度较小，而且变压器在正、负半周都有电流供给负载，其效率高。因此，该电路获得了广泛应用。

【例 5-2】　在桥式整流电路中，要求直流输出电压 $U_O = 100V$，负载为 $R_L = 25\Omega$。现有二极管 2CZ56E，试判断该电路中是否可以用 2CZ56E 作为整流元件。

解： $U_O \approx 0.9U_2$

$$U_2 = \frac{U_O}{0.9} = \frac{100}{0.9} \approx 111(V)$$

$$U_{RM} = \sqrt{2}U_2 = \sqrt{2} \times 111 \approx 157(V)$$

$$I_{VD} = \frac{1}{2}I_O = 0.45\frac{U_2}{R_L} = 0.45 \times \frac{111}{25} \approx 2(A)$$

查阅资料可知，2CZ56E 的最大整流电流为 3A，最高反向工作电压为 300V，所以该电路可以用 2CZ56E 作为整流元件。

实训　整流电路的测试

一、实训目的

1. 比较半波、桥式整流电路的计算值与测量值。
2. 能分析电路故障及排除。

二、实训器材

万用表、实验箱。

三、实训步骤

（一）单相半波整流电路的调试

1. 实训电路

半波整流实训电路如图 5-6 所示。

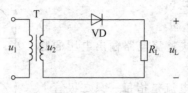

图 5-6　单相半波整流电路

2. 元件清单（见表 5-1）

表 5-1　单相半波整流电路电路的元件清单

序号	代号	名　　称	型号规格	是否正常
1	VD	二极管	IN4007	
2	R_L	电阻	25W/200Ω	

3. 实训要求

（1）识别与测量元器件。

（2）电路接线。

（3）按表 5-4 的要求测量单相半波整流电路。

表 5-2　单相半波整流电路的数据测试

	负载上直流电流 I_O(mA)		负载上直流电压 U_O(V)	
	测量值	估算值	测量值	估算值
单相半波整流				

（二）单相桥式整流电路的制作与调试

1. 实训电路

桥式整流实训电路如图 5-7 所示。

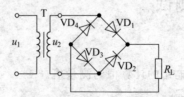

图 5-7　单相全波桥式整流电路

2. 元件清单

表 5-3 单相桥式整流电路电路的元件清单

序号	代 号	名 称	型号规格	是否正常
1	VD1、VD2、VD3、VD4	二极管	IN4007	
2	R_L	电 阻	25W/200Ω	

3. 实训要求

(1) 识别与测量元器件。

(2) 电路接线。

(3) 按表 5-4 的要求测量单相桥式整流电路。

表 5-4 单相桥式整流电路的数据测试

	变压器次级输出电压 U_2	负载上直流电压 U_O(V)	
		测 量 值	估 算 值
单相桥式全波整流	14V		
	16V		
	18V		
V_3 开路	14V		

四、实训操作

可以通过扫右侧二维码观看本实验的操作步骤。

整流电路的测试

思考与练习

一、判断题(对的打"√",错的打"×")

( )1. 在单相整流电路中,输出的直流电压大小与负载大小无关。

( )2. 硅稳压二极管的稳压作用是利用其内部 PN 结的正向特性来实现的。

( )3. 半波整流电路结构简单,但是电源利用率低。

( )4. 桥式整流电路中的二极管的连接是任意的。

( )5. 桥式整流电路中若有一只整流二极管断路则电路不能正常工作。

( )6. 选择整流二极管主要考虑两个参数:反向击穿电压和正向平均电流。

二、选择题

1. 在单相半波整流电路中,如果电源变压器次级电压为100V,则负载电压是( )V。

　　A. 100　　　　　　　B. 45　　　　　　　C. 90　　　　　　　D. 120

2. 在单相桥式整流电路中,如果负载电流为 10A,则通过每只整流器流过二极管的电流为( )A。

　　A. 10　　　　　　　B. 4.5　　　　　　　C. 5　　　　　　　D. 9

3. 交流电通过单相整流电路后,所得到的输出电压是( )。

A. 交流电压　　　　　　　　　　B. 稳定直流电压

C. 脉动直流电压　　　　　　　　D. 非正弦交流电压

4. 理想二极管在半波整流电路中,有电阻负载时,承受的最大反向电压是( )。

A. 等于 $\sqrt{2}U_2$　　　　　　　　B. 小于 $\sqrt{2}U_2$

C. 大于 $\sqrt{2}U_2$　　　　　　　　D. 小于 $2\sqrt{2}U_2$

5. 在单相桥式整流电路中,如果一只整流二极管接反,则( )。

A. 引起电源短路　　　　　　　　B. 成稳压电路

C. 成半波整流电路　　　　　　　D. 仍为桥式整流电路

6. 若桥式整流电路中的一个二极管开路,则( )。

A. 输出波形为全波　　B. 无输出波形　　C. 输出波形为半波

三、分析计算题

1. 在如题图 5-1 所示单相桥式整流电路中,若负载电阻 $R_L = 1.8\text{k}\Omega$,负载电流 $I_L = 20\text{mA}$。试求:

(1) 电源变压器的次级电压 U_2。

(2) 整流二极管承受的最大反向电压 U_{RM}。

(3) 流过二极管的平均电流 I_{VD}。

2. 已知全波整流电路如题图 5-1 所示,$U_2 = 8\text{V}$,负载 R_L 为 5Ω。试求:

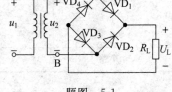

题图　5-1

(1) 输出电压平均值 $U_{L(AV)}$。

(2) 整流二极管平均电流 $I_{VD(AV)}$。

(3) 整流二极管承受的最大反向电压 U_{RM}。

3. 在半波整流电路中,负载电阻 $R_L = 900\Omega$,电流 $I_L = 10\text{mA}$。试求:

(1) 电源变压器的次级电压 U_2。

(2) 整流二极管承受的最大反向电压 U_{RM}。

(3) 流过二极管的平均电流 I_{VD}。

5.2　滤波电路

【学习目标】

(1) 了解 RC 和 RL 的充放电过程。

(2) 掌握电容滤波电路和电感滤波电路的结构,并能分析电路原理。

(3) 理解复式滤波电路,能对电路原理进行简单的分析。

5.2.1　电容滤波电路

1. 滤波的概念

整流电路的输出电压不是稳定不变的直流电压,从示波器观察整流电路的输出,与直流相差很大。波形中含有较大的脉动成分,称为纹波。为获得比较理想的直流电压,需要利用具有储能作用的电抗性元件,由储能元件组成的滤波电路来滤除整流电路输出电压中的脉动成分,以获得直流电压。滤波是指在电源整流电路中,用来滤除交流成分,使输出的直流更平滑。常用的储能元件有电容和电感。

2. 滤波电路的组成与工作原理

(1) 半波整流电容滤波电路组成及工作原理

半波整流电容滤波电路如图 5-8 所示,其中 C 为大容量的滤波电容。在电容滤波电路中,电容 C 与负载并联,利用电容两端的电压不能突变的特性来实现滤波。滤波电容具有电极性,称其为电解电容。电解电容的一端为正极,另一端为负极,正极连接在整流输出电路的正端,负极连接在电路的负端。在所有需要将交流电转换为直流电的电路中,设置滤波电容会使电子电路的工作性能更加稳定,同时降低了交变脉动波纹对电子电路的干扰。在下面的分析中,不考虑二极管的导通电压。

当 u_2 处于正半周并且数值大于电容两端电压 u_c 时,二极管 VD 导通,电流一路流经负载电阻 R_L,另一路对电容 C 充电。当 $u_c > u_2$,导致二极管反向偏置而截止,电容通过负载电阻 R_L 放电,u_c 按指数规律缓慢下降;当 u_2 处于负半周时,二极管截止,C 对 R_L 放电,u_c 按指数规律下降。当 u_2 处于正半周并且数值大于电容两端电压 u_c 时,重复上述过程。波形如图 5-9 所示。

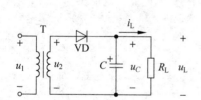

图 5-8　单相半波整流的电容滤波电路

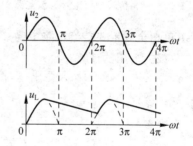

图 5-9　单相半波整流电容滤波电路波形

(2) 半波整流电容滤波电路主要参数

① 负载上电压的计算

$$U_L \approx U_2 \tag{5-11}$$

② 元件参数

• 电容参数

$$R_L C \geqslant (3 \sim 5) T \tag{5-12}$$

式中,$T = \dfrac{1}{f} = \dfrac{1}{50} = 0.02(\text{s})$。

• 整流二极管参数

$$I_{VD} = I_L \tag{5-13}$$

$$U_{RM} = 2\sqrt{2} U_2 \tag{5-14}$$

（3）单相全波桥式整流电路组成及工作原理

桥式整流电容滤波的电路如图 5-10 所示，其中 C 为大容量的滤波电容。

接上滤波电容后，电容上的电压即为负载电压。当 u_2 处于正半周并且数值大于电容两端电压 u_c 时，二极管 VD_1 和 VD_3 导通，VD_2 和 VD_4 截止，电流一路流经负载电阻 R_L，另一路对电容 C 充电。当 $u_c > u_2$ 时，导致 VD_1 和 VD_3 管反向偏置而截止，电容通过负载电阻 R_L 放电，u_c 按指数规律缓慢下降；当 u_2 处于负半周幅值变化到恰好大于 u_c 时，VD_2 和 VD_4 因加正向电压变为导通状态，u_2 再次对 C 充电，u_c 上升到 u_2 的峰值后又开始下降；下降到一定数值时，VD_2 和 VD_4 变为截止，C 对 R_L 放电，u_c 按指数规律下降；放电到一定数值时，VD_1 和 VD_3 变为导通，重复上述过程，波形如图 5-11 所示。单相桥式整流滤波电路在一个周期内，u_2 对电容充电两次，电容对负载放电的时间大大缩短了，输出电压波形更加平滑。

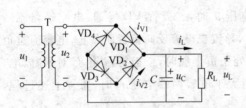
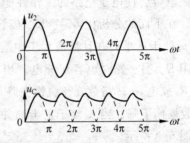

图 5-10 单相桥式整流电容滤波电路　　　图 5-11 单相全波桥式整流电容滤波电路波形

（4）单相全波桥式整流电路主要参数

① 负载上电压的计算

$$U_L \approx 1.2U_2 \tag{5-15}$$

② 元件参数

• 电容参数

$$R_L C \geqslant (3 \sim 5)T/2 \tag{5-16}$$

式中，$T = 0.02s$。

• 整流二极管参数

$$I_{VD} = \frac{1}{2}I_L \tag{5-17}$$

$$U_{RM} = \sqrt{2}U_2 \tag{5-18}$$

③ 整流二极管的导通角

在电力电子领域，导通角是指在一个周期内，由电力电子器件控制二极管导通的角度。

交流电一般为正弦波形，它的一个周期为 2π，正半周占 π，负半周占 π。在未加滤波电容之前，整流电路中的二极管导通角 θ 为 π。加滤波电容后，只有当电容充电时，二极管才导通。因此，每只二极管的导通角均小于 π。R_L、C 的值越大，滤波效果越好，导通角 θ 将越小。

电容滤波电路简单,输出直流电压较高,纹波较小,但外特性较差,适用于负载电压较高、负载电流较小且负载变动不大的场合,作为小功率的直流电源。

【例 5-3】 在图 5-10 所示的桥式整流电容滤波电路中,若要求输出直流电压为 18V,电流为 100mA,试选择滤波电容和整流二极管。

解: ① 整流二极管的选择

$$I_{VD} = \frac{1}{2} I_L = \frac{1}{2} \times 100 = 50 (mA)$$

$$U_2 = \frac{1}{1.2} U_L = \frac{1}{1.2} \times 18 = 15 (V)$$

$$U_{RM} = \sqrt{2} U_2 = \sqrt{2} \times 15 = 21 (V)$$

查手册知,2CZ52A 的参数可以满足要求。

② 选择滤波电容器

$$C \geqslant \frac{5T}{2R_L} = \frac{5 \times 0.02}{2 \times (18 \div 0.1)} \approx 278 (\mu F)$$

电容器耐压为:

$$(1.5 \sim 2) U_2 = (1.5 \sim 2) \times 15 = 22.5 \sim 30 (V)$$

确定选用 $330\mu F/35V$ 的电解电容。

5.2.2 电感滤波电路

1. 电路组成

桥式整流电感滤波的电路如图 5-12 所示。在电感滤波电路中,电容 L 与负载串联,利用电感中的电流不能突变的特性来实现滤波。

2. 工作原理

当流过电感的电流变化时,电感线圈中产生的感生电动势将阻止电流的变化。当电感电流增大时,电感产生的自感电动势阻止电流的增加,同时将一部分电能转化成磁场能存储于电感之中;电感电流减小时,电感产生的自感电动势阻止电流的减小,同时释放出存储的能量,以补偿电流的减小。因此,当脉动

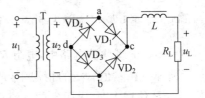

图 5-12 单相全波桥式整流的
电感滤波电路

电流从电感线圈通过时,将会变得平滑些。特别当负载变化引起输出电流变化时,电感线圈也能抑制负载电流的变化。电感线圈的电感量越大,滤波效果越好;在电感线圈不变的情况下,负载电阻越小,输出电压的交流分量越小。只有在 $R_L \gg \omega L$ 时,才能获得较好的滤波效果。

因电感线圈的直流电阻很小,交流电抗很大,故直流分量顺利通过,交流分量将全部降到电感线圈上,在负载 R_L 上得到比较平滑的直流电压,其输出电压为 $U_L = 0.9 U_2$。

对于单相半波整流的电感滤波电路,$U_L = 0.45 U_2$。

电感线圈的铁芯粗大、笨重,易引起电磁干扰,因此在小型电子设备中很少采用电感

滤波。电感滤波主要适用于一些大功率整流设备,以及负载电流变化较大和负载经常变化的场合。

5.2.3　复式滤波电路

为进一步提高滤波效果,可以将电感、电容和电阻组合起来,构成复式滤波电路。下面介绍由 LC 元件构成的倒 L 型滤波电路和由 RC 元件构成的 π 型滤波电路。

1. LC 滤波电路

由于电感滤波电路适用于负载电流大的场合,而电容滤波电路适用于负载电流小的场合,为综合二者的优点,可在电感 L 后接一个电容 C,构成 LC 倒 L 型滤波电路,如图 5-13 所示。由于整流输出先经过电感滤波,因此其性能和应用场合与电感滤波电路相似。显然,LC 滤波电路的滤波效果更好。

2. π 型滤波电路

在 LC 滤波电路前再并联一个电容器,构成 π 型 LC 滤波电路,如图 5-14 所示。

无论是电感滤波电路,还是 π 型 LC 滤波电路,都含有体积大、笨重且易引起电磁干扰的电感。因此在负载电流不大的情况下,可用电阻 R 代替 L,如图 5-15 所示。其整流输出电压先经过电容滤波,再经组成的 RC 倒 L 型滤波电路滤波,因此也称为复式滤波器电路。两次滤波使纹波大为减小。显然,RC-π 型滤波电路的性能和应用场合与电容滤波电路相似。

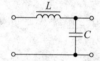

图 5-13　倒 L 型 LC 滤波电路

图 5-14　π 型 LC 滤波电路

图 5-15　π 型 RC 滤波电路

在 RC-π 型滤波电路中,电阻 R 的作用是将残余的纹波电压降落在电阻两端,最后由 C 旁路掉。在 ω 值一定的情况下,R 越大,C 越大,则脉动系数越小,也就是滤波效果越好。而 R 值增大时,电阻上的直流压降会增大,就增大了直流电源的内部损耗。这种电路一般用于负载电流比较小的场合。

实训　滤波电路的测试

一、实训目的

1. 理解滤波电路的作用
2. 学会滤波电路的数据测试
3. 掌握电路故障的分析及排除

二、实训器材

万用表、示波器、交流毫伏表。

三、实训步骤

（一）单相半波整流电容滤波电路

1. 实训电路

单相半波整流电容滤波电路实训电路图如图 5-16 所示。

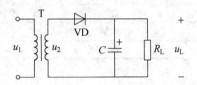

图 5-16 单相半波整流电容滤波电路

2. 元件清单

图 5-16 电路的元件清单如表 5-5 所示。

表 5-5 电容滤波电路的元件清单

序 号	代 号	名 称	型 号 规 格	是 否 正 常
1	VD	二极管	IN4004	
2	C	电解电容器	100μF/25V	
3	R_L	电阻	25W/200Ω	

3. 实训要求

（1）识别与测量元器件。

（2）电路接线。

（3）电容滤波电路的调试

按表 5-6 要求测量单相半波整流电容滤波电路，并将测试数据填入表中。

表 5-6 单相半波整流电容滤波电路测试数据

变压器次级 输出电压 U_2(V)	整流滤波后电压 U_L(V)	输出波纹电压 （mV）	U_L / U_2
14V			
16V			
18V			

（二）单相桥式整流电容滤波电路

1. 实训电路

单相桥式整流电容滤波电路实训电路图如图 5-17 所示。

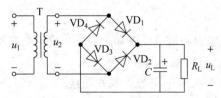

图 5-17 单相桥式整流电容滤波电路

2. 元件清单

图 5-17 电路的元件清单如表 5-7 所示。

表 5-7　单相桥式整流电容滤波电路的元件清单

序　号	代　号	名　称	型号规格	是否正常
1	$VD_1 \sim VD_4$	二极管	IN4004	
2	C_1	电解电容器	$470\mu F/25V$	
3	R_L	电　阻	$25W/200\Omega$	

3. 实训要求

（1）识别与测量元器件。

（2）电路接线。

（3）电容滤波电路的调试

按表 5-8 要求测量单相桥式整流电容滤波电路，并将测试数据填入表中。

表 5-8　单相桥式整流电容滤波电路测试数据

变压器次级 输出电压 U_2（V）	整流滤波后电压 U_L（V）	输出波纹电压 （mV）	U_L / U_2
14 V			
16 V			
18 V			

4. 电路故障分析

按表 5-9 要求测量单相桥式整流电容滤波电路，并将故障现象填入表中。

表 5-9　单相桥式整流电容滤波电路的故障分析

情　　况	故 障 现 象
整流管 VD_2 开路	
滤波电容开路	
负载开路	

四、实训操作

可以通过扫右侧二维码观看本实验的操作步骤。

滤波电路的测试

思考与练习

一、判断题

（　　）1. 滤波是利用电容两端电压不能突变或电感中电流不能突变的特性来实现的。

（　　）2. 用电容滤波时，选取电容应越大愈好。

（　　）3. 电感滤波器在电路中应与负载并联连接。

（　　）4. 桥式整流电容滤波电路中,若有一只整流管断开,输出电压平均值变为原来的一半。

二、选择题

1. 在下列滤波电路中,接法错误的是(　　)。

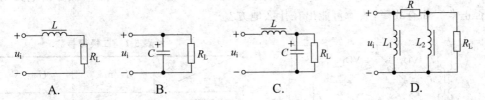

A.　　　　　　B.　　　　　　C.　　　　　　D.

2. 滤波电路的主要目的是(　　)。

　　A. 变交流电为直流电　　　　　B. 将正弦交流电变为脉冲信号

　　C. 将高频变为低频　　　　　　D. 去掉脉动直流电中的脉动成分

三、填空题

1. 在题图 5-2 所示电路中,假设二极管是理想的,$u_2 = 14.1\sin 314°$(V)。当开关 S 闭合时,$U_L =$ _____ V,$U_{RM} =$ _____ V；当开关 S 打开时,$U_L =$ _____ V,$U_{RM} =$ _____ V。

2. 题图 5-3 所示电路中,$u_i = 10\sqrt{2}\sin\omega t$(V),当开关 S_1 _____、S_2 _____ 时,$u_o = 10\sqrt{2}$ V；当 S_1 _____、S_2 _____ 时,$U_O = 12$V。

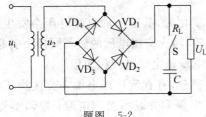
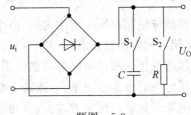

题图　5-2　　　　　　　　　　　　　题图　5-3

3. 滤波电路的作用是滤去脉动直流电中的交流成分,常见的滤波电路有 _____、_____ 和 _____ 等几种。

4. _____ 滤波电路适用于负载电流较大而经常变化的场合,而 _____ 滤波电路适用于负载电流较小且基本不变的场合。

四、分析计算题

1. 在题图 5-4 所示单相桥式整流滤波电路中,要求输出电压为 20V,输出直流电流为 200mA。

试问:

(1) 输出为正电压还是负电压? 电解电容的极性如何接?

(2) 选择耐压和容量多大的电容?

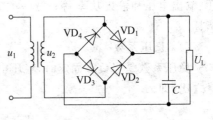

题图　5-4

（3）变压器次级电压的有效值为多少？

2. 已知全波整流滤波电路如题图 5-5 所示，$U_2 = 20\text{V}$，负载 R_L 为 100Ω。

（1）求输出电压平均值 $U_{L(AV)}$。

（2）根据题表 5-1 所给的二极管参数，确定电路中二极管的型号。

（3）当用电压表测得负载电压 U_L 分别为 $U_L = 18\text{V}$ 和 $U_L = 20\text{V}$ 时，试分析电路工作是否正常。如有故障，故障可能出在什么地方？

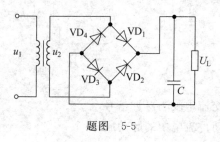

题图 5-5

题表 5-1 二极管参数

参数 型号	I_F/mA	U_{RM}/V
2AP9	100	35
2CZ50A	300	25
2CZ50B	300	50

5.3 稳压电路

【学习目标】

（1）理解稳压电路的主要技术指标。

（2）掌握并联型、串联型稳压电路的结构，并能分析电路原理。

（3）理解集成稳压器的外形及管脚排列，掌握集成稳压器的应用。

整流滤波电路也有一定的内阻，当负载电流变化时，其输出的直流电压会发生变化；同时，交流电网电压允许有 $-15\% \sim +10\%$ 的偏差，输入交流电压的波动同样会引起输出直流电压的变化。利用电路的调整作用，使输出电压稳定的过程称为稳压。

稳压电源的分类方法繁多，按输出电源的类型分，有直流稳压电源和交流稳压电源；按稳压电路与负载的连接方式分，有串联型稳压电源和并联型稳压电源；按调整管的工作状态分，有线性稳压电源和开关稳压电源；按电路类型分，有简单稳压电源和反馈型稳压电源。

5.3.1 并联型稳压电路

1. 稳压电路的主要指标

稳压电路的指标分为两大类：一类为特性指标，用来表示稳压电路的规格，有输入电压、输出电压和输出功率等；另一类为质量指标，用来表示稳压性能，主要有以下几种指标。

（1）稳压系数

稳压系数是当负载固定时，稳压电路输出电压的相对变化量与输入电压的相对变化量之比，即

$$\gamma = \left.\frac{\Delta U_O / U_O}{\Delta U_I / U_I}\right|_{\Delta I_O = 0, \Delta T = 0} \tag{5-19}$$

（2）输出电阻

输出电阻是指在整流滤波后输入到稳压电路的直流电压不变时，稳压电路的输出电压变化量与输出电流变化量之比。r_o 的值越小，带负载能力越强，对其他电路影响越小。

$$r_o = \frac{\Delta U_O}{\Delta I_O}\bigg|_{\Delta U_I = 0, \Delta T = 0} \tag{5-20}$$

（3）纹波电压 S

纹波电压是指稳压电路输出端中含有的交流分量，通常用有效值或峰值表示。S 值越小越好，否则影响正常工作，例如，在电视接收机中发出交流"嗡嗡"声，或光栅在垂直方向呈现"S"形扭曲。

（4）温度系数 S_T

温度系数 S_T 是指在 U_I 和 I_O 都不变的情况下，环境温度 T 变化所引起的输出电压的变化。S_T 越小，漂移越小，该稳压电路受温度影响越小。

另外，还有其他质量指标，如负载调整率、噪声电压等。

2. 并联型稳压电路

（1）电路组成及工作原理

由硅稳压管组成的稳压电路如图 5-17 所示，R 为限流电阻，作为调整元件的稳压管 VD_Z 与负载 R_L 并联，因而该电路又称为并联型稳压管稳压电路。硅稳压管是一种特殊的二极管，它主要工作在反向击穿区，只要反向击穿电流不超过极限电流和极限功率，稳压管是不会损坏的。

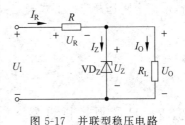

图 5-17 并联型稳压电路

① 当稳压电路的输入电压 U_I 保持不变，负载电阻 R_L 增大时，输出电压 U_O 将升高，稳压管两端的电压 U_Z 上升，电流 I_Z 将迅速增大，流过 R 的电流 I_R 也增大，导致 R 上的压降 U_R 上升，从而使输出电压 U_O 下降。上述过程简单表述如下：

$$R_L\uparrow \longrightarrow U_O\uparrow \longrightarrow I_Z\uparrow \longrightarrow I_R\uparrow \longrightarrow U_R\uparrow$$
$$U_O\downarrow \longleftarrow$$

如果负载 R_L 减小，其工作过程与上述相反，输出电压 U_O 仍保持基本不变。

② 当负载电阻 R_L 保持不变，电网电压下降，导致 U_I 下降时，输出电压 U_O 随之下降，但此时稳压管的电流 I_Z 急剧减小，则在电阻 R 上的压降减小，以此补偿 U_I 的下降，使输出电压基本保持不变。上述过程简单表述如下：

$$U_I\downarrow \longrightarrow U_O\downarrow \longrightarrow I_Z\downarrow \longrightarrow I_R\downarrow \longrightarrow U_R\downarrow$$
$$U_O\uparrow \longleftarrow$$

如果输入电压 U_I 升高，R 上压降增大，其工作过程与上述相反，输出电压 U_O 仍保持基本不变。

由以上分析可知,硅稳压管的稳压原理是利用稳压管两端电压 U_Z 的微小变化引起电流 I_Z 较大的变化,通过电阻 R 起电压调整作用,保证输出电压基本恒定,从而达到稳压作用。

（2）元件选择

稳压管稳压电路的设计首先应选定输入电压和稳压二极管,然后确定限流电阻 R。

- 输入电压 U_I 的确定：考虑电网电压的变化,U_I 可按下式选择：

$$U_I = (2 \sim 3)U_O$$

- 稳压二极管的选取：稳压管的参数可按下式选取

$$U_Z = U_O, \quad I_{Zmax} = (2 \sim 3)I_{Omax}$$

- 限流电阻的确定：当输入电压 U_I 上升 10%,且负载电流为零（即 R_L 开路）时,流过稳压管的电流不超过稳压管的最大允许电流 I_{Zmax}；当输入电压下降 10%,且负载电流最大时,流过稳压管的电流不允许小于稳压管稳定电流的最小值 I_{Zmin},即

$$\frac{U_{Imax} - U_O}{R} < I_{Zmax}, \quad R > \frac{U_{Imax} - U_O}{I_{Zmax}}$$

$$\frac{U_{Imin} - U_O}{R} - I_{Omax} > I_{Zmin}, \quad R < \frac{U_{Imin} - U_O}{I_{Zmin} + I_{Omax}}$$

故限流电阻选择应按下式确定：

$$\frac{U_{Imax} - U_O}{I_{zmax}} < R < \frac{U_{Imin} - U_O}{I_{Zmin} + I_{Omax}}$$

$$P_R \geqslant \frac{(U_{Imax} - U_O)^2}{R}$$

5.3.2　串联型稳压电路

1. 稳压原理及电路组成

（1）稳压原理

稳压电路原理图如图 5-18 所示,当 U_I 上升时（电网波动引起）,如果能增大 R 的阻值,可以做到 R_L 两端电压不变；当 R_L 变化引起负载电流 I_L 的增大,如果 R 能自动减小,负载两端电压仍可维持不变。

利用三极管代替可变电阻 R 可以实现上述设想,电路如图 5-19 所示,当 U_O 变动时,利用输出电压 U_O 去控制三极管的发射结电压 U_{BE},改变三极管的管压降 U_{CE},达到维持输出电压基本不变的目的。

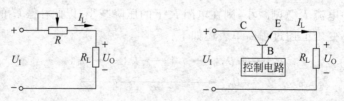

图 5-18　稳压电路原理图　　　　图 5-19　三极管稳压电路原理图

（2）电路组成

串联型稳压电路是目前较为通用的稳压电路类型，电路如图 5-20 所示。它主要由基准电压源、比较放大器、调整电路和采样电路四部分组成。其框图如图 5-21 所示。

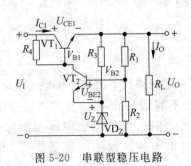

图 5-20　串联型稳压电路

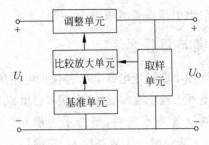

图 5-21　串联型稳压电路框图

基准电压一般是用击穿电压十分稳定，电压温度系数经过补偿的稳压二极管。基准源也称为参考源。这种稳压二极管采用一种埋层工艺，稳压性能优良，有的还加有温度控制电路，使其温度系数可小到几个 $10^{-6}/℃$。

2. 工作原理

（1）当负载 R_L 不变，输入电压 U_I 减小时，稳压过程表示如下：

$$U_I \downarrow \longrightarrow U_O \downarrow \longrightarrow V_{B2} \downarrow \longrightarrow U_{BE2} \downarrow \longrightarrow V_{C2}(V_{B1}) \uparrow$$
$$U_O \uparrow \longleftarrow U_{CE1} \downarrow \longleftarrow$$

（2）当输入电压 U_I 不变，负载 R_L 增大时，输出电压 U_O 有增长的趋势，则电路将产生下列调整过程：

$$U_L \uparrow \longrightarrow U_O \uparrow \longrightarrow V_{B2} \uparrow \longrightarrow U_{BE2} \uparrow \longrightarrow V_{C2}(V_{B1}) \downarrow$$
$$U_O \downarrow \longleftarrow U_{CE1} \uparrow \longleftarrow$$

（3）输出电压的调整范围。在图 5-22 所示稳压电路中有一个电位器 R_P 串接在 R_1 和 R_2 之间，可以通过调节 R_P 来改变输出电压 U_O。

由图 5-22 可知

$$V_{B2} = U_Z + U_{BE2} = \frac{R_2 + R'_P}{R_1 + R_P + R_2}U_O$$

则

$$U_{Omin} = \frac{R_1 + R_P + R_2}{R_2 + R_P}(U_Z + U_{BE2}) \quad (5-21)$$

$$U_{Omax} = \frac{R_1 + R_P + R_2}{R_2}(U_Z + U_{BE2}) \quad (5-22)$$

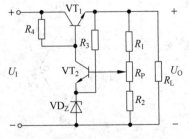

图 5-22　输出电压可调串联型稳压电路原理图

【例 5-5】 如图 5-22 所示，已知 $R_1 = 620\Omega$，$R_P = 680\Omega$，$R_2 = 1000\Omega$，$U_Z = 6.3V$，$U_{BE2} = 0.7V$，求输出电压调整范围。

解： $U_{Omin} = \dfrac{R_1 + R_P + R_2}{R_2 + R_P}(U_Z + U_{BE2}) = \left(\dfrac{620 + 680 + 1000}{1000 + 680}\right) \times 7 \approx 10\,(\text{V})$

$U_{Omax} = \dfrac{R_1 + R_P + R_2}{R_2}(U_Z + U_{BE2}) = \left(1 + \dfrac{620 + 680}{1000}\right) \times 7 \approx 16\,(\text{V})$

则输出电压调整范围为 10～16V。

5.3.3 集成稳压器

将线性串联稳压电源和各种保护电路集成在一起就得到了集成稳压器。集成稳压器只有三条外引线：输入端、输出端和公共端。对于不同型号、不同封装的集成稳压器，三个电极的位置是不同的，要查手册确定。三端固定正输出集成稳压器的国标型号为 CW78—/CW78M—/CW78L—；三端固定负输出集成稳压器的国标型号为 CW79—/CW79M—/CW79L—；三端可调正输出稳压器的国标型号为 CW117—/CW117M—/CW117L—、CW217—/CW217M—/CW217L—和 CW317—/CW317M—/CW317L—；三端可调负输出集成稳压器的国标型号为 CW137—/CW137M—/CW137L—、CW237—/CW237M—CW237L—和 CW337—/CW337M—/CW337L—。国标型号中，1 为军品级，2 为工业品级，3 为民品级。其中，军品级为金属外壳或陶瓷封装，工作温度范围 −55～150℃；工业品级为金属外壳或陶瓷封装，工作温度范围 −25～150℃；民品级多为塑料封装，工作温度范围 0～125℃。

1. 三端固定式集成稳压器

（1）三端固定式集成稳压器外形及管脚排列

三端固定式集成稳压器的外形和管脚排列如图 5-23 所示。由于它只有输入、输出和公共地端三个端子，故称为三端稳压器。

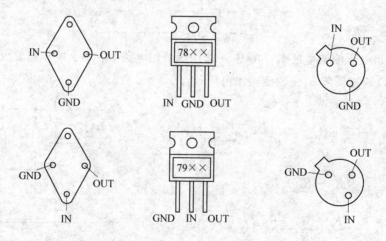

图 5-23　三端固定式集成稳压器的外形和管脚

（2）三端固定式集成稳压器的型号组成及其意义

三端固定式集成稳压器的型号组成及其意义如下所示。

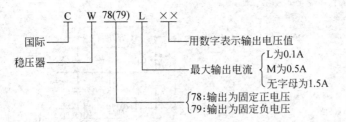

国产的三端固定集成稳压器有 CW78×× 系列(正电压输出)和 CW79×× 系列(负电压输出),其输出电压有 ±5V、±6V、±8V、±9V、±12V、±15V、±18V、±24V 等,最大输出电流有 0.1A、0.5A、1A、1.5A、2.0A 等。

(3) 三端固定式集成稳压器的应用

① 固定输出稳压器。电路组成如图 5-24 所示。在图中,C_1 为滤波电容,C_2 的作用是以旁路高频干扰信号,C_3 的作用是改善负载瞬态响应。

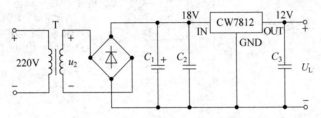

图 5-24　三端固定式集成稳压器的应用

CW7812 型三端稳压器的最大输出电流为 1.5A,最大输入电压允许到 35V,最小输入电压为 14V,完全适应电网电压变化的需要。当输入电压低于 14V 时,输出电压随之从 12V 下降,此时稳压作用消失。

② 提高输出电压的方法。如果需要输出电压高于三端稳压器输出电压,可采用图 5-25 所示电路。设稳压器输出电压为 U_X,则 $U_A = U_O - U_X$,$U_O - U_X = \dfrac{R_2}{R_1 + R_2} U_O$,解之得 $U_O = (1 + R_2/R_1) U_X$。由此可见,调节 R_2 的值,即可改变输出电压的值。

③ 提高输出电流的方法。当负载电流大于三端稳压器输出电流时,可采用图 5-26 所示的电路。图中,VT 为扩流三极管。

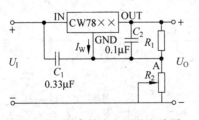

图 5-25　提高输出电压的电路图

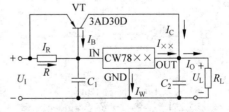

图 5-26　提高输出电流的电路图

④ 具有正、负电压输出的稳压电源。如图 5-27 所示,电源变压器带有中心抽头并接地,输出端得到大小相等、极性相反的电压。

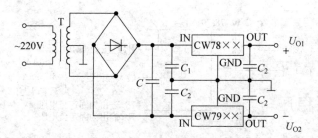

图 5-27 正、负电压输出的稳压电源

2. 三端可调集成稳压器

三端可调式集成稳压器的型号组成及其意义如下所示：

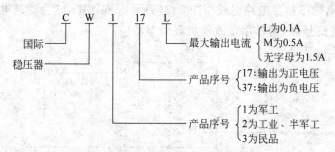

三端可调式集成稳压器克服了固定三端稳压器输出电压不可调的缺点，继承了三端固定式集成稳压器的诸多优点。三端可调集成稳压器 CW317 和 CW337 是一种悬浮式串联调整稳压器，它们的外形如图 5-28 所示，其典型应用电路如图 5-29 所示。

为了使电路正常工作，一般输出电流不小于 5mA。输入电压范围为 2～40V，输出电压可在 1.25～37V 之间调整，负载电流可达 1.5A。由于调整端的输出电流非常小(50μA)且恒定，可将其忽略。那么，输出电压表示为：

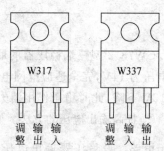

图 5-28 集成稳压电路的管脚图

$$U_\text{O} \approx \left(1 + \frac{R_\text{P}}{R_1}\right) \times 1.25\text{V} \tag{5-23}$$

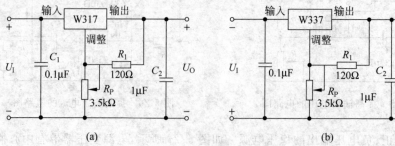

图 5-29 典型应用电路

式(5-21)中，1.25V是集成稳压器输出端与调整端之间的固定参考电压U_{REF}；R_1一般取值120～240Ω（此值保证稳压器在空载时也能正常工作），调节R_P可改变输出电压的大小（R_P取值视R_L和输出电压的大小而确定）。

实训　串联稳压电路的测试

一、实验目的
1. 研究稳压电源的主要特性，掌握串联稳压电路的工作原理。
2. 学会稳压电源的调试及测量方法。

二、实训器材
数字万用表、实验电路板。

三、实验内容
1. 静态调试
（1）按照图5-30电路接线，查清引线端子。

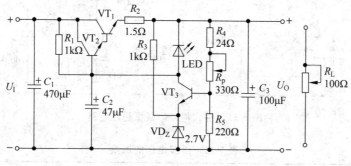

图 5-30　串联型稳压电路

（2）负载开路，将电源电压调到9V，接到U_I端，再调节电位器R_P，使$U_O=6V$，测量VT_3各极静态电位，填写表5-8。

表 5-8　静态工作点的测试

基极电位 V_{BQ}(V)	集电极电位 V_{CQ}(V)	发射极电位 V_{EQ}(V)

（3）调试输出电压的调节范围。

调节R_P，观察输出电路U_O的变化情况，测量U_O的最大值和最小值，填入表5-9。

表 5-9　输出电压的测试

$U_{O\,min}$(V)	$U_{O\,max}$(V)

2. 动态测量
（1）测量电路稳压特性。使稳压电源处于空载状态，调节电源，模拟电网电压波动

$+10\%$；即 U_I 由 $8V$ 变到 $10V$，调输入为 $8V$，测输出 DC 值 U_2 记入表 5-10；调输入为 $10V$，测输出 DC 值 U_3 记入表 5-10。根据所学内容计算稳压系数和电压调整率，记入表 5-10。

表 5-10　稳压系数和电压调整率的测量

输入电压 U_I	8V	9V	10V
输出电压 U_O	V(U_2)	V(U_1)	V(U_3)
电压调整率：			
稳压系数：			

（2）测量波纹电压。测试输出的纹波电压。将图 5-30 的电压输入端 U_I 接到整流滤波电路输出端，如图 5-31 所示，在负载电流 $I_L = 100mA$ 条件下，用交流毫伏表，测量纹波电压的大小，并分别改变电源变压器次级电压为 $16V$、$18V$ 重复上述过程，将测量得到的数据填入表 5-11。

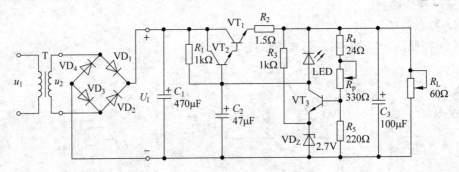

图 5-31　桥式整流串联型稳压电路

表 5-11　纹波电压的测量

变压器次级电压 U_2	14V	16V	18V
输出纹波电压 U_O	mV	mV	mV

四、实训操作
可以通过扫右侧二维码观看本实验的操作步骤。

串联稳压电路的测试

思考与练习

一、判断题（对的打"√"，错的打"×"）

（　）1. 并联稳压电路具有输出电流较大、输出电压可调等优点。

（　）2. 稳压电路使直流输出电压不受电网电压波动或负载变化的影响。

（　）3. 硅稳压管的动态电阻愈大，稳压的性能越好。

（　）4. 硅稳压并联稳压电路用于输出电流不大，而且精度不高的场合。

（　）5. 串联型稳压电源的比较放大环节是采用多级阻容耦合放大器与调整管连接实现的。

（   ）6. 调整管工作在放大状态,电流电压都比较大,因此,一般需选择大功率管还要加散热片。

二、选择题

1. 一般来说,稳压电路属于(   )。

    A. 负反馈放大电路   B. 直流放大电路

    C. 低压放大电路   D. 负反馈自动调整电路

2. CW7815 集成稳压器输出电压为(   )。

    A. 正压 5V   B. 负压 5V   C. 正压 15V   D. 负压 15V

3. 在串联型稳压电路中,被比较放大器放大的量是(   )。

    A. 基准电压   B. 取样电压   C. 误差电压

4. 用一只直流电压表测量一只接在电路中的稳压二极管的电压,读数只有 0.7 伏,这表明该稳压管(   )。

    A. 工作正常   B. 接反   C. 已经击穿

5. 硅稳压二极管并联型的稳压电路中,硅稳压二极管必须和限流电阻串联,此限流电阻的作用是(   )。

    A. 提供偏流   B. 仅是限制电流   C. 兼有限流和调压

6. 下面属于串联型稳压电路的特点的是(   )。

    A. 调试方便   B. 输出电压不可调

    C. 输出电流小   D. 输出电压稳定度高且可调节

三、填空题

1. 直流稳压电源是一种当_____变化或_____时,_____能基本保持不变的直流电源。

2. 稳压电源中的稳压电路按电压调整元件与负载 R_L 连接方式的不同可分为_____和_____两类。

3. 串联型稳压电路具有输出电流_____,输出电压_____等特点。

4. 如题图 5-6 所示为简单串联型稳压电源,指出图中元件名称:VT_1 为_____,VT_2 为_____,VD_Z、R_3 为_____,R_1、R_2、R_P 为_____。

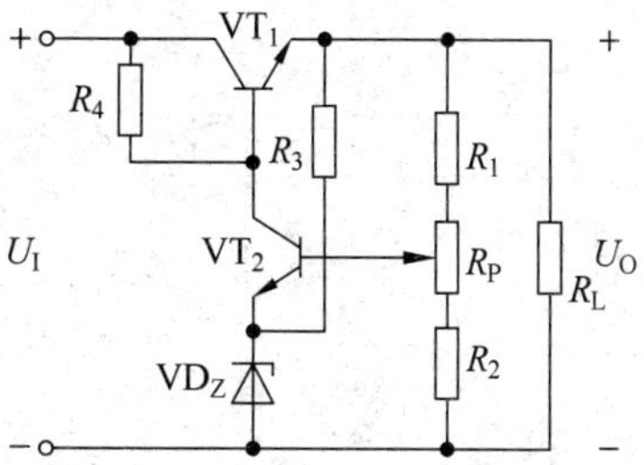

5. 用集成电路的形式制造的稳压电路称为_____,三端固定式常用的有_____系列和_____系列。

6. 稳压系数 S_r 是指当_____时,稳压电路_____相对变化量与_____相对变化量之比。

7. 输出电阻 r_o 是指稳压电路_____不变时,_____变化量与_____变化量之比。

题图 5-6

四、分析计算题

1. 稳压电路如题图 5-7 所示,已知 $U_1=20V$,稳压二极管稳定电压 $U_Z=6V$,$R_1=R_2=$

$1k\Omega$, $R_P = 0.5k\Omega$。

(1) 说明该电路由哪四部分组成。

(2) 求该电路输出电压的可调范围。

2. 画出一个用并联法稳压的电路图并简述稳压过程。

3. 由 CW7812 集成稳压器组成的输出电压可调的稳压电源如题图 5-8 所示，求输出电压的可调范围。

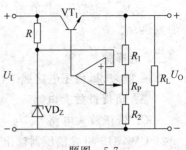

题图 5-7

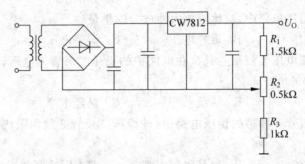

题图 5-8

4. 某同学设计的直流稳压电源如题图 5-9 所示。

(1) 经审查该电路有四处错误，请你指出错误之处并加以改正。

(2) 根据图中所给的参数，计算输出电压的可调范围。

(3) 电路如果出现下列现象，你认为应是什么电路故障？

① $U_I = 18V$，脉动变大，输出电压虽可调，但稳定性变差。

② $U_I = 28V$，$U_O \approx 0$，调节 R_4 不起作用。

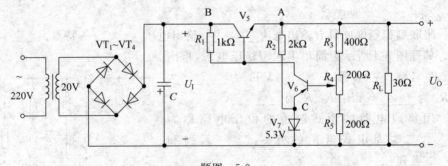

题图 5-9

5.4 直流稳压电源的制作与调试

【学习目标】

(1) 增强专业意识，培养良好的职业道德和职业习惯。

（2）理解直流稳压电源电路的组成与工作原理。

（3）认识直流稳压电源电路元器件，掌握相关元器件的测量。

（4）熟练绘制电路接线工艺图。

（5）熟练使用电子焊接工具，完成直流稳压电源电路的焊接装配。

（6）熟练使用电子仪器仪表，完成直流稳压电源电路的功能检测。

（7）能完成稳压电源的电路调试与技术指标的测试，掌握直流稳压电源电路故障的分析与排除方法。

1. 电路功能

本电路的作用是将220V交流电转换成12V直流电源。

2. 电路的组成

直流稳压电源的电路图如图5-32所示。

3. 工作原理

（1）稳压工作原理

稳压电路是利用负反馈的原理，以输出电压的变化量 ΔU_L，经取样管 VT_7 与基准电压7.5V（由 VD_Z 稳压管提供）比较、放大后，去控制调整管 VT_6 的基极电流 I_B。I_B 增大，调整管 U_{CE} 将减小；I_b 减小，调整管 U_{CE} 将增大，使输出电压 U_L 基本保持不变。具体稳压过程为：当电网电压升高或输出电流减小时，$U_O \uparrow \rightarrow U_B(VT_7) \uparrow \rightarrow U_{BE}(VT_8) \uparrow \rightarrow I_C(VT_7) \uparrow \rightarrow U_C(VT_7) \downarrow \rightarrow U_B(VT_5) \downarrow \rightarrow I_C(VT_5) \downarrow \rightarrow I_C(VT_6) \downarrow \rightarrow U_{CE}(VT_6) \uparrow \rightarrow U_O \downarrow$。当电网电压下降或输出电流变大时，稳压过程与之相反。

（2）各元件在电路中的作用

VD_1、VD_2、VD_3、VD_4 组成桥式整流电路。C_6、C_7、C_8 和 C_9 为高频滤波电容，保护整流二极管。VT_5 和 VT_6 组成复合管，增大 β 值，改善稳压性能。C_1、C_2、C_3、C_4 和 C_5 为滤波电容。R_5 为 VD_Z 限流电阻。R_4 给 VT_5 的反向穿透电流提供一条通路，防止高温时，VT_6 出现失控。R_8、R_{P1} 和 R_7 为 VT_7 分压偏置电阻。R_1 和 R_3 为 VT_7 负载电阻。R_2、R_6、R_9 为 VT_5 偏置、负载电阻。各部分环节介绍如下。

① 降压环节：AC 220V 降为 AC 15V，由变压器 T_1 完成。

② 整流环节：由 VD_1、VD_2、VD_3 和 VD_4 四只整流二极管组成电桥电路进行全波整流。

③ 滤波环节：由 C_1 电解电容将整流后的脉动电压变成比较平稳的直流电压。

④ 短路保护：当输出或稳压电路发生短路故障造成电流过大时，熔断器自行熔断，使故障短路脱离电源，避免整流二极管、电源变压器等元件被烧坏。

⑤ 采样电路：由 R_8 和 R_{P1} 组成，采样输出电压变化的信号。

⑥ 基准电压：由 R_5 和 VD_Z 组成，为比较电路提供稳定的基准电压。

⑦ 比较电路：由 R_7 和 VT_7 组成，将输出电压信号同基准电压比较后，自动产生稳定输出电压的控制信号。

⑧ 调整电路：由 VT_5、VT_6 组成（复合管可以增大 β）。

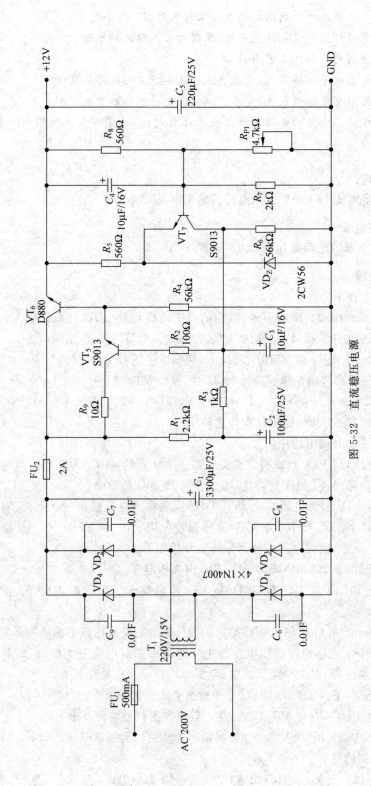

图 5-32 直流稳压电源

实训 稳压电源的电路制作与调试

一、工作任务

1. 小组制订工作计划。

2. 读懂直流稳压电源电路原理图,明确元件连接和电路连线。

3. 画出布线图,根据布线图制作直流稳压电源电路。

4. 完成直流稳压电源电路功能检测和故障排除。

5. 老师讲解电路原理,通过小组讨论,完成电路详细分析及编写项目实训报告。

二、设备与器件

1. 装配工具:电烙铁、焊锡丝、钳子、起子、电路板等。

2. 实训设备:模拟电路实验装置 1 台,万用表 1 台,交流毫伏表 1 台,自耦变压器 1 台。

3. 实训器件:电路所需元件名称、规格型号和数量见表 5-10。

表 5-10 直流稳压电源的元件清单

品　名	型号规格	数量	编　号	品　名	型号规格	数量	编　号
碳膜电阻	RT-0.25-10Ω	1	R_9	功率三极管	D880	1	VT_5
碳膜电阻	RT-0.25-100Ω	1	R_2	瓷介电容	CC-63V-0.01μF	4	$C_6 \sim C_9$
碳膜电阻	RT-0.25-560Ω	2	R_5、R_8	电解电容	CD-16V-10μF	2	C_3、C_4
碳膜电阻	RT-0.25-1kΩ	1	R_3	电解电容	CD-25V-100μF	1	C_2
碳膜电阻	RT-0.25-2kΩ	1	R_7	电解电容	CD-25V-220μF	1	C_5
碳膜电阻	RT-0.25-2.2kΩ	1	R_1	电解电容	CD-25V-3300μF	1	C_1
碳膜电阻	RT-0.25-56kΩ	2	R_4、R_6	保险丝夹	标准件	2	FU_1
微调电阻	WS-5kΩ(4.7kΩ)	1	R_{P1}	熔断器	φ5×20-2A	1	FU_2
整流二极管	1N4001	4	$VD_1 \sim VD_4$	散热器	5W	1	
稳压二极管	6.2V	1	VD_Z	自攻螺丝	BA3×8	1	
三极管	S9013(1008)	2	VT_7、VT_6	印制电路板	GK2-1 siit	1	

三、元器件的检测

对元器件的检测,请参考前面项目中的相关内容。

四、电路的安装

1. 电路安装的基本步骤

(1) 绘制元件装配图。

(2) 手工绘制印制板图、制作 PCB 板。

(3) 元件插装与电路焊接。

2. 电路安装的工艺要求

(1) 电路的插装、焊接要严格执行工艺规范。

(2) 元件布置必须美观、整洁、合理,按从低到高、从小到大的顺序分批次安装、焊接元器件。

(3) 所有焊点必须光亮、圆润、无毛刺,无虚焊、错焊和漏焊。

（4）连接导线应正确、无交叉，走线美观、简洁。

（5）特别注意电容器、二极管的极性，三极管的管脚不能接错。

五、电路的调试

（1）测空载特性

将电源变压器 15V 输出端与电路板 AC 输入端连接好。将电源变压器 220V 输入端与调压器输出端相连，调压器输入端接 220V 端电源。通电后，用 AC 750V 或以上挡位测其输出二端电压，调节调压器手柄，使其调到 220V。

先测 AC 的电源变压器 U_1 和 U_0 并记录于"AC 输入与 AC 输出"表格；再由 FU_2 前端对地，测 DC 电压并记录于"滤波输出"表格。测输出二端 DC，然后调节电位器 R_9，用数字万用表测 U_N，使空载输出电压为 12.00V，填入表中"空载输出电压"项。

（2）测电流调整率及纹波电压

接负载电阻（12Ω/25W），使输出电流为 1A，读 U_0 值并记入"电源输入电压 220V"格下方，作为 U_1。同时，记入"电流调整率 1A"下方格中，此值同 220V 下一格中的数值应一样大小。

测量纹波电压时，用晶体管毫伏表（交流毫伏表）接 12Ω 两端，读出交流电压值并记入"纹波电压格"，本档中"空载电压值"应为"12.00V"。

（3）测量电压调整率

测调压器输出端时，调节手柄至 198V，测输出 DC 值 U_2 并记录。

测调压器输出端时，调节手柄至 242V，测输出 DC 值 U_3 并记录。

（4）计算调整率

电压调整率计算：

$$S_u = \frac{U_2 - U_N}{U_N} \times 100\%$$

$$S'_u = \frac{U_3 - U_N}{U_N} \times 100\%$$

取绝对值大的值作记录。

电流调整率计算：

$$S_i = \frac{U_1 - U_N}{U_N} \times 100\%$$

一般为负值。

六、故障分析与排除

（1）接通电源后，无电压输出

可从变压器开始，逐点检查；也可以检查三极管的工作状态，推断出故障点和故障原因。

（2）输出电压低，纹波增大各级

可检查是否有二极管断路；如果没有，检查滤波电容是否断路。

七、编写项目报告书

项目报告书内容包括：

（1）项目目的。

（2）项目使用仪器清单。

（3）画出项目电路图，标明元件数值，并列出元器件清单。

（4）画出项目电路接线工艺图、印制板图。

（5）列出电路制作过程或步骤。

（6）测试结果与分析。

（7）心得体会。

八、项目评价

项目评价如表 5-11 所示。

表 5-11　项目评价

考 核 项 目	考 核 内 容	配分	得分
职业素养	1. 遵时守纪、工作积极 2. 团结协作精神 3. 踏实勤奋、严谨求实	10	
安全操作	1. 安全操作规程的遵守情况 2. 无安全事故发生	10	
元器件的识别与检测	1. 能正确识别元器件 2. 会用万用表检测三极管、二极管和电阻	15	
电路的安装	1. 元器件排列整齐 2. 焊点符合工艺要求	25	
电路的调试	1. 仪器仪表使用正确 2. 能正确判断和排除电路故障	20	
项目报告书完成情况	1. 格式标准，内容充实 2. 测试结果记录与分析详细	20	
合　　计		100	

九、项目参考

稳压电源印制电路板图如图 5-33 所示。

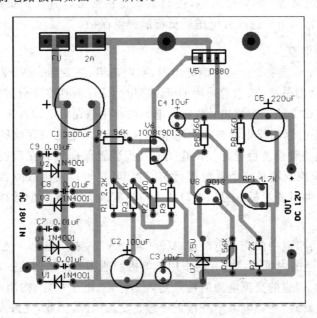

图 5-33　稳压电源印制电路板图

知识链接——新型稳压电源

1. 开关电源

开关电源是利用现代电力电子技术,控制开关管开通和关断的时间比率,维持稳定输出电压的一种电源,开关电源一般由脉冲宽度调制(PWM)控制 IC 和 MOSFET 构成。随着电力电子技术的发展和创新,使得开关电源技术也在不断地创新。目前,开关电源以小型、轻量和高效率的特点被广泛应用几乎所有的电子设备,是当今电子信息产业飞速发展不可缺少的一种电源方式。开关电源高频化是其发展的方向,高频化使开关电源小型化,并使开关电源进入更广泛的应用领域,特别是在高新技术领域的应用,推动了开关电源的发展前进,每年以超过两位数字的增长率向着轻、小、薄、低噪声、高可靠、抗干扰的方向发展。开关电源可分为 AC/DC 和 DC/DC 两大类,DC/DC 变换器现已实现模块化,且设计技术及生产工艺在国内外均已成熟和标准化,并已得到用户的认可,但 AC/DC 的模块化,因其自身的特性使得在模块化的进程中,遇到较为复杂的技术和工艺制造问题。另外,开关电源的发展与应用在节约能源、节约资源及保护环境方面都具有重要的意义。

2. 不间断电源

UPS(Uninterruptible Power System/Uninterruptible Power Supply),即不间断电源,是将蓄电池(多为铅酸免维护蓄电池)与主机相连接,通过主机逆变器等模块电路将直流电转换成市电的系统设备。主要用于给单台计算机、计算机网络系统或其他电力电子设备如电磁阀、压力变送器等提供稳定、不间断的电力供应。当市电输入正常时,UPS 将市电稳压后供应给负载使用,此时的 UPS 就是一台交流式电稳压器,同时它还向机内电池充电;当市电中断(事故停电)时,UPS 立即将电池的直流电能,通过逆变器切换转换的方法向负载继续供应 220V 交流电,使负载维持正常工作并保护负载软、硬件不受损坏。UPS 设备通常对电压过高或电压过低都能提供保护。

3. EPS 应急电源

EPS 应急电源系统主要包括整流充电器、蓄电池组、逆变器、互投装置和系统控制器等部分。其中逆变器是核心,通常采用 DSP 或单片 CPU 对逆变部分进行 SPWM 调制控制,使之获得良好的交流波形输出;整流充电器的作用是在市电输入正常时,实现对蓄电池组适时充电;逆变器的作用则是在市电非正常时,将蓄电池组存储的直流电能变换成交流电输出,供给负载设备稳定持续的电力;互投装置保证负载在市电及逆变器输出间的顺利切换;系统控制器对整个系统进行实时控制,并可以发出故障告警信号和接收远程联动控制信号,并可通过标准通讯接口由上位机实现 EPS 系统的远程监控。

4. 变频电源

变频电源是将市电中的交流电经过 AC→DC→AC 变换,输出为纯净的正弦波,输出频率和电压 一定范围内可调。它有别于用于电机调速用的变频调速控制器,也有别于普通交流稳压电源。理想的交流电源的特点是频率稳定、电压稳定、内阻等于零、电压波形为纯正弦波(无失真)。变频电源十分接近于理想交流电源,因此,先进发达国家越来越多地将变频电源用作标准供电电源,以便为用电器提供最优良的供电环境。

项目小结

1. 整流是利用二极管的单向导电性将交流电变成单向脉动直流电的过程。常见的整流电路有半波整流、全波整流和桥式整流电路。在选择整流二极管时要注意管子的电流和承受的反向电压不能超过额定值。

2. 整流输出电压含有交流谐波成分,用电容和电感等储能元件组成滤波电路接在整流电路和负载之间,可以起到平滑输出电压的作用。

3. 在电网电压波动和负载变化的时候,通过稳压电路的调节,可以使输出电压基本保持稳定。稳压电路按调整元件与负载的连接不同可以分为并联型和串联型两种。晶体管串联型稳压电路一般由取样电路、基准电源、比较放大电路和调整元件构成。三端集成稳压器具有体积小、工作可靠、使用方便、稳压性能好等优点。

半导体器件型号命名方法

1. 中国半导体器件型号命名方法

半导体器件型号由五部分(场效应器件、半导体特殊器件、复合管、PIN 型管、激光器件的型号命名只有第三、四、五部分)组成。五个部分的意义如表 A-1 所示。

表 A-1　半导体器件型号命名方法

第一部分		第二部分		第三部分				第四部分	第五部分
用数字表示半导体器件有效电极数目		用汉语拼音字母表示半导体器件的材料和极性		用汉语拼音字母表示半导体器件的类型				用数字表示序号	用汉语拼音字母表示规格号
符号	意义	符号	意义	符号	意义	符号	意义		
2	二极管	A B C D	N 型锗材料 P 型锗材料 N 型硅材料 P 型硅材料	P V W C Z L S N U K X	普通管 微波管 稳压管 参量管 整流管 整流堆 隧道管 阻尼管 光电器件 开关管 低频小功率管 ($f<3\text{MHz}$, $P_c<1\text{W}$)	D A T Y B J CS BT FH PINJG	低频大功率管 ($f<3\text{MHz}$, $P_c>1\text{W}$) 高频大功率管 ($f>3\text{MHz}$, $P_c>1\text{W}$) 半导体晶闸管 (可控整流器) 体效应器件 雪崩管 阶跃恢复管 场效应管 半导体特殊器件 复合管 PIN 型管激光器件		
3	三极管	A B C D	PNP 型锗材料 NPN 型锗材料 PNP 型硅材料 NPN 型硅材料	G	高频小功率管 ($f>3\text{MHz}$, $P_c<1\text{W}$)				

例如,3DG18 表示 NPN 型硅材料高频三极管。

2. 日本半导体分立器件型号命名方法

日本半导体分立器件(包括晶体管)或其他国家按日本专利生产的这类器件,都是按日本工业标准(JIS)规定的命名法(JIS-C-702)命名的。日本半导体分立器件的型号由五至七部分组成。通常只用到前五部分。其各部分的符号意义如表 A-2 所示。

表 A-2 日本半导体分立器件型号命名方法

第一部分		第二部分		第三部分		第四部分		第五部分	
用数字表示类型或有效电极数		S表示日本电子工业协会(EIAJ)的注册产品		用字母表示器件的极性及类型		用数字表示在日本电子工业协会登记的顺序号		用字母表示对原来型号的改进产品	
符号	意 义	符号	意 义	符号	意 义	符号	意 义	符号	意 义
0	光电(即光敏)二极管、三极管及上述器件的组合管	S	表示已在日本电子工业协会(EIAJ)注册登记的半导体分立器件	A	PNP 型高频管	4位以上的数字	从 11 开始,表示在日本电子工业协会注册登记的顺序号,不同公司性能相同的器件可以使用同一顺序号,其数字越大越是近期产品	A	用字母表示对原来型号的改进产品
1	二极管			B	PNP 型低频管			B	
2	三极管或具有两个 PN 结的其他晶体管			C	NPN 型高频管			C	
				D	NPN 型低频管			D	
3	具有四个有效电极或具有三个 PN 结的晶体管			F	P 控制极晶闸管			E	
				G	N 控制极晶闸管			F	
⋮	⋮			H	N 基极单结晶体管			⋮	
$n-1$	具有 n 个有效电极或具有 $n-1$ 个 PN 结的晶体管			J	P 沟道场效应管				
				K	N 沟道场效应管				
				M	双向晶闸管				

第六、七部分的符号及意义通常是各公司自行规定的。第六部分的符号表示特殊的用途及特性,其常用的符号有:

M——松下公司用来表示该器件符合日本防卫厅海上自卫队参谋部有关标准登记的产品。

N——松下公司用来表示该器件符合日本广播协会(NHK)有关标准的登记产品。

Z——松下公司用来表示专用通信用的可靠性高的器件。

H——日立公司用来表示专为通信用的可靠性高的器件。

K——日立公司用来表示专为通信用的塑料外壳的可靠性高的器件。

T——日立公司用来表示收发报机用的推荐产品。

G——东芝公司用来表示专为通信用的设备制造的器件。

S——三洋公司用来表示专为通信设备制造的器件。

第七部分的符号常被用来作为器件某个参数的分挡标志。例如,三菱公司常用 R、G、Y 等字母;日立公司常用 A、B、C、D 等字母,作为直流放大系数 h_{FE} 的分挡标志。

3. 美国电子工业协会半导体分立器件命名方法

美国电子工业协会半导体分立器件命名方法如表 A-3 所示。

表 A-3　美国电子工业协会半导体分立器件命名方法

第一部分		第二部分		第三部分		第四部分		第五部分	
用符号表示器件用途的类型		用数字表示 PN 结数目		美国电子工业协会（EIA）注册标志		美国电子工业协会登记顺序号		用字母表示器件分挡	
符号	意　义	符号	意　义	符号	意　义	符号	意　义	符号	意　义
JAN JANTX JANTXV JANS 无	军级 特军级 超特军级 宇航级 非军用品	1 2 3 ⋮ n	二极管 三极管 三个 PN 结器件 ⋮ n 个 PN 结器件	N	该器件已在美国电子工业协会（EIA）注册登记	多位数字	该器件在美国电子工业协会登记的顺序号	A B C D	同一型号器件的不同挡别

例如，JAN2N3251A 表示 PNP 硅高频小功率开关三极管。

JAN——军级；

2——三极管；

N——EIA 注册标志；

3251——EIA 登记顺序号；

A——2N3251A 挡。

常用半导体器件的主要参数

1. 1N 系列常用整流二极管的主要参数

1N 系列常用整流二极管的主要参数见表 B-1。

表 **B-1** 1N 系列常用整流二极管的主要参数

型 号	反向工作峰值电压 U_{RM}/V	额定正向整流电流 I_F/A	正向不重复浪涌峰值电流 I_{FSM}/A	正向压降 U_F/V	反向电流 $I_R/\mu A$	工作频率 f/kHz	外形封装
1N4000	25						
1N4001	50						
1N4002	100						
1N4003	200						
1N4004	400	1	30	≤1	<5	3	DO-41
1N4005	600						
1N4006	800						
1N4007	1000						
1N5100	50						
1N5101	100						
1N5102	200						
1N5103	300						
1N5104	400	1.5	75	≤1	<5	3	
1N5105	500						
1N5106	600						
1N5107	800						
1N5108	1000						DO-15
1N5200	50						
1N5201	100						
1N5202	200						
1N5203	300						
1N5204	400	2	100	≤1	<10	3	
1N5205	500						
1N5206	600						
1N5207	800						
1N5208	1000						

续表

型　号	反向工作峰值电压 U_{RM}/V	额定正向整流电流 I_F/A	正向不重复浪涌峰值电流 I_{FSM}/A	正向压降 U_F/V	反向电流 $I_R/\mu A$	工作频率 f/kHz	外形封装
1N5400	50						
1N5401	100						
1N5402	200						
1N5403	300						
1N5404	400	3	150	$\leqslant 0.8$	<10	3	DO-27
1N5405	500						
1N5406	600						
1N5407	800						
1N5408	1000						

2. 常用稳压二极管的主要参数

常用稳压二极管的主要参数见表 B-2。

表 B-2　常用稳压二极管的主要参数

型　号	最大耗散功率/W	额定电压/V	最大工作电流/mA	可代换型号
1N708	0.25	5.6	40	BWA54、2CW28-5.6V
1N709	0.25	6.2	40	2CW55/B、BWA55/E
1N710	0.25	6.8	36	2CW55A、2CW105-6.8V
1N711	0.25	7.5	30	2CW56A、2CW28-7.5V、2CW106-7.5V
1N712	0.25	8.2	30	2CW57/B、2CW106-8.2V
1N713	0.25	9.1	27	2CW58A/B、2CW74
1N714	0.25	10	25	2CW18、2CW59/A/B
1N715	0.25	11	20	2CW76、2DW12F. BS31-12
1N716	0.25	12	20	2CW61/A、2CW77/A
1N717	0.25	13	18	2CW62/A、2DW12G
1N718	0.25	15	16	2CW112-15V、2CW78/A
1N719	0.25	16	15	2CW63/A/B、2DW12H
1N720	0.25	18	13	2CW20B、2CW64/B、2CW64-18
1N721	0.25	20	12	2CW65-20、2DW12I、BWA65
1N722	0.25	22	11	2CW20C、2DW12J
1N723	0.25	24	10	WCW116、2DW13A
1N724	0.25	27	9	2CW20D、2CW68、BWA68/D
1N725	0.4	30	13	2CW119-30V
1N726	0.4	33	12	2CW120-33V

续表

型　号	最大耗散功率/W	额定电压/V	最大工作电流/mA	可代换型号
1N727	0.4	36	11	2CW120-36V
1N728	0.4	39	10	2CW121-39V
1N748	0.5	3.8～4.0	125	HZ4B2
1N752	0.5	5.2～5.7	80	HZ6A
1N753	0.5	5.8～6.1	80	2CW132
1N754	0.5	6.3～6.8	70	H27A
1N755	0.5	7.1～7.3	65	HZ7.5EB
1N757	0.5	8.9～9.3	52	HZ9C
1N962	0.5	9.5～11	45	2CW137
1N963	0.5	11～11.5	40	2CW138、HZ12A-2
1N964	0.5	12～12.5	40	HZ12C-2、MA1130TA
1N969	0.5	21～22.5	20	RD245B
1N4240A	1	10	100	2CW108-10V、2CW109、2DW5
1N4724A	1	12	76	2DW6A、2CW110-12V
1N4728	1	3.3	270	2CW101-3V3
1N4729	1	3.6	252	2CW101-3V6
1N4729A	1	3.6	252	2CW101-3V6
1N4730A	1	3.9	234	2CW102-3V9
1N4731	1	4.3	217	2CW102-4V3
1N4731A	1	4.3	217	2CW102-4V3
1N4732/A	1	4.7	193	2CW102-4V7
1N4733/A	1	5.1	179	2CW103-5V1
1N4734/A	1	5.6	162	2CW103-5V6
1N4735/A	1	6.2	146	1W6V2、2CW104-6V2
1N4736/A	1	6.8	138	1W6V8、2CW104-6V8
1N4737/A	1	7.5	121	1W7V5、2CW105-7V5
1N4738/A	1	8.2	110	1W8V2、2CW106-8V2
1N4739/A	1	9.1	100	1W9V1、2CW107-9V1
1N4740/A	1	10	91	2CW286-10V、B563-10
1N4741/A	1	11	83	2CW109-11V、2DW6
1N4742/A	1	12	76	2CW110-12V、2DW6A
1N4743/A	1	13	69	2CW111-13V、2DW6B、BWC114D

续表

型　号	最大耗散功率/W	额定电压/V	最大工作电流/mA	可代换型号
1N4744/A	1	15	57	2CW112-15V、2DW6D
1N4745/A	1	16	51	2CW112-16V、2DW6E
1N4746/A	1	18	50	2CW113-18V、1W18V
1N4747/A	1	20	45	2CW114-20V、BWC115E
1N4748/A	1	22	41	2CW115-22V、1W22V
1N4749/A	1	24	38	2CW116-24V、1W24V
1N4750/A	1	27	34	2CW117-27V、1W27V
1N4751/A	1	30	30	2CW118-30V、1W30V、2DW19F
1N4752/A	1	33	27	2CW119-33V、1W33V
1N4753	0.5	36	13	2CW120-36V、1/2W36V
1N4754	0.5	39	12	2CW121-39V、1/2W39V
1N4755	0.5	43	12	2CW122-43V、1/2W43V
1N4756	0.5	47	10	2CW122-47V、1/2W47V
1N4757	0.5	51	9	2CW123-51V、1/2W51V
1N4758	0.5	56	8	2CW124-56V、1/2W56V
1N4759	0.5	62	8	2CW124-62V、1/2W62V
1N4760	0.5	68	7	2CW125-68V、1/2W68V
1N4761	0.5	75	6.7	2CW126-75V、1/2W75V
1N4762	0.5	82	6	2CW126-82V、1/2W82V
1N4763	0.5	91	5.6	2CW127-91V、1/2W91V
1N4764	0.5	100	5	2CW128-100V、1/2W100V
1N5226/A	0.5	3.3	138	2CW51-3V3、2CW5226
1N5227/A/B	0.5	3.6	126	2CW51-3V6、2CW5227
1N5228/A/B	0.5	3.9	115	2CW52-3V9、2CW5228
1N5229/A/B	0.5	4.3	106	2CW52-4V3、2CW5229
1N5230/A/B	0.5	4.7	97	2CW53-4V7、2CW5230
1N5231/A/B	0.5	5.1	89	2CW53-5V1、2CW5231
1N5232/A/B	0.5	5.6	81	2CW103-5.6、2CW5232
1N5233/A/B	0.5	6	76	2CW104-6V、2CW5233
1N5234/A/B	0.5	6.2	73	2CW104-6.2V、2CW5234
1N5235/A/B	0.5	6.8	67	2CW105-6.8V、2CW52

3. 常用中小功率三极管的主要参数

常用中小功率三极管的主要参数见表 B-3。

表 B-3　常用中小功率三极管的主要参数

型　号	材料与极性	P_{CM}/W	I_{CM}/mA	BV_{CBO}/V	f_T/MHz
3DG6C	SI-NPN	0.1	20	45	>100
3DG7C	SI-NPN	0.5	100	>60	>100
3DG12C	SI-NPN	0.7	300	40	>300
3DG111	SI-NPN	0.4	100	>20	>100
3DG112	SI-NPN	0.4	100	60	>100
3DG130C	SI-NPN	0.8	300	60	150
3DG201C	SI-NPN	0.15	25	45	150
C9011	SI-NPN	0.4	30	50	150
C9012	SI-PNP	0.625	−500	−40	
C9013	SI-NPN	0.625	500	40	
C9014	SI-NPN	0.45	100	50	150
C9015	SI-PNP	0.45	−100	−50	100
C9016	SI-NPN	0.4	25	30	620
C9018	SI-NPN	0.4	50	30	1.1GHz
C8050	SI-NPN	1	1.5A	40	190
C8550	SI-PNP	1	−1.5A	−40	200
2N5551	SI-NPN	0.625	600	180	
2N5401	SI-PNP	0.625	−600	160	100
2N4124	SI-NPN	0.625	200	30	300

部分习题参考答案

项 目 1

1.1

一、× √ × × √ √ × × √ √

二、A B B C B A B C C

三、1. 自由电子　空穴

2. 单向导电　正向　导通　反向　截止

3. 门坎电压　0.7　0.3

4. $I_E = I_B + I_C$　直流电流放大系数　交流电流放大系数

5. 穿透　集电极—发射极反向电流　温度稳定性　小

6. 空穴　自由电子

7. 掺入杂质的多少　温度

8. 耗尽型 NMOS 管　3mA/V　−3V　9mA

9. 电压　电流

10. g_m　u_{GS}　i_D

四、1. (1) 流入　2mA

　　(2) NPN　从左到右 BCE

　　(3) 100

2. VD 导通　11V

3. (a)

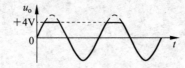

(b)

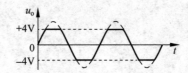

4. (1) VD 截止　-12V

   (2) VD1 导通　VD2 截止　0V

5. (1) 20V

   (2) 10.7V

   (3) 1.4V

6. (1) 放大

   (2) 截止

   (3) 饱和

   (4) 已损坏

7. 增强型 PMOS 管　耗尽型 NMOS 管　增强型 NMOS 管　N 沟道结型场效应管

项　目　2

2.1

一、× √ × √ √ × × × × ×

二、D A A B D D A A C B

三、1. 共 C　共 B　共 E

2. 减小　增大　增大 I_C

3. 电容　静态工作点　电容　直流电源　A_u　R_i　R_o

4. 1kΩ

5. ① 增大　减小　增大

　　② 不变　增大　减小

6. 略小于 1　高　低　电流　功率

四、1. 不能　不能　不能

2. S→A　$I_C = 3$mA　$U_{CE} = 0$V

   S→B　$I_C = 1.92$mA　$U_{CE} = 4.32$V

   S→C　$I_C = 0$　$U_{CE} = 12$V

3. (1) $I_{BQ} = 30\mu A$　$I_{CQ} = 3$mA　$U_{CEQ} = 6$V

   (2) $U_{ommax} = 4$V

   (3) $A_u = -114.3$　$U_{immax} = 0.035$V

4. (1) $I_{BQ} = 0.038$mA　$I_{CQ} = 1.52$mA　$U_{CEQ} = 5.92$V

   (2) 略

   (3) $R_i = 0.98$kΩ　$R_o = 4$kΩ

   (4) $A_u = -81.6$

   (5) $A_{us} = -54.0$

5. (1) $I_{CQ} = 0.85$mA　$U_{CEQ} = 11.78$V

   (2) 略

   (3) 略

(4) $A_u = -51.3$　$R_i = 1.43\text{k}\Omega$　$R_o = 3\text{k}\Omega$

(5) $A_u = -0.96$　$R_i = 14.2\text{k}\Omega$　$R_o = 3\text{k}\Omega$

6. (1) $I_{BQ} = 0.017\text{mA}$　$I_{CQ} = 1.7\text{mA}$　$U_{CEQ} = 4.18\text{V}$

(2) 略

(3) $A_u = 0.99$　$R_i = 113.9\text{k}\Omega$

(4) $A_{us} = 0.98$　$U_o = 1.96\text{V}$　$R_o = 0.028\text{k}\Omega$

7. (1) $I_{BQ} = 0.025\text{mA}$　$I_{CQ} = 1.25\text{mA}$　$U_{CEQ} = 5.625\text{V}$

(2) $A_u = 0.98$　$R_i = 265.3\text{k}\Omega$　$R_o = 0.1\text{k}\Omega$

8. (1) $A_{u1} = 0.98$　$A_{u2} = -170.8$

(2) $R_i = 41.2\text{k}\Omega$　$R_{o1} = 0.017\text{k}\Omega$　$R_{o2} = 3\text{k}\Omega$

2.2

一、× × √ √ × × × ×

二、B C A A A C B B

三、1. 阻容耦合　变压器耦合　直接耦合　阻容耦合　变压器耦合　直接　变压器

2. 100dB　10^5

3. 信号源　负载　相等　阻抗匹配

4. 输出信号　输入端

5. 电压串联负反馈

6. 20　0.009

7. 稳定静态工作点　改善放大器的交流性能

8. 电压　电流

四、1. (1) $I_{BQ1} = 0.05\text{mA}$　$I_{CQ1} = 3\text{mA}$　$U_{CEQ1} = 9\text{V}$

$I_{BQ2} = 0.047\text{mA}$　$I_{CQ} = 2.82\text{mA}$　$U_{CEQ} = 9.36\text{V}$

(2) $R_i = 0.82\text{k}\Omega$　$R_o = 0.045\text{k}\Omega$

(3) $A_{u1} = -140.4$　$A_{u2} = 0.99$　$A_u = -138.4$

2. (a) 电流并联交直流负反馈

(b) 电流串联交流负反馈

(c) 电流并联交流正反馈

(d) 电压串联交流正反馈

3. $1 + AF = 11$　$A_{uf} = 9.09$

4. $A_f = 10$　$u_o = 1\text{V}$　$u_f = 0.099\text{V}$　$u_{id} = 0.001\text{V}$

5. $1 + AF = 10$　$F = 0.09$

6. ① 直流负反馈　② 串联负反馈　③ 并联负反馈　④ 电流负反馈

⑤ 电压负反馈　⑥ 电压负反馈　⑦ 电流负反馈　⑧ 交流负反馈

7. 对于串联负反馈在输入端连接处 R_s 越小,反馈信号 u_f 对净输入的作用就越大,反馈强度就加强,所以串联负反馈只有在信号源内阻较小时才能充分发挥作用。

对于并联负反馈在输入端连接处 R_s 越大,反馈信号 i_f 对净输入的作用就越大,反

馈强度就加强,所以并联负反馈只有在信号源内阻较大时才能充分发挥作用。

2.3

一、× √ √ × √ √ × √ √ ×

二、C B C C D B C B B D

三、1. 大　图解法

2. 静态工作点高

3. 交越　甲乙类

4. 功放管采用类型互补、参数一致的互补对管

5. 无输出电容器　无输出变压器

6. 2π　π　$\pi\sim2\pi$ 之间

7. 放大　截止

四、1. 以输出足够大功率为目的的放大电路称为功率放大器。

　　特点:输出功率大;效率高;非线性失真小。

　　电压放大器与功率放大器相同之处:都是能量转换电路;

　　电压放大器与功率放大器不同之处:电压放大器为小信号放大器,可以采用图解法、微变等效电路分析法,研究的参数为 A_u、R_i、R_o;功率放大器为大信号放大器,只能采用图解法,研究的参数为 P_{om}、P_G、P_c、η。

2. 甲类:静态工作点高,无失真,最高理想效率 50%;

　　乙类:静态电流为 0,功放管导通角为 π,有交越失真,最高理想效率为 78.5%;

　　甲乙类:Q 点略高于乙类,有少量基极偏流,可消除交越失真。

3. 乙类功放的输出波形在正负半周交替的时候有一段输出为 0,这种失真称为交越失真;

　　交越失真产生的原因是功放管的发射结存在死区;

　　消除的办法:在电路中加入直流偏置,使两只功放管在静态时处于微导通状态。

4. ① 耦合输出信号　② 兼作直流电源

5. (1) 略

　(2) $P_o=3.125\text{W}$

　(3) $P_{omax}=5.06\text{W}$　$P_{Gmax}=6.45\text{W}$　$P_c=1.39\text{W}$　$U_{im}=9\text{V}$

6. $V_{CC}=4\text{V}$　$P_{cmax}=0.112\text{W}$

7. (1) $V_{CC}=19.6\text{V}$

　(2) $V_{CC}=21.6\text{V}$

8. (1) 甲乙类 OTL 功率放大器

　(2) R_{P1}:调节中点电位

　　　R_{P2}:调节克服交越失真

　　　C_4:自举电容

　　　C_1:输入耦合电容

　　　C_2:输出耦合电容

(3) $\dfrac{V_{CC}}{2}$

(4) 调节 R_{P1} 使之减小

(5) 调节 R_{P2} 使之增大

(6) $P_{omax}=2.25W$ $P_{Gmax}=2.87W$ $P_c=0.62W$ $P_{cmax}=0.45W$

9. 略

10. (1) 略

   (2) $U_{CES}=2V$

项 目 3

3.1

一、× × × √ ×

二、C B B B

三、1. A_{ud} A_{uc}

2. A_{ud} 与 A_{uc} 抑制共模

3. $\dfrac{u_{i1}+u_{i2}}{2}$ $u_{i1}-u_{i2}$ 10mV   15mV

四、1. (1) 差模信号

   (2) $A_{ud}=-272.7$

   (3) $K_{CMR}=\infty$

2. (1) $V_{CQ}=7V$

   (2) $A_{ud}=45$

   (3) $R_{id}=11.1k\Omega$ $R_o=10k\Omega$

3. (1) $I_{BQ}=0.0136mA$ $I_{CQ}=0.816mA$ $U_{CEQ}=6.2V$

   (2) $A_{ud}=-120$

   (3) $R_{id}=8.2k\Omega$ $R_o=16.4k\Omega$

3.2

一、√ √ × ×

二、B A A B B A B B

三、1. ∞ ∞ 0

2. 线性工作   虚短   虚断

3. 晶体管   电阻   电容

4. 跳变   单门限   双门限   滞回电压比较器

四、1. (a) $u_o = -0.4V$

     (b) $u_o = 0.8V$

     (c) $u_o = -0.8V$

  2. $u_{o1} = 10mV$ $u_o = -50mV$

  3. $u_o = 6V$

4.

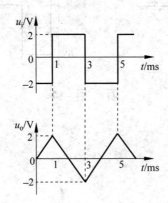

5. 略

6. (a)

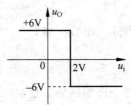

  (b)

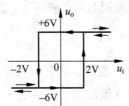

7.

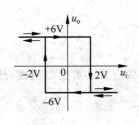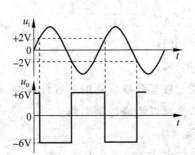

8.

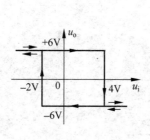
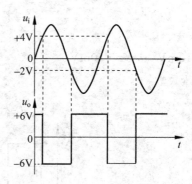

项 目 4

4.1

一、× × × ×

二、B C B B D B

三、1. $AF=1$　$\varphi=2n\pi$　正

2. $\dfrac{1}{2\pi RC}$　1/3 倍　$2n\pi$　3　同

3. 变压器耦合式　电感三点式　电容三点式

4. 相对变化　$\dfrac{|f-f_0|}{f_0}$

5. 基本放大器　正反馈网络　选频网络　稳幅电路　正反馈网络　选频网络

四、1.（a）不符合相位平衡条件不能产生振荡

改正：变换变压器次级同名端位置

$$f_0=\frac{1}{2\pi\sqrt{LC}}$$

（b）不符合幅值平衡条件不能产生振荡

改正：给 VT 合适的直流偏置

$$f_0=\frac{1}{2\pi\sqrt{L\dfrac{C_1C_2}{C_1+C_2}}}$$

2.（1）$f_0=159\text{Hz}$

（2）$R_f/R_1>2$

（3）利用二极管和稳压管的非线性特性，场效应管的可变电阻性，热敏电阻的非线性特性可以组成稳幅电路。

3.（1）$T=4.44\mu s$

（2）电容三点式 LC 振荡电路

4.2

一、× × × √ ×

二、B C A C

三、1. 电压比较器　RC 电路　限幅电路

　　2. 时间　电压

　　3. 二极管　电阻　充电　放电

四、1. $R' = R''$

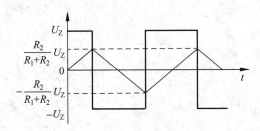

$R' > R''$

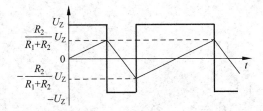

$R' < R''$

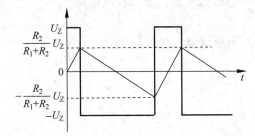

2.

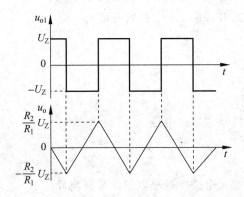

项 目 5

5.1

一、√　×　√　×　×　√

二、B　C　C　A　A　C

三、1. (1) $U_2 = 40V$

　　　(2) $U_{RM} = 56.6V$

　　　(3) $I_{VD} = 10mA$

　　2. (1) $U_L = 7.2V$

　　　(2) $I_{VD} = 0.72A$

　　　(3) $U_{RM} = 11.3V$

　　3. (1) $U_2 = 20V$

　　　(2) $U_{RM} = 28.3V$

　　　(3) $I_{VD} = 10mA$

5.2

一、√　√　×　×

二、D　D

三、1. 12　14.1　9　14.1

　　2. 闭合　打开　闭合　闭合

　　3. 电容滤波电路　电感滤波电路　复式滤波电路

　　4. 电感　电容

四、1. (1) 输出正电压　电解电容上正下负

　　　(2) $U_C = 23.6V$

　　　　　$C \geqslant 500\mu F$

　　　(3) $U_2 = 16.7V$

　　2. (1) $U_L = 24V$

　　　(2) $I_{VD} = 120mA$　$U_{RM} = 28.3V$　应选用 2CZ50B

　　　(3) 滤波电容 C 断开；有一个二极管开路

5.3

一、×　√　×　√　×　√

二、D　C　C　B　D　D

三、1. 负载　电网电压波动　输出电压

　　2. 并联型　串联型

　　3. 大　可调

　　4. 调整元件　比较放大电路　基准电源　采样电路

5. 集成稳压器　78　79

6. 负载固定　输出电压　输入电压

7. 输入电压　输出电压　输出电流

四、1. (1) 调整元件　比较放大电路　基准电源　采样电路

　　(2) $10V\sim15V$

2. 略

3. $18V\sim24V$

4. (1) V_3 接反　滤波电容 C 接反　V_6 应改为 NPN 管　V_7 接反

　　(2) $12V\sim36V$

　　(3) ① 滤波电容开路

　　　　② V_5 开路